普通高等教育“十四五”规划教材

控制与电气类专业毕业设计（论文）指导及案例

郭荣祥　杨培宏　刘丕亮
李少波　亢　岚　王新春　杨立清　编

北　京
冶　金　工　业　出　版　社
2024

内 容 提 要

本书在介绍毕业设计与毕业论文概念、原则、内容、流程以及组织实施的基础上，针对自动化、测控技术和仪器等控制类专业以及电气类专业，通过若干设计案例的设计过程和方法对毕业设计（论文）的完成过程进行了详细说明和介绍，设计案例尽量采用工程设计方法，紧贴生产实际。每章编入思政内容，加强培养学生爱党爱国情怀。

本书可作为应用型本科院校相关专业毕业设计（论文）的指导书，也可供其他专业学习参考。

图书在版编目(CIP)数据

控制与电气类专业毕业设计（论文）指导及案例/郭荣祥等编. —北京：冶金工业出版社，2024. 2

普通高等教育“十四五”规划教材

ISBN 978-7-5024-9726-2

Ⅰ. ①控… Ⅱ. ①郭… Ⅲ. ①电气控制—毕业设计—高等学校—教学参考资料 Ⅳ. ①TM921. 5

中国国家版本馆 CIP 数据核字（2024）第 037034 号

控制与电气类专业毕业设计（论文）指导及案例

出版发行 冶金工业出版社　**电　话**（010）64027926

地　址 北京市东城区嵩祝院北巷 39 号　**邮　编** 100009

网　址 www. mip1953. com　**电子信箱** service@ mip1953. com

责任编辑 杨 敏　美术编辑 吕欣童　版式设计 郑小利

责任校对 梅雨晴　责任印制 禹 蕊

三河市双峰印刷装订有限公司印刷

2024 年 2 月第 1 版，2024 年 2 月第 1 次印刷

787mm×1092mm 1/16；14. 5 印张；347 千字；222 页

定价 42. 00 元

投稿电话 （010）64027932 投稿信箱 tougao@cnmip. com. cn

营销中心电话 （010）64044283

冶金工业出版社天猫旗舰店 yjgycbs. tmall. com

（本书如有印装质量问题，本社营销中心负责退换）

前　　言

毕业设计（论文）是高等院校人才培养过程中极为重要的实践性教学环节，通过毕业设计培养学生综合运用所学基础知识、基本理论和基本技能，分析、解决实际问题和初步从事科学研究的能力。应用型本科工科专业毕业设计（论文）以工程设计为主，通过毕业设计（论文），使学生树立正确的设计思想，建立工程概念，让学生得到工程设计的初步锻炼，掌握工程设计的一般方法，具备一定的工程实践能力，在综合设计、设计说明书撰写等方面得到训练。

本书在介绍毕业设计与毕业论文概念、原则、内容、流程以及组织实施的基础上，针对自动化、测控技术和仪器等控制类专业以及电气类专业，通过设计案例对毕业设计（论文）的完成过程进行说明，以便学生能够尽快了解毕业设计的全过程，做好毕业设计的每一个环节，提高毕业设计的质量。设计案例中尽量采用工程设计方法，紧贴实际，为学生尽早融入社会奠定基础。书中的每一章都融入了思政内容，便于学生拓展思路，一方面把专业知识融入社会实践中，另一方面通过了解我国的科技发展成就激励学生，培养学生的民族自豪感和爱国主义情怀，使学生有大局观、长远观，爱国敬业，公私兼顾，甘于奉献。

本书由郭荣祥、杨培宏、刘丕亮、李少波、亢岚、王新春、杨立清编写，全书由郭荣祥统稿并定稿。

本书在编写过程中，参考了有关文献，在此向文献作者表示衷心感谢。

由于作者水平所限，书中不妥之处，敬请同行专家和读者提出宝贵意见和建议，以便我们改进和完善。意见和建议可反馈至作者的电子邮箱：hongri307@163.com。

作　者

2023年6月

目　录

1 毕业设计与毕业论文概述

思政之窗

无论是学习一门课程，还是进行毕业设计，或者是完成一项任务，甚至是规划人生，都应总揽全局，放眼整体，站在全局的高度，制定总体规划，有计划、按步骤、循序渐进，逐项实施，懂得处理全局与局部、局部与局部的关系。战略思维的切入点是由大到小。大，就是系统，是全局，是宏观，是规划；小是局部、是微观，是细节，是具体事项。战略思维的着眼点是从长远看短期。长远就是未来，短期就是当前。从长远看短期就是面向未来看现在，用长远的观点、发展的视角来对待眼前和现实的问题，而不能鼠目寸光，就事论事。正像我们专业课程里的 PID 调节器，应能够立足现在，依托过去，预测未来，掌控事态。

战略思维的基本点是着眼全局。既要考虑所做的事情本身，又要考虑它所涉及的相关因素。任何事物都不是孤立存在的，它们都处在普遍联系之中，相互作用、相互制约，共同影响着事物的变化和发展。善于多向思维，全方位地思考问题，做到统筹兼顾，才能真正提高战略思维能力，做出正确决策。全局性的东西，不能脱离局部而独立，全局是由它的一切局部构成的。有时候，有些局部的失败，对全局影响不大，因为这些局部对于全局不具有决定性。但是有些局部却是全局的决定性因素，这些局部的失败，会导致前功尽弃、功亏一篑。看待任何事都要培养全局意识，把事物看成全局，去研究决定它关键因素的局部问题，也要把任何事看作是局部，去研究它影响全局的因素和细节。小到一件事情，一个事物，一个概念；大到人的一生，一个集体，一个地区，一个国家。任何事，任何物都既可以被看作是全局，又可以被看作是局部。

战略思维的着重点是正负兼顾。既要看到有利的条件、拥有的优势和决策所带来的效益，又要看到所面临的不利条件、劣势和决策后带来的负面效应。要以辩证的思维方式，全面客观地认识和处理问题。不能只见其利不见其弊，或只见其弊不见其利。

人的一生可以看作全局，则每一个阶段就是局部；如果把某一阶段看作全局，则这一阶段的每一件事情就是局部。学生生涯既可以看作全局，又可以看作局部，全局是学生生涯的全局，局部是人生的局部。如果把从小学到大学毕业的全过程看作全局，则每一阶段就是局部。如果把人的一生看作是学习的全过程，看作是学习的全局，则从书本学、与人交流学、在社会实践中学的每一部分都是局部。摸清全局可以让你明确做事的边界，摸清局部可以让你明确如何做得更好。任何事物都存在对立面，是相对的，不是绝对的，只有辩证地看问题、看事物，才能掌握做事情的全局性，以及看到事情背后的局部点。我们应当从时间维度、空间维度思考问题，不应仅仅有平面思维，更要有立体思维。

学校是培养人才之所，教育不应该仅仅传授知识。1957 年，毛泽东在《关于正确处理人民内部矛盾的问题》中指出：“我们的教育方针，应该使受教育者在德育、智育、体育几方面都得到发展，成为有社会主义觉悟的、有文化的劳动者”。这一重要论述将马克思主义关于人的全面发展思想贯穿于社会主义教育培养目标，形成了新中国全面发展的社会主义教育方针。1978 年，《中华人民共和国宪法》明确，“教育必须为无产阶级政治服务，同生产劳动相结合，使受教育者在德育、智育、体育几方面都得到发展，成为有社会主义觉悟的有文化的劳动者”。1983 年，邓小平提出“教育要面向现代化，面向世界，面向未来”。“三个面向”成为改革开放新时期教育改革和发展的战略指导思想。2002 年，党的十六大报告中提出“坚持教育为社会主义现代化建设服务，为人民服务，与生产劳动和社会实践相结合，培养德智体美全面发展的社会主义建设者和接班人”。2018 年，习近平总书记在全国教育大会上的讲话中，提出了教育要“凝聚人心、完善人格、开发人力、培育人才、造福人民”的“5 个人”为工作目标，提出了“培养德智体美劳全面发展的社会主义建设者和接班人”的新要求，提出了德、智、体、美、劳“五育”并举的人才培养的新思想。2019 年，习近平总书记在学校思想政治理论课教师座谈会上强调：新时代贯彻党的教育方针，要坚持马克思主义指导地位，贯彻新时代中国特色社会主义思想，坚持社会主义办学方向，落实立德树人的根本任务，坚持教育为人民服务、为中国共产党治国理政服务、为巩固和发展中国特色社会主义制度服务、为改革开放和社会主义现代化建设服务，扎根中国大地办教育，同生产劳动和社会实践相结合，加快推进教育现代化、建设教育强国、办好人民满意的教育，努力培养担当民族复兴大任的时代新人，培养德智体美劳全面发展的社会主义建设者和接班人。党和国家领导人从国家的发展大局指出了培养人才的指导思想。学校则应以此为导向，从战术层面完成好每一个环节。

学生时代只是人生的一个片段。学校的教学过程中，从课程设置到课程内容，从课堂教学到实验、实习，从思想政治到专业知识，从善恶、美丑认知到社会实践，全方位地培养学生的素养和能力。从某一教学环节到整个教学过程，既要眼光长远，有大局观，又要找准位置，脚踏实地，立足当下，从小处做起，在谋全局中抓好一域。

“单丝不成线，独木不成林”。“不谋万世者，不足谋一时；不谋全局者，不足谋一域”。人生，一定要谋全局，立足当下向未来。

1.1 毕业设计概述

毕业设计是工科类高等院校的一个非常重要的教学实践活动，是学生大学期间最后一个教学环节，综合性和实践性极强，是学生走向工作岗位前的一次专业化演习，学生根据自己所学专业的培养目标和要求，在指导教师的指导下独立完成。通过毕业设计，使学生能够应用所学基础理论、专业知识以及专业实践活动的见识，得到解决社会生活和生产实际问题的能力的训练。

1.1.1 设计的概念和毕业设计的原则

1.1.1.1 设计的概念

设计是把一种设想通过合理的规划、周密的计划、将设计元素按照一定的原则和结构组合起来，构成统一协调的整体的过程。设计者按照设计目标、有计划地进行技术性的创作与创意活动。先策划一个即将实施的项目，然后按照策划的要求进行构思、制定方案、实施操作、绘制图样、加以说明等。总之，设计就是一个设想、运筹、计划、预算的过程，按照任务的目的和要求，预先制定出工作方案和计划，绘制图样；简而言之，设计就是对造物活动进行预先的计划，是造物活动的计划技术和计划过程，或者说是把设想变为现实的计划过程。设计分为工程设计和产品设计，具体步骤有两个：

（1）消化和理解用户的期望、需要、动机，并理解业务、技术和行业上的需求和限制。

（2）把已知的东西转化为对产品的规划（或者产品），使得产品的形式、内容和行为变得有用、能用，令人向往，并且在经济和技术上可行。

设计的原则：

（1）实用性和经济性好。

（2）可靠性高，耐久性好。

（3）通用性强，尽可能采用标准化技术和标准件，所用材料市场占有率高，维护方便，售后服务及时。

（4）安全度高，无安全隐患，且故障排除迅速。

1.1.1.2 毕业设计的原则

毕业设计是高等院校有关工程技术类专业的应届毕业生针对某一课题，综合利用本专业的基础理论和专业知识，阐述解决某一实际问题的方法和计划，是一项针对某一课题的总结性独立作业。通过毕业设计，使学生对某一课题做专门深入系统的研究，巩固、扩大、加深已有知识，培养综合运用已有知识独立解决问题的能力。同时，毕业设计也是总结检查学生在校期间的学习成果，评定毕业成绩的重要依据。毕业设计的原则有如下几点：

（1）选题方向。毕业设计的题目要坚持为社会发展和人类生活的需要服务，应尽可能联系生产实际，针对生活和生产中的需求来进行。尽量选取能够结合学科特点、既适合教学内容又贴近生产实际、有应用价值的课题，有利于综合学生所学知识。可以以某些单位的某项生产任务作为设计题目。

（2）设计要科学。毕业设计要基于自然科学的基础理论，尽量采用生活和生产中通过实践检验的技术和产品。一切从实际出发，设计方案要以事实为依据。

（3）设计题目和内容要切实可行。在毕业设计的过程中，必须考虑社会生产力发展水平、政治环境和有关法律规定等客观因素的制约，使设计方案切实可行。

（4）设计要考虑经济性。在满足要求的情况下坚持以最少的人力、最低的成本创造最大的经济效益和社会效益。在设计过程中，应从时间和空间的维度考虑问题。在多种控制方案中选择其中的最优方案，根据具体情况，从近期、远期进行综合考量，使方案经济实惠。经济性既要考虑点，又要考虑面，不应仅停留在项目成本，还要考虑社会成本，比如对环境的影响。

1.1.2 毕业设计的内容及流程

1.1.2.1 毕业设计的内容

控制与电气类专业毕业设计的内容因题目而异，大致包括以下部分：

（1）认真消化所设计题目的被控对象、生产工艺过程及其控制要求。

（2）根据所设计的题目，收集相关资料、查阅有关文献，了解有关政策法规，在此基础上运用相关知识进行比较、分析、综合，构思设计方案。

（3）根据控制对象的情况，统计各种被控制量和检测量。拟定设计方案，包括基于相关理论的控制策略、控制系统框架、需要计算的参数、硬件系统、软件系统构思等。

（4）进行硬件电路设计，绘制设计图纸，进行硬件的选型。图纸包括电气控制线路、传感器及仪器仪表的连接线路、PLC 控制线路、DCS 控制线路、计算机控制线路、单片机及外围电路等。硬件选型包括电器、仪表、传感器、控制器、相关芯片、导电体及有关辅助材料的选型。

（5）根据控制要求，计算有关参数。

（6）涉及编程的题目，编制满足要求的程序，并进行仿真。

（7）对智能化仪表、智能化设备等设置相关参数。

（8）电气柜体、操作台等的设计和选型。

（9）撰写毕业设计说明书。

1.1.2.2　毕业设计的流程

相对课程学习而言，毕业设计综合性强，涉及知识面宽，工作复杂。进行毕业设计时，必须遵循一定的工作次序，有计划有步骤地进行，使设计过程有条不紊、高质高效。概括起来毕业设计的流程有以下几点：

（1）收集资料、选题，了解题目的历史、现状以及发展方向。在条件许可的情况下进行实地调研学习。

（2）分析、比较所了解的情况，进行可行性分析，通过对多种初步方案作比较，最终确定出设计题目和设计方案。

（3）撰写开题报告，包括编制设计任务书、制定设计计划等。

（4）按照设计任务书的相关要求有步骤地进行设计。

（5）进行中期检查，撰写中期报告，总结前一阶段的工作，安排后续工作。

（6）完善设计图纸及设计说明书，为毕业答辩做准备。

（7）进行毕业设计答辩。

（8）设计材料归档。

1.1.3　毕业设计的组织实施

毕业设计在工科类院校的教学环节中占有十分重要的地位。通过毕业设计，可以巩固学生所学的专业理论知识，灵活应用相关知识和技能，培养学生初步设计的能力，使学生得到基本的工程设计训练，让学生了解工程设计的一般程序和方法，提高其独立分析问题和处理问题的能力，为尽快适应工作岗位、承担工程设计任务奠定基础。

1.1.3.1　毕业设计选题

毕业设计工作的第一步是选择设计题目，消化设计要求。选题是毕业设计的起点，可以结合学生的兴趣、特长和优势选择适合的题目。题目可以由指导教师提供，也可以由学生根据所获取的资料、信息或社会关系进行选择。

毕业设计题目的选择要基于“切合实际，难度适宜，综合性强，知识面广”的原则。题目应有现实意义和实用价值，且要切实可行，通常从以下几方面进行考虑：

（1）从专业培养目标的要求出发，坚持科学性、实践性、前瞻性和综合性的原则，符合教学的基本要求。

（2）设计题目的内容应紧贴学生所学专业范畴，使学生在毕业设计中对所学知识能够融会贯通，得到专业技术方面的综合训练。设计内容的难度和工作量要适合学生掌握知识、提升能力，最好有相应的实践或实验条件。

（3）以专业课内容为主，尽量多地覆盖专业课知识内容。

（4）题目要理论联系实际，尽可能从生产实际中选择工程技术课题。

（5）尽量选择学生感兴趣、具有前瞻性的题目。

1.1.3.2 编制设计任务书和查阅资料

毕业设计题目确定后，由指导教师编制并向学生下发毕业设计任务书，学生根据任务书的要求消化设计内容，查阅相关资料，为制定设计方案和撰写开题报告做准备。设计任务书包括以下主要内容：

（1）毕业设计任务书封面。内容包括学校、题目、院系、专业、班级、学生姓名、学号及指导教师姓名等的相关信息。题目名称应该简练、准确、概括性强，从题目可以使读者大致了解到毕业设计的内容。

（2）毕业设计的目的和意义。毕业设计是训练和培养学生采用专业基础理论、基本知识和基本技能分析解决实际问题能力的一个重要环节，是学生毕业前夕对之前各教学环节的深化和综合。通过毕业设计，能够使学生充分利用所学专业知识，理论联系实际，独立开展工作。具体包括综合能力、专业能力、个人素养几个方面能力的培养。在综合能力方面，能够应用多学科的知识和技能，分析并解决实际问题，使所学理论知识得以深化，知识领域得以扩展，专业技能得以提升。在专业能力方面，学会依据设计任务的要求，进行资料的收集、现场调研、工具书的使用、设计说明书的撰写，掌握实验及调试的基本方法，提高分析和解决实际工程问题的能力。在个人素养方面，培养学生严肃认真、严谨求实的工作作风，树立正确的工程观、生产观、经济观和全局观。任务书中还应根据具体的设计题目从专业的角度写明设计的目的。

（3）毕业设计任务书的主要内容和要求。详细介绍生产工艺过程和被控对象的情况，在此基础上，写出对控制方面的要求、设计的具体内容和需要计算的有关参数。

（4）对设计过程进行通盘安排，规划出整体轮廓。

（5）参考文献。学生应在毕业设计任务书中列出主要参考文献。

1.1.3.3 撰写开题报告

开题报告是开始进行相关题目的设计前对所设计的题目、内容以及设计方案的汇报材料，是在充分消化设计任务的基础上所写的书面报告。开题报告的内容包括题目、设计的内容和要求、设计方案、设计计划和进度安排、参考文献等。

（1）设计题目。设计题目在开题报告的封面，封面内容与毕业设计任务书的封面相像。

（2）设计的目的和意义。内容与设计任务书类似。

（3）设计的内容和要求。参见毕业设计任务书的第（3）部分。

（4）设计方案。根据设计要求在查阅资料和实际考察的基础上，提出多种设计方案，并从实用性、先进性、经济性等多方面进行横向和纵向比较，最终确定一种合适的方案，在确定的方案中应包括控制系统图。

（5）设计进度计划。根据设计内容和要求的难易程度及工作量的大小，把设计的过程分步骤地制定出工作计划，并给出每一阶段的工作内容。

（6）参考文献。把所引用的文献按引用先后次序列出。

1.1.3.4　实施设计内容

设计方案确定后，按照开题报告的设计进度计划逐项实施，详见1.1.1节中的毕业设计内容及流程。指导教师负责对学生毕业设计过程中各环节的指导，随时检查毕业设计的执行情况，并回答学生在设计过程中所提出的问题，发现问题及时纠正。

1.1.3.5　进行中期检查

毕业设计进行到大约一半时，需要对学生的工作完成情况进行检查。学生通过撰写中期报告对已做的设计工作进行详细介绍。中期报告的内容以开题报告为基础，包括题目、设计的内容和要求、设计方案、已完成的设计工作（需要详细描述）、存在的问题及对策、待完成的设计任务及进度安排、参考文献等。

1.1.3.6　撰写毕业设计说明书

在完成设计工作之后，开始撰写毕业设计说明书。毕业设计说明书应符合相关规范要求，包括说明书的结构、格式、内容等。

（1）毕业设计说明书的结构。规范完整的毕业设计说明书包括封面、扉页、中文摘要（毕业设计总说明及关键词）、英文摘要、目录、绪论、正文、附录、参考文献、致谢、封底等。

1）设计题目名称应简练、准确、有概括性，读者能够从题目大致了解到设计的内容、专业方向和学科范畴。题目字数通常不超出24字，如果题目太长，可以另设副标题。

2）中英文摘要是对设计内容的简要介绍，应该对所设计的内容、方法、所做的工作、效果进行浓缩，能够反映出毕业设计的要点和精华，语言表达要精炼、概括性强。关键词是从毕业设计说明书中选出能够表示全文主题内容的词语或术语，不可杜撰，通常为3~5个。

3）绪论（或是概述、概论）是全文的开篇，应说明本题目的目的、意义、要解决的问题、设计的原理、项目规模等。

4）正文是毕业设计说明书的核心，是对毕业设计工作的详细描述，占据了全文的主要篇幅。一般包括设计任务和要求、设计方案论证、设计（包括总体设计和分项设计，涵盖计算、器件和材料的选型、参数设置）、调试或仿真、结束语（或总结）等内容。对于工程设计型、产品开发型等涉及应用于实际的产生经济效益的题目，要进行技术经济分析，使学生在技术经济分析能力方面得到锻炼。

5）说明书中的某些内容无需在正文中说明，应放在附录中，这样使得说明书的条理性和逻辑性更强，结构更紧凑、主题更突出，比如工程图、涉及编程的用户程序，正文中只需分析代表性的部分，完整的图和程序则放在附录中。附录的一般格式是：附录A、附录B……或附录一、附录二……。

6）参考文献反映了毕业设计的取料来源、设计材料的广博度和可靠度。参考文献必须是学生本人真正阅读过的相关资料，包括手册、教材、专著、期刊类文章等，应与设计题目直接相关。参考文献按照说明书中的出现顺序排列，条目应尽可能少而精，一般不可引用非正式出版物。致谢是对设计工作过程中及说明书撰写过程中曾经直接给予帮助的人员（比如指导教师、其他提供帮助的教师、现场工作人员、同学等）的谢意，既是礼貌，又是对他人劳动的尊重。

（2）毕业设计说明书的格式。规范完整的毕业设计说明书不仅应具有前述的各个部分，同时各部分应遵循相应的格式要求。

1）设计题目为三号黑体字，居中。

2）中英文摘要及关键词。摘要的内容与题目应保持一定间隔，题目“摘要”采用三号黑体字，摘要内容采用小四号宋体字。标题“关键词：”应为小四号黑体字，关键词则采用小四号宋体字，各关键词之间用分号分开，最后一个关键词后面无标点符号。英文摘要另起一页，字体采用 Times New Roman。英文题目“Abstract”采用三号字加粗，标题“Key words：”采用小四号字加粗，其余格式与中文相同。

3）目录。目录标题采用三号黑体字，居中。下空一行为章、节、小节及开始页码，采用小四号宋体字。目录按三级标题编写，要求标题层次清晰，各级目录依次退后两字。目录中标题、页码应与正文中的标题、页码一致。

4）正文。工程设计类的毕业设计说明书正文按照章、节、小节写作。每章的标题采用三号黑体字，居中。每节标题采用小三号黑体字，不缩进。小节标题采用四号黑体字，不缩进。正文采用小四号宋体字，首行缩进 2 字符。公式应另起一行，公式的序号按照章节的顺序编号。一行写不完的公式，最好在等号处转行，也可在数学符号处转行，数学符号应写在转行后的行首。公式的编号用圆括号括起放在公式右边的行末，公式和编号之间为空格，通常公式按各章统一编写序号，公式序号必须连续，不可重复或跳缺。重复引用的公式不可另编新序号。插图应有图序和图题，通常插图逐章单独编序，图序必须连续，不得重复或跳缺。由若干分图组成的插图，分图用（a）、（b）、（c）……标序，分图的图名以及图中各种代号的意义，以图注形式写在图题下方。图序、图题的字体可设置为五号宋体。说明书中的插图必须精心绘制，线条要匀称，图面要整洁美观，插图应与正文呼应，不得与正文脱节。图中坐标应注明单位。说明书中的每个表格应有表题和表序。表题应写在表格上方正中，表序写在表题左方，不加标点，表序与表题之间空一字格，表题末尾不加标点，表序必须连续。表格允许下页接写，接写时表题省略，表头应重复书写，并在右上方写“续表”。表格应尽量出现在正文首次提到处，表题的字体采用五号黑体，表格中的字体采用五号宋体。科学技术名词术语尽量采用全国自然科学名词审定委员会公布的规范词或国家标准、部颁标准中规定的名称，对于没有统一规定或叫法有争议的名词术语，可采用惯用的名称。使用外文缩写代替某一名词术语时，首次出现时应在括号内注明其含义。说明书中的测量、统计数据一律用阿拉伯数字。说明书中的量和单位必须采用最新国家标准，非物理量单位，比如件、台、人、元等，可以采用汉字与符号构成的组合形式单位，如元/km、件/组、人/台。

5）附录。附录的格式与章的格式相同，附录标题如“附录 A 题目”，采用三号黑体字，居中。内容采用小四号宋体字，与正文相同。

6）参考文献。参考文献标题为三号黑体字体，参考文献表中的文字为小四号宋体，首行不缩进。按参考文献在文中出现的顺序，用中括号的数字连续编号（如［1］、［2］），依次书写作者姓名、书名或文献名、出版社或期刊名、出版时间、卷号或期刊号以及文献在所引用刊物的位置等内容。

(3) 毕业设计的类型及内容。控制类毕业设计的类型通常包括控制装置类（产品类）和控制系统集成类两种。毕业设计说明书的内容及设计图纸决定了毕业设计的质量，是毕业设计的重点。

1) 控制装置类毕业设计包括单片机、嵌入式系统、可编程控制器（PLC）等控制装置的毕业设计，包含的内容有背景意义、设计要求和目标、方案设计、硬件设计（包括硬件原理图、相关器件的选型和参数设置）、软件设计（包括软件流程图、程序）、仿真、实物设计、结论。

2) 控制系统集成类毕业设计包括电气控制系统、过程控制系统、集散控制系统（DCS）、现场总线控制系统（FCS）等的设计，控制系统中可能包含计算机和组态软件。这种类型的毕业设计综合性强，包括的内容有背景意义、设计要求和目标、系统方案设计（包含系统方框图、系统原理图）、硬件设计（包括硬件原理图、相关器件的选型和参数设置）、软件设计（包括软件流程图、程序）、仿真、实物设计、结论。

1.1.3.7 评阅毕业设计说明书和图纸

学生在完成毕业设计说明书的撰写和图纸的绘制之后，把相关材料交由指导教师评阅。指导教师根据说明书和图纸的情况以及在学生毕业设计期间的表现，包括工作态度、综合运用基础理论知识与基本技能的能力、独立工作能力、分析问题和解决问题的能力，给出客观全面的评价，撰写出相应的评语并给出评阅成绩。

1.1.3.8 毕业答辩

考查学生毕业设计的质量不仅要观其书面材料，更要通过对话的方式了解其有关设计内容的深度和广度。

(1) 毕业答辩的作用。毕业答辩是毕业设计工作的重要一环，关系着毕业设计成绩的评定，能够督促学生认真完成毕业设计。答辩，就是通过问、答、辩，在教师和学生之间进行的双向教学活动。毕业答辩也是学生口头表达能力、演讲能力、思维能力、应变能力的一次锻炼，可以帮助学生总结毕业设计的经验。

1) 审查毕业设计质量。毕业设计完成之后，设计说明书难免存在阐述不够清楚、表述不够详细之处，对一些问题的说明可能不够完备和确切。通过答辩，可以进一步考查学生运用所学知识来分析和解决本专业相关技术问题的能力，以及对基础知识和专业知识的掌握程度、创新能力等，是审查毕业设计质量的另一种形式。

2) 完善设计说明书和图纸。通过教师提出问题、学生回答问题，帮助学生发现问题，让学生更全面、更科学地修改设计说明书和设计图纸。通常学生在设计过程只有一位指导教师，因其研究领域、个人专长、工作经历等因素的影响，不可能掌握本专业各个方向的知识和技能。通过答辩过程中多位教师多角度的提问和审查，能够集思广益，使毕业设计工作更加完善、更加成熟。

3) 从知识的广度考查学生。通过多位教师的提问，考查学生在大学期间对所学知识和技能的掌握情况及其综合能力。

4) 让学生了解自身的学识水平。教师多角度地提问，能够使学生进一步审视自己的长处与短板，进而取长补短、全面发展。

5) 锻炼学生的综合能力。学生对毕业设计工作的介绍，能够锻炼其概括问题和口头表达的能力，从而提升其综合素质。

（2）毕业答辩的组织实施。毕业答辩在答辩委员会的统一安排下，按照学生毕业设计的学科性质和人数划分为若干答辩小组，每个答辩小组由不少于4名教师组成，其中至少有2人具有高级职称。

1）答辩小组的工作和职责。认真审阅学生的毕业设计说明书和图纸，全面、客观地提出有关设计内容的问题；听取答辩学生的报告及所回答的问题；答辩结束后，逐一进行评议，写出评语，并根据评分标准给出答辩成绩。

2）答辩的步骤。由答辩小组组长宣布会场纪律，并由答辩主持人宣布答辩学生的姓名、设计题目；学生向答辩小组简要陈述自己所做的工作，时间控制在10分钟左右；教师提问，学生回答；答辩总结、结束。

3）陈述的内容。包括选题的理由、生产工艺以及对控制的要求、设计的内容、设计的总体方案及关键技术问题、解决问题的方案、设计的具体方法、仿真或试验过程、存在的问题及解决思路。

4）答辩时所提问题。所提问题紧扣设计内容，且从多个角度、能够鉴别学生独立工作能力的方面着手；根据说明书的描述提出相关基本理论和技术方面的问题；根据设计图纸提出相关内容的问题，包括原理图、控制方法、有关控制器和电气材料的选择、参数设置等；涉及编程的题目，根据生产工艺对控制的要求提出实现相关功能的程序的分析过程。

1.1.3.9 答辩成绩及毕业设计成绩的评定

各学校及各学科答辩成绩的评定方法并不完全相同，有的采用百分制，有的采用优秀、良好、中等、及格、不及格五级制。毕业设计的成绩包括平时成绩、毕业设计说明书及图纸的成绩、答辩成绩。平时成绩由指导教师根据学生平时的工作情况（包括选题、总体思路、方案设计、基础理论、设计说明书、图纸质量、文字表达、动手能力、创新等）以及文献综述、开题报告给出。毕业设计说明书及图纸的成绩由指导教师和评阅人根据设计内容的描述情况给出。答辩成绩的评定由答辩小组根据答辩时学生自述和回答问题的情况以及设计说明书和图纸的质量给出。答辩委员会根据答辩小组的意见进行综合审定，给出毕业设计成绩。

1.1.3.10 设计的总结和完善

毕业答辩结束后，指导教师根据学生的答辩情况和设计说明书及图纸存在的问题，提出补充和修改建议。学生按照建议和答辩过程中对设计工作的认识，进一步完善所设计的内容。

1.1.3.11 设计评优

具有新的见解或较为先进和实用价值的设计作品（设计过程中能综合运用所学知识和技能，考虑问题较全面、采用新材料和新技术，说明书层次分明，结构严谨，文笔流畅，中心突出），经指导教师的推荐，教学单位组织有关专家进行评选，给出优秀成绩。

1.2 毕业论文概述

高等学校学生在毕业前要么针对某一生产实践中的项目或产品进行设计的训练，要么针对本专业的某一方向或某一问题进行深入研究和探讨的训练。前者为毕业设计，是综合运用所学知识、理论和技能解决实际问题的训练；后者为毕业论文，重在培养学生的科学研究能力，提升学生综合运用所学知识和创新的水平。

1.2.1 毕业论文的概念和毕业论文的格式

1.2.1.1 论文的概念及分类

通俗地讲，论文是对某种观点、想法进行论证、论述的文章或文本。论文分为学术论文和科研论文两大类。

学术论文是指用来进行科学研究和阐述科学研究成果的文章。学术论文是某一学术课题在实验性、理论性或观察性上具有新的科学研究成果或创新见解和知识的科学记录，或是某种已知原理应用于实际中取得新进展的科学总结，用于提供学术会议上宣读、交流或讨论，或在学术刊物上发表，或作其他用途的书面文件。不同领域不同学科的研究论文撰写的要求不同。学术论文具有创造性、科学性、专业性、实践性和平易性 5 个特点。

科研论文主要是探讨科技领域中存在的思想和问题，并阐述自己的主张和见解。是对某个问题进行调查研究，写成的调查报告；或者对某种问题进行科学实验后得出有关结论，并写成报告；或者对某项经验进行分析和总结，并上升到理论高度，写出结论性报告。其特点是有明确的研究对象和实践过程，反映出撰写者已进行的研究和实践过程。

论文包括学年论文、毕业论文、学位论文、科技论文、成果论文等。

毕业论文是高等学校学生在毕业前针对某一课题、综合运用自己所学专业的基础理论和专业知识所进行的科学研究训练而撰写的论文。论文题目由教师指定或由学生提出，经教师同意后确定。题目均应是本专业学科发展或实践中提出的理论问题和实际问题。通过这一环节，应使学生受到有关科学研究选题、查阅资料、评述文献、社会调查、制订研究方案、逻辑推理、数据处理、科学实验、撰写论文的初步训练。

相较于毕业设计，毕业论文偏重于深入钻研某一项科学技术的理论或实际问题，是针对所属专业领域的相关问题，在国内外前辈们研究的基础上，提出自己的观点和看法，对某一项科学技术的理论或实际问题有自己新的观点和见解，并通过研究来证明自己的观点或得出相关结论，有深度，有创新。

毕业论文按照学生的学历分为学士论文、硕士论文、博士论文。按照研究方法和写作方法，可以把毕业论文分为理论型论文和实践型论文。理论型论文依靠逻辑推理和假说的研究方法对文献资料进行研究、分析、推理，获取研究成果并以理论阐述为主，其主要有论点、论据、论证三部分组成。实践型论文主要通过实验、实践环节获取材料，运用计算、分析、描述、设计、实验等方法获取研究成果，通常由实验条件、实验方法、实验结果和分析论证等内容组成。

1.2.1.2 毕业论文的格式和原则

一般毕业论文的格式包括题目、中英文摘要、目录、前言（或绪论）、本论、结论、参考文献、致谢、附录等部分。

（1）题目。“题”是前额，“目”是眼睛，前额和眼睛是人身体最显眼、最能反映人面相的部位。针对所研究的内容，毕业论文题目能够准确、恰当、简短、精炼地反应整篇论文的中心思想，概括性很强，字数通常控制在 24 字以内。

（2）中英文摘要。摘要把毕业论文内容的要点摘录于论文的首页，对论文所研究的内容、方法和结论作简要介绍。摘要的下方选出3~5个能够表示全文主题内容的关键词。英文摘要是中文摘要的英译文，在中文摘要的下一页。

（3）前言（或绪论）。前言（或称绪论、引言、综述）应简明扼要地讲明论文所研究的背景，前人的研究成果及存在的问题，本论文的内容、理论依据、意义、实验条件、解决问题的方法、欲达到的目的等。要对与论文主题密切相关的文献进行综述，以显示作者对所研究内容的了解程度，以及对已有研究成果的分析、综合和判断能力，同时反映作者所研究内容的深度和广度。

（4）本论。本论是毕业论文的主体、核心。在本论中，作者展开自己的观点和主张，进行分析、论证，证明自己的研究成果，反映其价值水平。鉴于理论型论文和实践型论文的区别，二者的结构形式也不同。

1）理论型论文。理论型论文是作者对所论述的问题提出主张和看法，并加以阐述和说明。论据是作者所建立自己观点的理由和依据。论文所用的一切理论都应成系统、完整、正确，所采用的资料应真实、适用。论证是作者用论据说明论点的过程，作者采用科学的逻辑分析方法（比如归纳法、演绎法、类比法等），阐明论据与论点之间的内在联系，证明提出的论点是正确的、科学的。

2）实践型论文。实践型论文的本论部分通常包括理论、实践、结果分析三部分。理论部分中需要详细说明所提出的问题、分析方法、计算方法、改进之处。实践部分包括实践资料、实践措施、实践经过等内容。既要介绍实践过程中所采用的材料、实验设备、操作过程和方法，又需要说明研究过程中变化因素的影响及对策等。结果分析中，应列出实验数据，介绍实验数据的处理方法，从实验结果中得出相关结论及其适用范围，与理论计算结果作对比，对理论分析进行论证。

（5）结论。从实验结果结合理论分析给出结论，是对毕业论文的总结和概括。结论的措辞要严谨，表述应更精炼、更典型、更集中、更有价值。

（6）参考文献。按照引用的先后次序列出所参考的文献。

（7）致谢。对于在毕业论文完成期间所有给出建议和有过帮助的人，包括指导教师、其他老师、同学及校外相关单位等，都应在论文的结尾部分书面致谢。

（8）附录。有些毕业论文的内容不便于放置在正文中，可以在正文之后以附录的形式出现，比如一些数据、表格、公式、图、程序等。

撰写毕业论文应遵循以下原则。

（1）内容必须客观、科学、有创意。

（2）结构要严谨、有条理、逻辑性强。

（3）应能充分反映自己的学术水平和科研能力。

1.2.2 毕业论文的内容及流程

控制类专业理论型论文包括经典控制理论、现代控制理论、智能控制理论（模糊控制、神经网络控制、专家控制、遗传算法、自适应控制、自组织控制、自学习控制等）等自动控制理论方面的论文。此类毕业论文包括的内容有研究背景、理论依据、理论推导过程、仿真、实验验证、结论。控制类专业实践型论文着重于描述实践的过程，包括实践目的、实践要求、实践条件、实践方法和措施，对实践过程中的现象进行描述和理论分析，最后给出结论。

下面是毕业论文的写作步骤和流程。

(1) 拟定题目。题目的拟定过程就是选题的过程，是写作毕业论文的第一步。题目对毕业论文的写作影响极大，既关系到论文的质量，又对论文能否按时完成影响极大。

(2) 写作前的准备工作。论文题目确定后，需要做相关的准备工作。对于理论型论文，写作前的主要准备工作是分析资料、确立论点、精选论据。论点是作者的观点，与资料的关系极为密切，通过对大量资料的分析，提炼出正确的论点。实践型论文的写作准备着重于对实践资料的整理，具体包括计算与列表、绘图、提出结论性意见、修正结论。计算与列表是把以往进行的实验、调查过程中所做的计算和所得的结果列成表格，使之一目了然，为论文写作提供支撑。绘图则是把实验结果用图表示，便于分析、比较和论述。提出结论性意见是在仔细分析和研究有关数据、图、表的基础上，经过认真比较，找出各个量之间的关系，提炼出研究结论的解释意见。尽可能多地对所得出的结论通过实验进行反复验证，发现例外或异常现象及时修正。

(3) 编写提纲。写作毕业论文之前在构思的基础上撰写提纲极为重要。根据所确定的题目和所做的准备工作，把观点和资料整理成思路清晰、先后有序、能够说明问题的轮廓，审思全文的布局，形成一个有层次、逻辑关系严密的理论体系，草拟出编写提纲。

(4) 写作论文的初稿。根据论题的要求，按照编写提纲的次序，组织语言，使之成为一个观点鲜明、结构完整、内容充实、语言精练、通俗易懂的文稿。

(5) 修改完稿。初稿完成后，难免存在不足之处，需要仔细检查、认真修改。修改的过程也是对课题认识的深化过程，是定稿的基础，决定了毕业论文的质量。

1.2.3 毕业论文的组织实施

毕业论文的撰写过程按照前述的格式、原则、内容和流程逐步展开。下面介绍毕业论文的组织实施。

(1) 毕业论文选题。毕业论文的选题就是前述的拟定题目的过程，这个过程是指学生在指导教师的指导下确定研究的方向和内容。

1) 选题的重要性。论文选题对毕业论文的质量和水平影响极大，研究的方向和题目选对了，论文就成功了一半。如果所选择的题目不科学、不合理，会导致工作徒劳，得不到结果；或者难度太大，超出自身的能力范围，则难以在规定的时间完成。如果所选题目是自己所长，能够把所学理论知识用于解决生产和生活中的实际问题，并在以后的学习和工作中继续深入，就会为未来从事该项工作奠定良好的基础，较容易获得成果。

2) 选题的原则。选择题目应科学、客观、创新、切合实际。选题应针对生产实践和科学研究中存在的问题进行展开，对现有的观点进行补充和完善。题目要符合事物发展的规律，紧密联系实际；要有一定难度，在前人研究的基础上提出新的见解；尽量结合自身的兴趣，发挥自己的特长。

(2) 收集材料并确定标题和研究内容。

1) 收集材料。毕业论文方向和内容确定之后，开始收集支持作者观点的论文材料。材料包括来自社会生活与生产实践的具体事实和结果的直接材料，以及前人总结出来并经实践证明正确的定理、观点、学说等间接材料。收集材料主要通过深入生产生活一线进行观察、调查和查阅文献等方式。

2）确定标题和研究内容。毕业论文的标题直接揭示了论文的主题，标明了论文写作的内容和范围，使读者对论文所涉及的主要内容一目了然。有些题目包括正标题和副标题，与副标题相对而言，正标题也称总标题。没有副标题的标题均不称为正标题，而称为标题或题目。副标题常用于具体说明论文的内容和范围，起着对正标题进行补充、说明或加以限制的作用。副标题的位置通常位于正标题下一行，以破折号开始，比正标题最少缩进两个字符。论文研究的内容围绕题目确立中心论点。论点是作者的观点和见解，是作者对所收集的材料进行分析研究后所形成的。以此为基础，通过理论分析、实验、实践加以验证。中心论点贯穿全文，是论文的"纲"，全文以此为主线展开。

（3）拟定提纲及所述内容，撰写开题报告。

1）草拟提纲。在题目和研究内容确定后，深入消化所收集的材料，确定研究方法，理顺思路，提出问题，分析问题，解决问题，形成论文的框架，草拟出论文的提纲及所要描述的内容。

2）撰写开题报告。以论文提纲为主线，内容包括论文题目、论文研究的问题、研究方案的确定、研究计划和进度安排、参考文献等。具体包括如下内容。

①课题来源及研究的目的和意义。说明前人所研究课题的现状，以及在此基础上需要继续深入研究的内容，通过研究，能够得出相关结论，对社会的发展有指导意义；或者针对生产实践中所存在的问题进行研究，从而探讨出能够解决生产过程问题的办法，能够提高生产效率，节约能源，降低损耗，提升经济效益和社会效益，对提升人民生活水平发挥作用。

②国内外的研究动态。毕业论文开题报告中应阐明所选课题的历史背景、研究现状和发展方向。研究现状应针对国内外的研究水平、研究所存在的主要问题及发展方向进行说明。

③主要研究内容及创新点。针对当前的研究现状及趋势，提出作者的观点和解决问题的方案及措施。其中研究方案可以对几种方案进行多方面比较、论证，最终确定一种综合指标最优的方案，并且突出创新之处。

④研究方案、进度安排及预期目标。针对所研究的内容，确定出研究方案和预期目标，细化研究工作，有计划、按步骤、分时段安排各项工作。

⑤所具备的条件和需要的条件。针对所确定的题目和研究内容，列出已具备的各种支撑材料和多方面的条件，以及存在的不足，以便在研究过程中进一步创造条件或采用替代方式（比如仿真），便于研究工作的顺利开展。

⑥研究过程中可能出现的问题及对策。尽可能多地对研究过程中可能出现的问题进行预判，并给出相应的对策，便于在研究过程中出现问题时能够及时解决。

⑦主要参考文献。

（4）实际验证分析并给出结论和对策。研究方案确定、开题报告通过之后，按照进度安排，通过公式推导、计算、仿真、实验，对结果进行分析，得出结论并给出相应的对策和措施。这一过程中，要保证理论依据充分，公式推导无误，所用数据准确，计算结果正确，仿真和实验过程真实。

（5）撰写中期报告。为避免毕业论文出现差错，督促学生按时完成论文，在论文工作进行到进度安排的一半时，要求学生撰写中期报告，对所做的工作进行详细介绍，以便对学生的论文完成情况进行检查。中期报告的内容在开题报告的基础上详细描述已完成的研究内容、新发现的问题及相应的对策、下一步的研究内容及进度安排、参考文献等。

（6）撰写毕业论文。前述工作完成后，基于论文提纲和开题报告，开始撰写毕业论文。毕业论文的结构和格式可以参考 1.1.3.4 节。毕业论文的内容参考 1.1.2 节。

（7）评阅毕业论文。毕业论文的评阅可参考 1.1.3.7 节。

（8）毕业论文答辩。毕业论文答辩可参考 1.1.3.8 节。

（9）答辩成绩及论文成绩的评定。毕业论文答辩成绩及论文成绩的评定可参考 1.1.3.9 节。

（10）毕业论文的总结和完善。毕业论文的总结和完善可参考 1.1.3.10 节。

（11）毕业论文评优。毕业论文评优可参考 1.1.3.11 节。

2 某化工企业醚化车间生产设备电气控制系统设计

思政之窗

工科类的毕业设计应与生产实践紧密结合，设计题目尽可能源于生产一线，坚持从实际出发，实事求是，以便于毕业后尽早投入到生产实践中去。

实践是认识的来源、动力、目的和检验标准。在实践中坚持和发展真理，正确认识和改造世界，全面贯彻辩证唯物主义和历史唯物主义思想路线。正如毛泽东在《实践论》中所述："理论的基础是实践，又转过来为实践服务""真理的标准只能是社会的实践"。实践与认识不可分割，但是实践决定认识。通过实践发现真理，又通过实践检验和发展真理，从感性认识能动地发展理性认识，又从理性认识指导实践，改造主客观世界。从前人的实践经验中吸取教训，更好地运用于我们的实践活动。

任何领域的发展都离不开实践的指引，两弹一星、载人航天的建造、青蒿素的成功研制、杂交水稻的培养与推广、人工蛋白——结晶牛胰岛素的合成、转移核糖核酸的人工合成、银河巨型计算机的研制、正负电子对撞机的成功对撞、北斗导航试验卫星的成功发射、"龙芯1号"CPU的研制、"神舟五号"飞船成功升空、"嫦娥一号"的成功发射、"中国天眼"的落成启用、光量子计算机的诞生等，无不是科技工作者用自己所学的理论知识和实践经验，一步一步摸索出来的。这个过程并非一蹴而就，需要在长期的实践过程中探索。

新中国成立后，科技在生活和生产中的重大应用成果不胜枚举。1952年，完全由中国设计、建造，材料零件全部为国产的铁路——成渝铁路通车。1956年，新中国第一辆汽车——解放牌载重汽车在长春下线，结束了中国不能制造汽车的历史。同年，我国自主生产的第一代喷气式歼击机歼-5首飞成功。1957年，长江上修建的第一座大桥——武汉长江大桥建成通车，是中国第一座铁路、公路两用长江大桥。1958年，第一台国产电视机——北京牌电视机诞生。同年，第一部通用数字电子计算机诞生。1961年，上海江南造船厂造出了新中国第一台万吨水压机。1968年，首艘自行设计建造的万吨级远洋船建成。1969年，首都北京开出了新中国第一趟地铁——北京地铁一号线，目前中国的地铁运营规模位居世界第一。1970年，我国自主研制的第一艘核潜艇成功下水。同年4月，我国用"长征一号"运载火箭成功发射第一颗人造地球卫星"东方红一号"，标志着我国成为继美、苏、法、日之后第五个可以独立发射人造卫星的国家。1974年，我国科技人员自行设计、研制出了第一代主战坦克——69式坦克。1975年9月，北大教师王选把几千兆的汉字字形信息压缩后存进了只有几兆内存的计算机，首次把精密汉字存入了计算机。同年11月，中国第一颗返回式卫星在酒泉卫星发射中心成功发射。1976年，中国工程院院士赵梓森，在武汉拉出了中国第一根石英光纤，开启了中国光纤数字化通信新时代。1980年5月，我国"东风五号"洲际导弹首次全程试射成功，实现了中国洲际导弹从无到有的跨越，标志着中国成为继美国、苏联之后世界上第三个进行洲际导弹全程试验并获得成功的国家，打破了超级大国对洲际战略核武器的长期垄断。1981 年，人工合成了完整的酵母丙氨酸转移核糖核酸，是世界上第一个人工合成的转移核糖核酸。1983 年，“银河”巨型计算机研制成功，填补了国内巨型计算机的空白，标志着中国进入了世界研制巨型计算机的行列。1984 年 12 月，中国南极考察队登陆南极，建立了第一个南极科学考察站并进行首次南极考察。1988 年 10 月，中国首座高能加速器实现正负电子对撞，为我国粒子物理和同步辐射应用开辟了广阔的前景，揭开了我国高能物理研究的新篇章。1991 年，我国自己设计建造的第一座核电站——秦山核电站并网发电，结束了我国大陆无核电的历史。1994 年，三峡水电站正式动工，并于 2003 年开始蓄水发电，是世界上规模最大的水电站。1998 年 3 月，国产歼-10 型飞机首次试飞成功，歼-10 战斗机是中国自行研制的第三代战斗机，也是中国当时最新一代单发动机多用途战斗机。2000 年 10 月，我国自行研制的第一颗导航定位卫星——“北斗导航试验卫星”发射成功，中国成为继美、俄之后，第三个拥有自主卫星导航系统的国家。2012 年 9 月，我国第一艘航空母舰“辽宁舰”按计划完成建造和试验试航工作，在中船重工大连造船厂正式交付海军。2015 年，“神威太湖之光”超级计算机落户无锡，成为全球运行速度最快的超级计算机，是首台全部使用国产处理器构建的超级计算机。2018 年，集桥梁、隧道和人工岛于一体的港珠澳大桥正式通车运营，其建设难度之大，被业界誉为桥梁界的“珠穆朗玛峰”，被英国《卫报》评为“新的世界七大奇迹”之一。2019 年，北京大兴国际机场正式投运，以“中国速度”创多项世界纪录。所有这些成果，无不是理论与生产实践紧密结合的结果。

无论是现在还是未来，我们都应本着“实践、认识、再实践、再认识”的行为方式总结和学习。在经过实践和时间检验的前人的工作基础上，坚持学以致用、勇于创新。

2.1 醚化车间生产设备及控制要求

某化工企业醚化车间的生产设备如表 2.1 所示。

表 2.1 醚化车间生产设备

设备名称	设备容量	设备名称	设备容量
邻醚化釜搅拌器	30kW 软启动	邻醚化釜搅拌器	30kW 软启动
对醚化釜搅拌器	30kW 软启动	对醚化釜搅拌器	30kW 软启动
混醚化釜搅拌器	15kW 变频调速	混醚化釜搅拌器	15kW 变频调速
1 号邻配醇钠搅拌器	18.5kW 变频调速	2 号邻配醇钠搅拌器	18.5kW 变频调速
混水洗釜搅拌机	11kW 变频调速	尾气吸收装置	32A 配电开关
尾气吸收装置	32A 配电开关	邻醚化分水泵	4kW
对醚化分水泵	4kW	邻醇钠计量泵	2.2kW
对醇钠计量泵	2.2kW	对醇钠计量泵	2.2kW
邻醇钠计量泵	2.2kW	邻釜液泵	4kW
对釜液泵	4kW	对甲醇回收泵	4kW
邻甲醇回收泵	4kW	热水泵	5.5kW

续表 2.1

设备名称	设备容量	设备名称	设备容量
原料邻中转泵	4kW	原料堆中转泵	4kW
原料混中转泵	4kW	1 次混水洗水泵	4kW
2 次混水洗水泵	4kW	混硝基罐泵	4kW
对硝基罐泵	4kW	邻硝基罐泵	4kW
3 号邻废水泵	4kW	2 号堆废水泵	4kW
1 号混废水泵	4kW	5 号邻吸后泵	4kW
6 号邻吸前泵	3kW	3 号堆吸后泵	4kW
4 号对吸前泵	3kW	2 号混吸后泵	4kW
1 号混吸前泵	3kW	对位酸化液泵	4kW
混位酸液化泵	4kW	邻位酸化液泵	4kW
碱液中转窑泵	5.5kW	盐酸中转罐泵	4kW
3 号邻配碱罐泵	3kW	2 号堆配碱罐泵	3kW
1 号混配碱罐泵	3kW	混位酸化锅搅拌器	2.2kW
混位酸化锅搅拌器	2.2kW	邻位酸化锅搅拌器	2.2kW
邻位酸化锅搅拌器	2.2kW	对位酸化锅搅拌器	2.2kW
对位酸化锅搅拌器	2.2kW	真空泵	7.5kW
邻酸基醚整流釜	11kW	混醚化分水泵	4kW
混釜液泵	4kW	混硝蒸馏釜真空泵	7.5kW
防爆照明箱	40A 配电开关	防爆动力检修箱	125A 配电开关
备用	30kW 软启动	备用	15kW 变频调速

针对表 2.1 中的生产设备，完成下面设计内容：

（1）设计出电气控制系统图，包括总电源电气控制线路和进行功率因数补偿的电容补偿电气控制线路。

（2）设计出各台设备的电气控制线路。每台设备既可在电气柜体上手动操作控制，又可通过集中控制室的开关信号进行控制；每台设备的运行信号和故障信号既可在电气柜体上显示，又可返回到集控室。

（3）设计出总电源电气控制线路、电容补偿电气控制线路。总电源柜上应有指示三相电流和三相电压的电流表和电压表。

（4）对多种品牌的电器进行比较，选择出电气控制线路中的所有电器。

（5）通过变频器向混醚化釜搅拌器、邻配醇钠搅拌器、混水洗釜搅拌机供电，选择出合适的变频器，设置相关参数，变频器应配置进线和出线电抗器。

（6）采用电动机软启动器降压启动方式启动邻醚化釜搅拌器、对醚化釜搅拌器，选择出合适的软启动器，设置相关参数。

（7）选择合适的电线、电缆及电气柜体。

2.2 电气控制系统设计方案

本设计的重点是设计每台设备的电气控制线路、进行电器选型和设置相关参数。控制方案中应确定出每台生产设备的启动方式、所采用的电器品牌等。从表 2.1 中可以看出，多数设备的电动机功率不大于 7.5kW，这些设备均可采用直接启动方式。对于指定采用变频器供电的设备和采用软启动方式的设备，则按要求设计。据此，制定如下方案。

（1）根据设计要求，绘制电气控制系统图。

（2）以电气控制系统图为基础进行归类，绘制出每台设备的电气控制线路。

（3）从多方面对电动机的不同启动方式进行比较。电动机的启动方式包括直接启动和降压启动，其中降压启动方式有 Y-△降压启动、自耦变压器降压启动、软启动器启动、变频启动等方式。具体采用何种启动方式，取决于供电变压器容量、生产机械的要求。表 2.2 中对电动机的各种启动方式做了比较。

表 2.2 启动方式比较

启动方式	优 点	缺 点	适用场合
直接启动	启动转矩大，启动过程快，电路简单，成本低	启动电流大，启动过程中会引起电网电压降落，对自身供电电器的动作和同一变压器供电的其他设备会有影响	在生产机械没有专门要求的情况下，15kW 以下的鼠笼式异步电动机采用该启动方式
Y-△降压启动	启动转矩较大，启动过程为两级，成本较低	电气线路复杂，当电气柜与电动机距离较远时，二者之间连线的成本增加，总成本随之增加	通常 18.5～30kW 的电动机采用星形-三角形（Y-△）降压启动方式，且电气柜体与电动机距离接近时可采用
自耦变压器降压启动	启动转矩较大，通常启动过程为两级	电气线路复杂，成本较高，电气柜体体积大	电动机功率在 30～55kW 之间时较多采用
软启动器启动	启动过程平稳，有多种启动方式，可根据实际情况灵活选择，保护功能完善	启动电流为额定电流的 3～4 倍，启动转矩较小，启动过程中有谐波，对其他电子设备有干扰，成本较高	通常 75kW 及以上的鼠笼式异步电动机采用，对于启停过程要求平稳的生产工艺，小功率电动机也采用，为降低成本，可以采用 1 台软启动器分时启动多台电动机的控制线路
变频启动	启动过程非常平稳，启动电流小，可不大于电动机额定电流，从而减小供电变压器容量，降低投资费用；采用变频器供电时，生产机械动作平稳，产品质量得以提升	变频器运行期间有谐波，对其他电子设备有干扰，为抑制谐波，需要采取相应的措施，成本高	对于启动过程要求非常平稳且启动转矩大的生产设备采用变频启动，变频器仅用于电动机启动的情况不多，更多情况是为了满足生产工艺的要求或节能而进行调速运行

（4）在多种品牌的电器中选择出合适品牌的电器，从市场占有率、可靠性、经济性、售后服务等多方面因素进行综合考虑。表 2.3 中列出了 10 种品牌电器产品的特点，经过比较，且考虑到用户的使用习惯，采用正泰电器。

表 2.3 常用电器品牌及特点

品 牌	市场占有率	可靠性	经济性	售后服务
西门子	大	高	价格高	售后服务较及时
施耐德	大	高	价格高	售后服务较及时
ABB	较大	高	价格高	售后服务较及时
富士	一般	高	价格较高	售后服务较及时
三菱	一般	高	价格较高	售后服务较及时
正泰	大	较高	价格低	售后服务及时
德力西	大	较高	价格低	售后服务及时
人民电器	一般	较高	价格低	售后服务及时
天正电气	一般	较高	价格低	售后服务及时
常熟开关	一般	高	价格较高	售后服务较及时

(5) 软启动方式的比较和确定。电动机软启动电路可以通过软启动器采用 1 控 1 和 1 控 2 的方式，如图 2.1 (a) 和图 2.1 (b) 所示。也可以通过变频器采用 1 控 1 和 1 控 2 的方式，如图 2.2 (a) 和图 2.2 (b) 所示。变频 1 控 1 有两种电路：一种是变频器一直通电运行，既满足了启动过程的要求，又可以在 50Hz 运行，保护电动机；另一种是启动过程中变频器通电，启动过程结束后变频器断电，电动机直接接入工频电运行。相比较而言，1 控 1 启动方式成本较高。变频启动和软启动的优劣在表 2.2 中已作比较。在兼顾设备运行可靠性和初投资的情况下，采用软启动 1 控 1 方式。

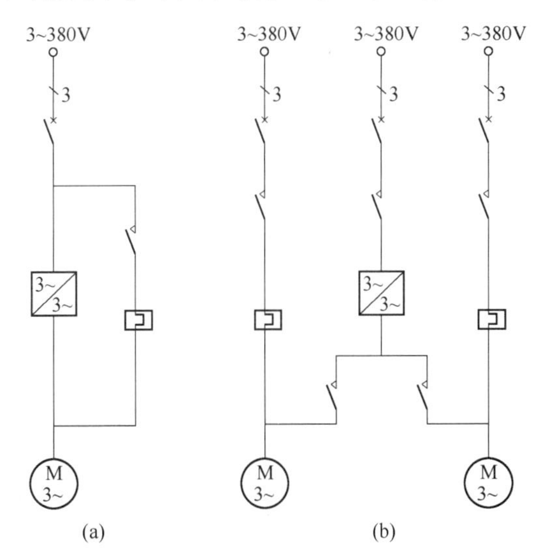

图 2.1 电动机软启动电路方式
(a) 1 控 1；(b) 1 控 2

(6) 根据电动机功率的大小选择出合适的电器。
(7) 设置变频器、软启动器的参数。
(8) 根据电器的体积确定电气柜体、所采用的导电体。

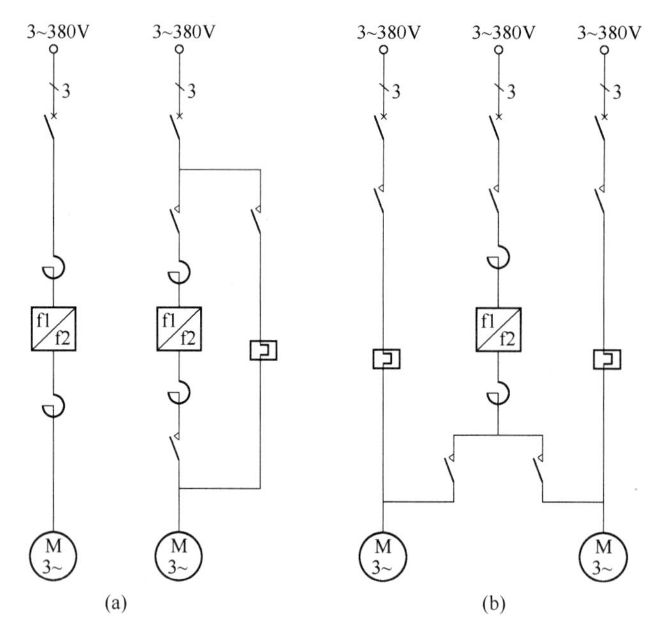

图 2.2 电动机变频启动电路方式

（a）1 控 1；（b）1 控 2

2.3 生产设备电气控制系统设计

根据表 2.1 中所列出的设备，初步画出所有设备的电气控制系统图。图 2.3 所示为电

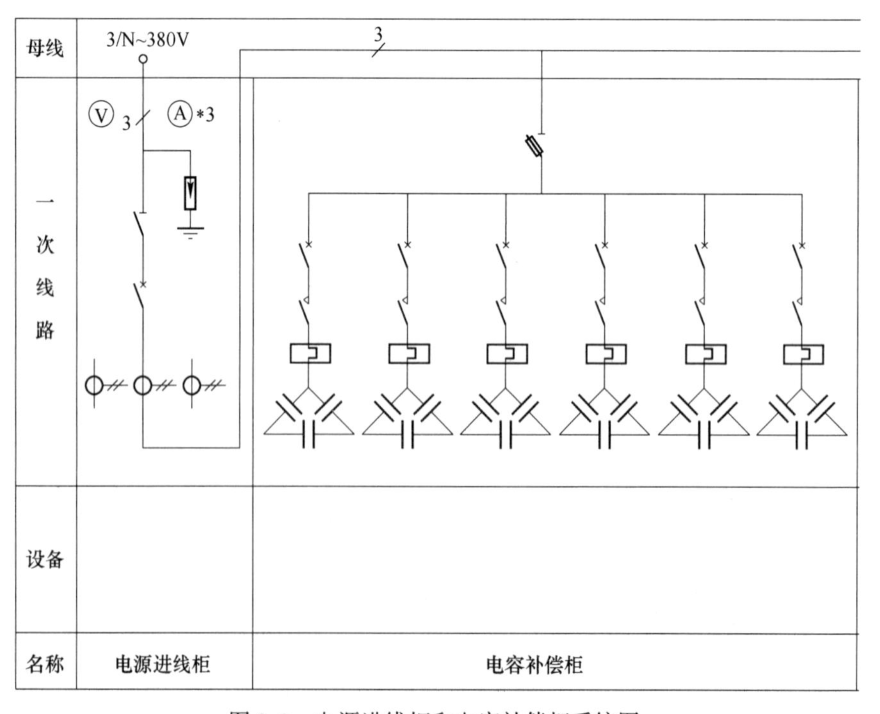

图 2.3 电源进线柜和电容补偿柜系统图

源进线柜和电容补偿柜系统图。电源进线柜用于控制用电设备的总电源，内部有隔离开关、断路器、电压浪涌抑制器以及电流互感器、电流表、电压表等。通过3个电流互感器与3块电流表相接显示三相电源的电流，电压表用于显示三相线电压。电容补偿柜内部的电容补偿控制线路用于改善功率因数，包括6路补偿电容器及相应的断路器、接触器和热继电器。

图2.4所示为电气控制系统图中的1号电气控制柜系统图。内含总隔离开关和邻醚化釜搅拌器、对醚化釜搅拌器等11台设备的电气主电路。按照设计要求，相关设备采用了软启动方式和变频调速方式，为了减少变频器对其他用电设备的干扰，在变频器的进线和出线端配置了相应的电抗器。尾气吸收装置仅配备了进行手动通断电操作的断路器。其他设备全部采用直接启动方式，每台设备的电气线路中都有相应的断路器、接触器和热继电器。

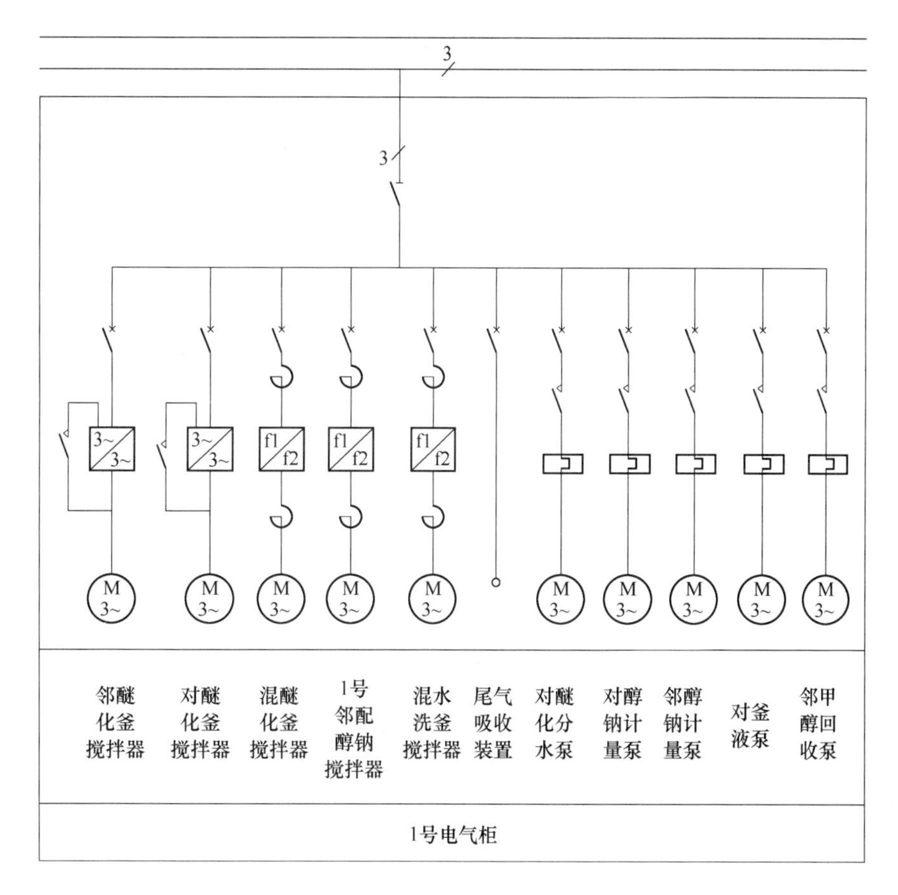

图2.4 1号电气控制柜系统图

图2.5所示为电气控制系统图中的2号电气控制柜系统图。图中包含总隔离开关和原料邻中转泵、原料混中转泵等19台设备的电气主电路以及照明箱的送电开关电路。图中的电动机软启动电路为备用电路，作为正常运行的软启动器故障时的替换电路，其他设备全部采用直接启动方式，每台设备的电气线路中都有相应的断路器、接触器和热继电器。

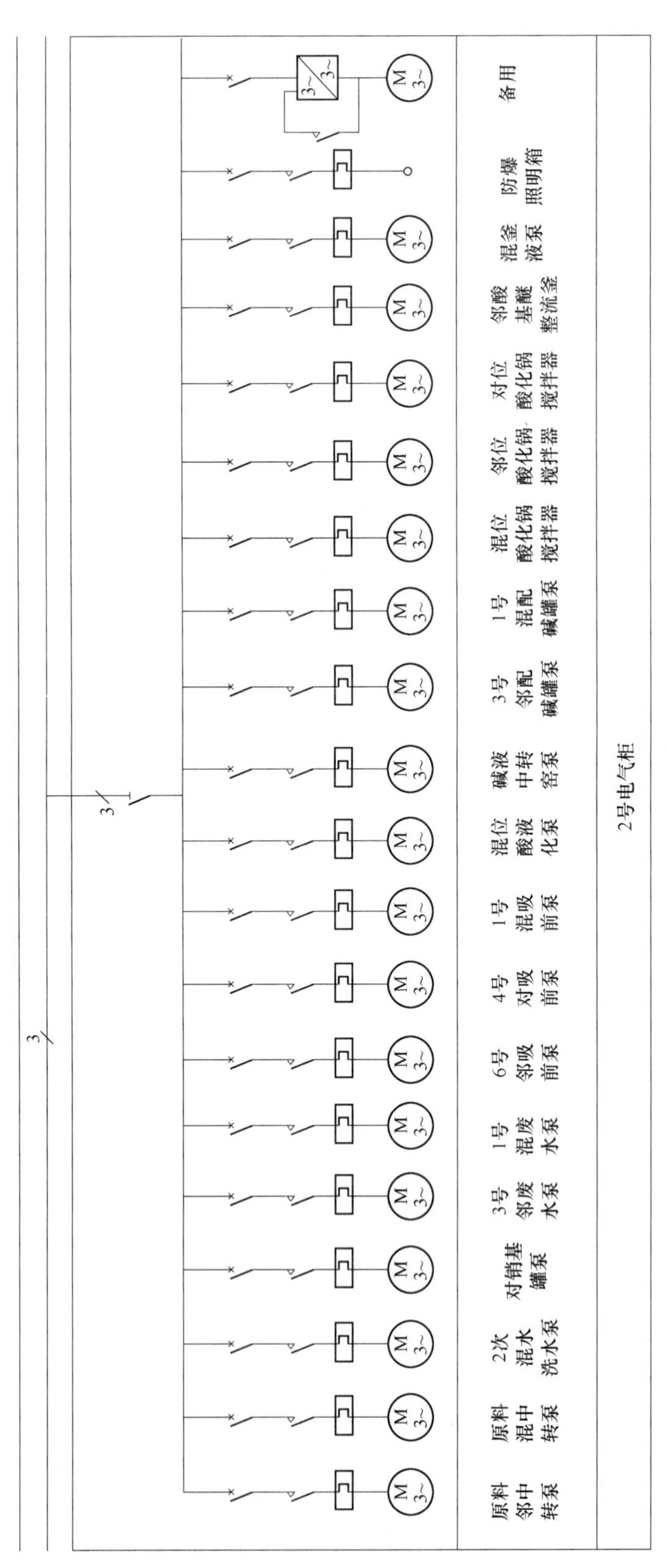

图2.5　2号电气控制柜系统图

防爆照明箱只配备了进行通断电操作的断路器。

图 2.6 所示为电气控制系统图中 3 号电气控制柜系统图。图中共包括邻醚化釜搅拌器、对醚化釜搅拌器等 8 台设备的电气控制线路和尾气吸收装置的送电开关。其中 2 台设备采用电动机软启动控制方式，另 2 台设备采用变频调速控制方式，其余设备则采用直接启动方式。

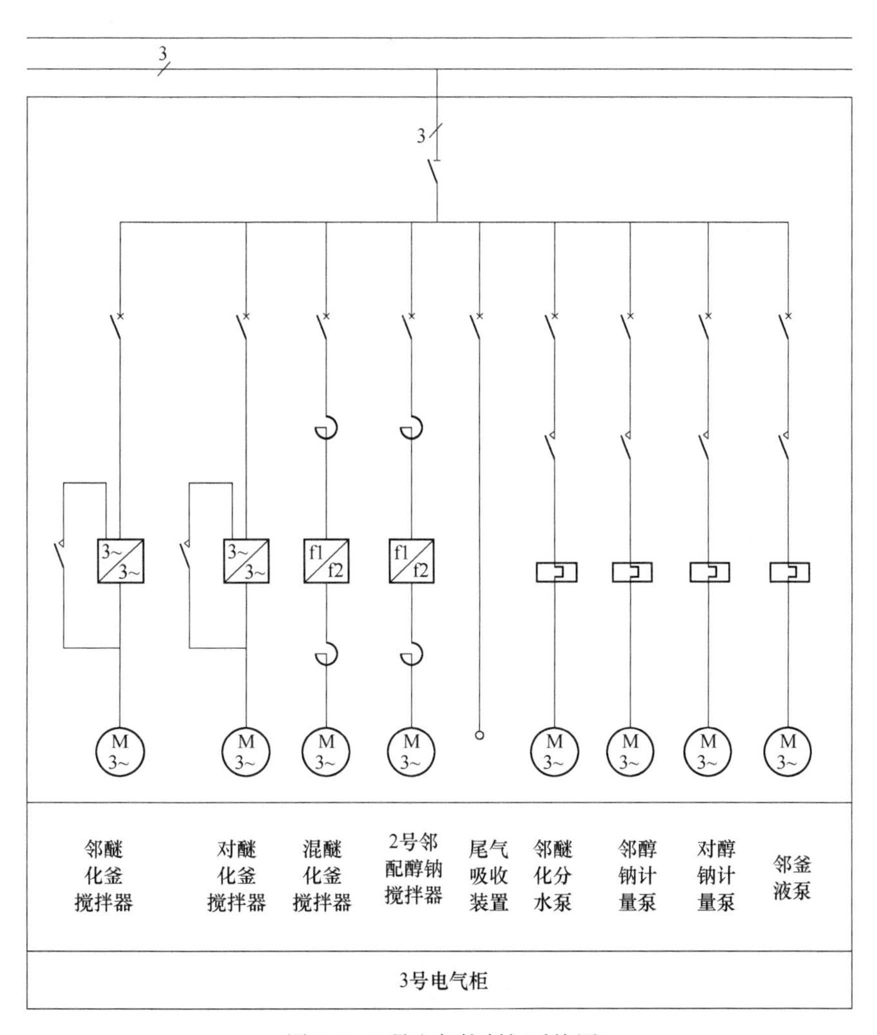

图 2.6　3 号电气控制柜系统图

图 2.7 所示为电气控制系统图中的 4 号电气控制柜系统图。图中包含对甲醇回收泵、热水泵等 21 台设备的电气主电路以及防爆动力检修箱的送电开关电路。图中的变频调速控制线路为备用电路，作为设备运行过程中变频器故障情况下的备用电路，其他设备全部采用直接启动方式。防爆动力检修箱仅配备了进行通断电操作的断路器。

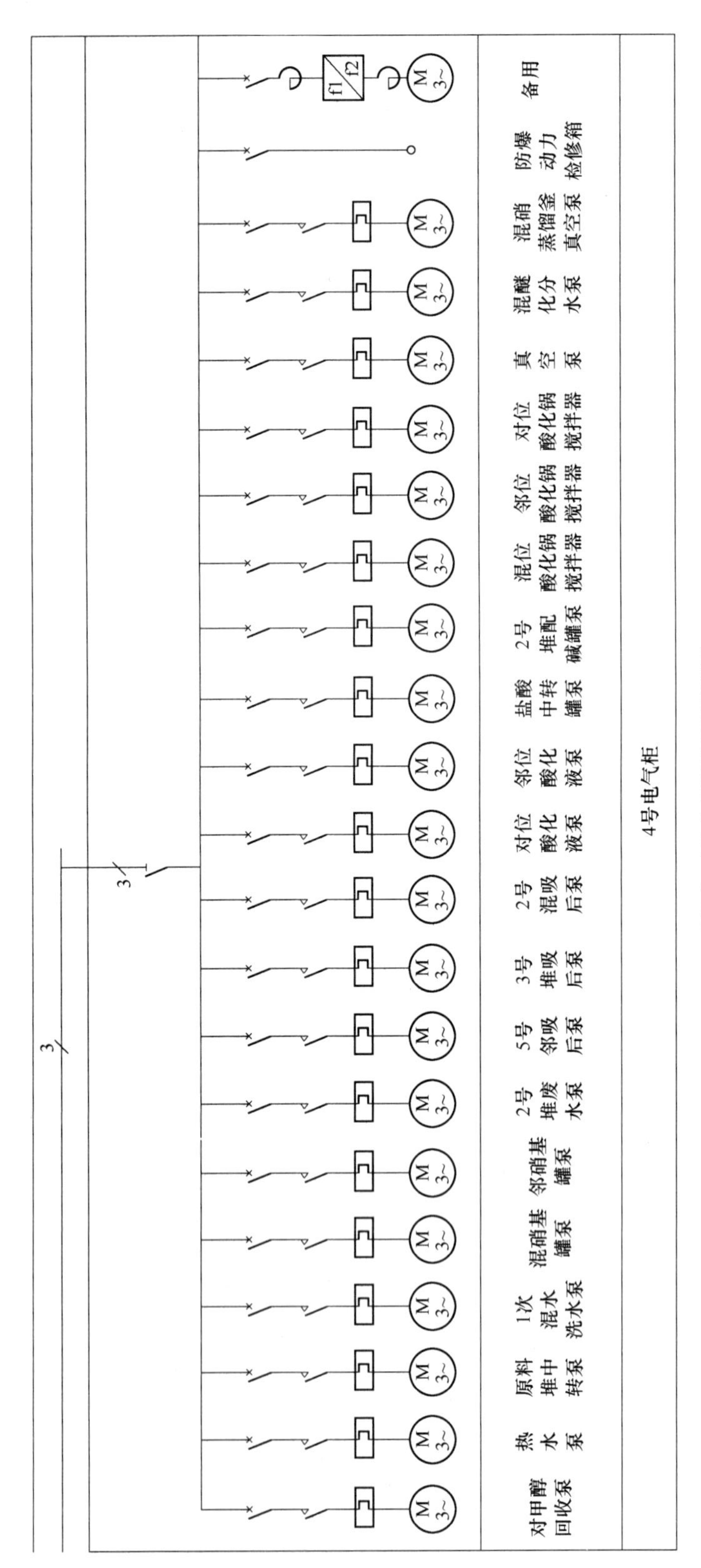

图2.7 4号电气控制柜系统图

2.4　生产设备电气控制线路设计

以电气控制系统图为基础，设计每台设备的电气控制线路。从系统图可以看出，电气控制线路有5类：电源进线柜内的总电源电气控制线路、电容补偿柜内的功率因数补偿控制线路、电动机直接启停控制线路、电动机软启动控制线路、电动机变频调速控制线路。

2.4.1　电源进线电气控制线路

电源进线电气控制线路是所有用电设备的总电源控制线路，主要由隔离开关和断路器组成，开关的大小取决于所有设备的总运行电流值。从表2.1可以统计出设备总功率约为390kW，尾气吸收装置和照明箱等最大电流为230A，总运行电流约为1010A。电源进线电气控制线路与所选取的断路器有关，本例中断路器选择正泰DW17系列产品，电气控制线路如图2.8所示。图中转换开关SF用于选择三相线电压（U_{AB}、U_{BC}、U_{CA}）供电压表

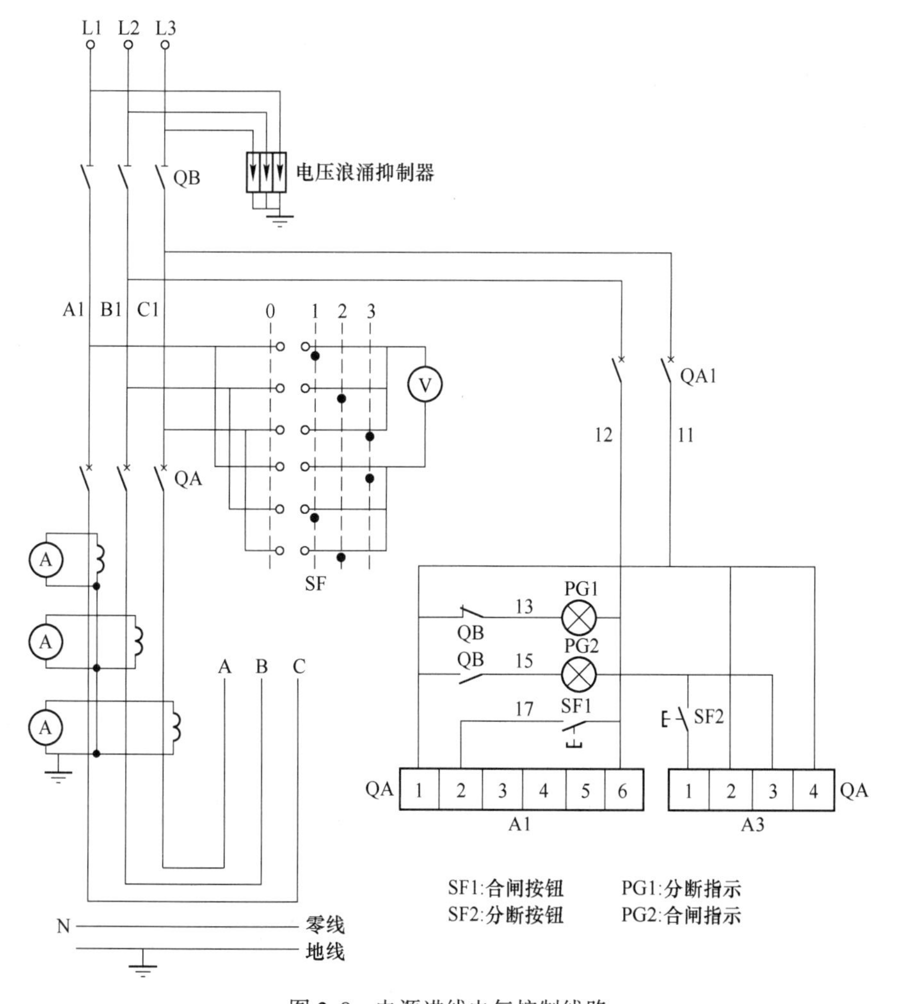

图2.8　电源进线电气控制线路

显示，转换开关处于0位时，电压表两端无电压，显示值为0；转换开关处于“1”位时，电压表两端所接电压为A、B两相线电压；转换开关处于“2”位时，电压表两端所接电压为B、C两相线电压；转换开关处于“3”位时，电压表两端所接电压为C、A两相线电压。需要为设备送电时，先合上隔离开关QB和空气开关QA1，按下合闸按钮SF1，断路器QA闭合，A、B、C三端有电。需要断电时，按下分断按钮SF2，断路器QA断开，A、B、C三端无电。通过3个电流互感器分别接3块电流表来显示三相电流。电压浪涌抑制器用于防止电压太大时损坏线路中的电器。

2.4.2　无功功率补偿控制线路

无功功率补偿控制线路中，补偿的电容量取决于负载的性质和负载总功率。本电气控制系统中，设备以电动机为主，功率因数约为0.8，设备总功率约为390kW，其中变频器供电的设备约为80kW，因变频器的功率因数高于电动机，本系统中为电动机供电的变频器容量占比较小，因此计算电容补偿量时仍以390kW为准，补偿后的功率因数值为0.95~0.97。图2.9所示为无功功率补偿控制线路，其中图2.9（a）为主电路，图2.9（b）为控制电路。控制电路中，无功补偿控制器接入三相交流电，其中Us1端和Us2端接B相和C相电源，Is1端和Is2端必须从A相取电流信号。输出端1~6控制6组电容器的投切，根据功率因数的大小自动控制6个接触器的吸合状态，从而自动投切电容器C1~C6，使功率因数满足要求。热继电器BB1~BB6起着保护作用。

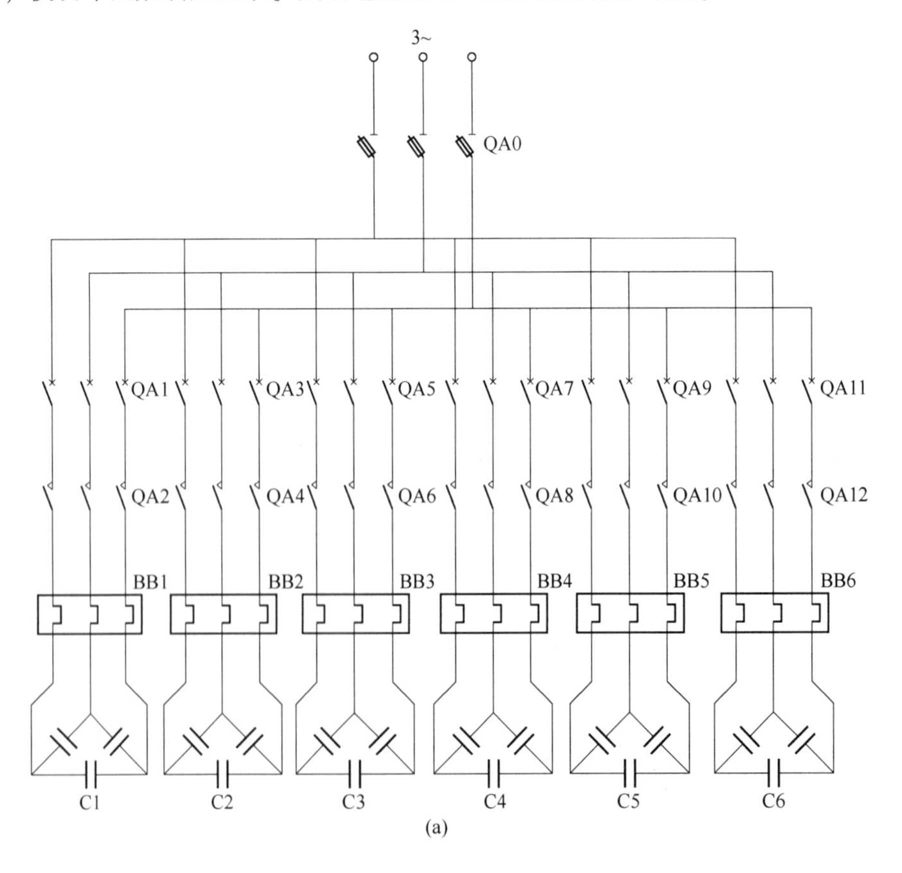

(a)

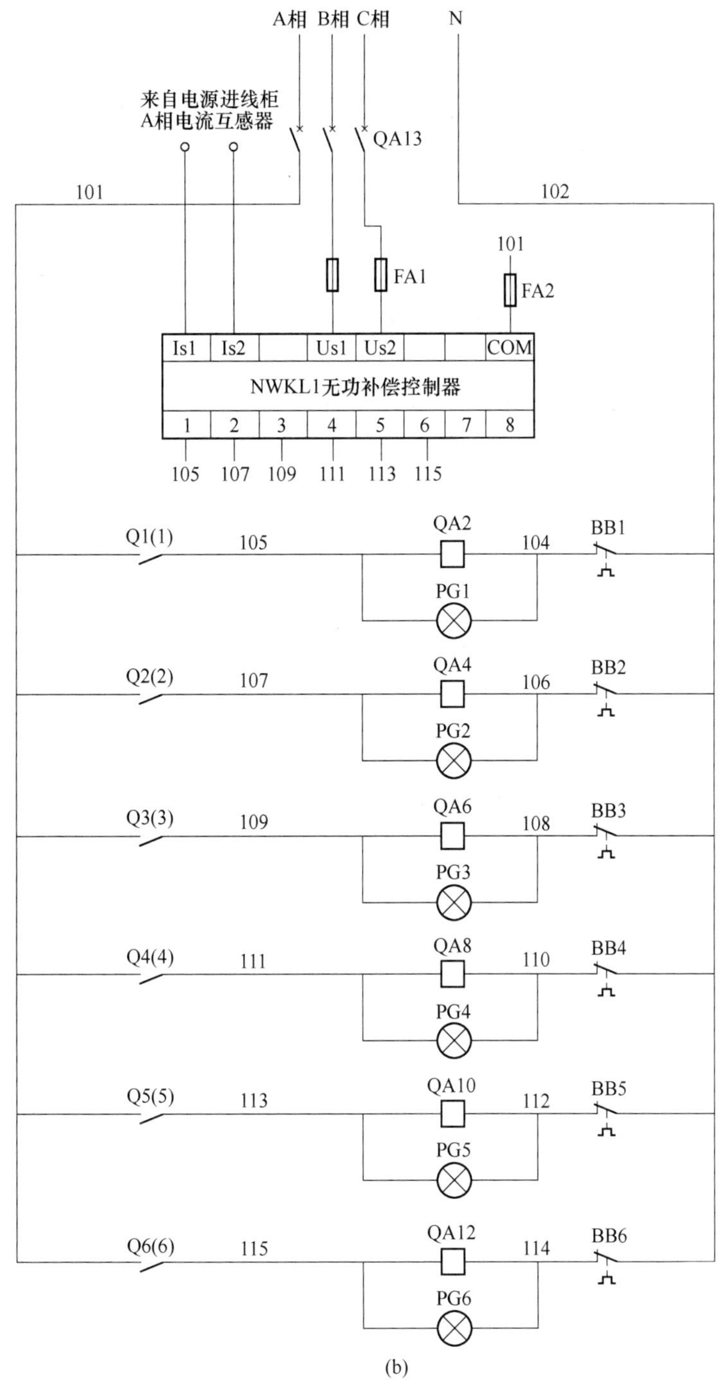

(b)

图 2.9　无功功率补偿控制线路

（a）主电路；（b）控制电路

2.4.3　电动机直接启停控制线路

从系统图中可以看出，多数设备的电动机采用直接启动方式。直接启停电气控制线路如图 2. 10 所示，控制电路图中的线号用“××数字”表示，××用于区分不同的设备，比如对醚化分水泵电气控制线路中的电器符号为 QA071、QA072、BB07 等，线号可以表示为 0711、0713 等；邻甲醇回收泵电气控制线路中的电器符号为 QA111、QA112、BB11 等，线号可以表示为 1111、1113 等。KF××为进行“柜体操作”和“集中控制”切换的中间继电器触点，通过手动操作旋钮控制其线圈（图 2. 10 中未画出，详见图 2. 11）。柜体操作时，中间继电器 KF××线圈得电，常开触点 KF××闭合，操作柜体上的启动按钮 SF××1 和停止按钮 SF××2 控制电动机 MA××的运行状态。集中控制时，中间继电器 KF××线圈断电，常开触点 KF××断开，常闭触点 KF××闭合，通过来自集中控制室的常开触点（虚线框内）控制接触器 QA××2 的通断电控制电动机 MA××的运行状态。接触器 QA××2 常开触点和热继电器 BB××的常开触点信号返回到集控室，便于观察电动机的工作状态。指示灯 PG××由接触器常开触点控制，用于指示设备的运行状态。

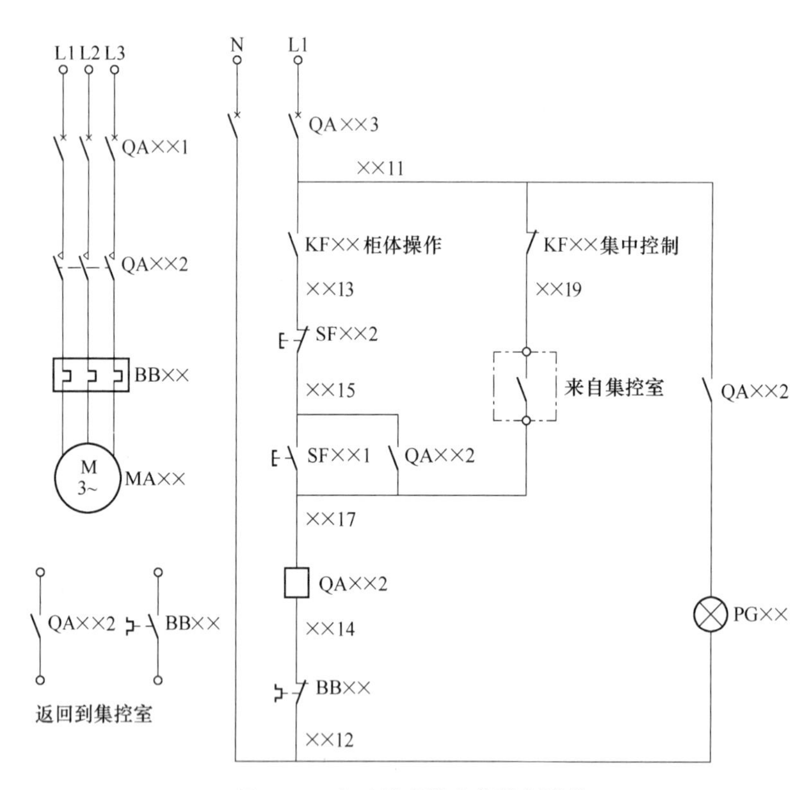

图 2. 10　电动机直接启停控制线路

每台设备都应有“柜体操作”和“集中控制”的状态转换，每面柜体只设计一个转换开关控制多个继电器进行状态切换，使柜体内的各路电器同时动作。图 2. 10 中的常开触点 KF××和常闭触点 KF××即为进行两种状态切换的继电器触点，控制继电器 KF××的切换电路如图 2. 11 所示。继电器的数量与每面柜体内所控制的设备台数以及所选择的继电器有关，如果 1 面柜内所控制的设备台数为 22，比如 2 号电气柜，而继电器的触点数为 3 常开 3 常闭，则需要 8 个中间继电器。当转换开关搬到“柜体操作”位置时，继电器线圈得电，图2.10中的KF××常开触点闭合，通过操作柜体上的按钮进行控制；当转换开关搬到“集中控制”位置时，继电器线圈失电，图2.10中的KF××常闭触点闭合，通过集控室的信号进行控制。

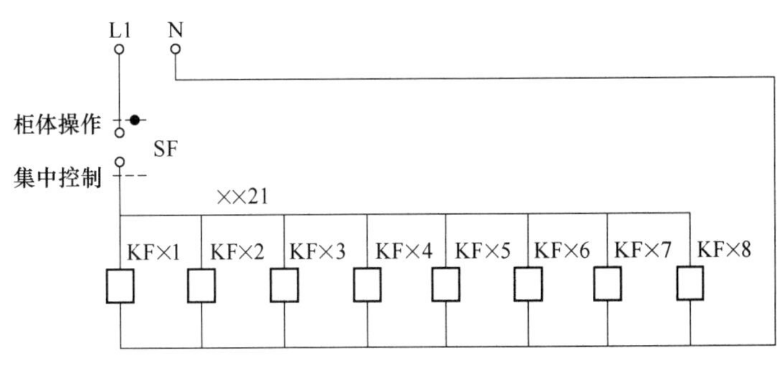

图2.11 “柜体操作”和“集中控制”状态转换继电器控制电路

2.4.4 电动机软启动控制线路

一些设备采用软启动方式，具体控制线路与所选择的电动机软启动器有关。图2.12所示为采用某软启动器的电动机软启动控制线路。启动过程中，主电路中的旁路接触器QA××2不吸合，电动机MA××由软启动器送电，按照设定的方式启动。当启动过程结束后，软启动器内部1、2端触点闭合，使旁路接触器QA××2线圈得电，电动机全压运行。运行期间，一旦发生故障，软启动器内部5、6端触点闭合，给出故障报警信号，点亮故障指示灯PG××1，提示操作人员；同时，软启动器显示屏显示出故障代码，便于查找故障。在电气柜体上操作时，中间继电器KF××的常开触点闭合，通过操作按钮SF××1和SF××2控制电动机的启停过程。在集控室控制时，中间继电器KF××的常闭触点闭合，通过来自集控室的开关信号控制电动机的启停过程。软启动器TAr的运行与停止取决于中间继电器KFr1的状态，PG××2为运行指示灯。软启动器的参数设置见后面的内容。

2.4.5 电动机变频调速控制线路

图2.13所示为采用变频器供电的电气控制线路，变频器选用某企业的S200系列通用型变频器。图中的文字符号f用于区别不同电气控制线路中的变频器和电抗器，f为1、2等，比如TA1、TA2、Li1、Li2、Lo1、Lo2等。变频器上方的进线电抗器Lif主要起着抑制谐波、改善功率因数的作用；变频器下方的出线电抗器Lof主要起着抑制输出频率中的高频谐波、限制瞬时高压、减小涡流损耗、降低噪声的作用。控制电路中通过中间继电器KF××的触点进行“柜体操作”和“集中控制”的切换。当进行柜体操作时，可以通过变频器的操作面板控制输出频率；当进行集中控制时，通过来自集控室的0~20mA电流信号施加在变频器的V2、GND端实现。变频器的运行状态通过中间继电器KFf控制。变频器输出到集控室的2路开关量输出信号（TA0、TC0和TA1、TC1）分别为“变频器运行信号”和“变频器故障报警信号”。

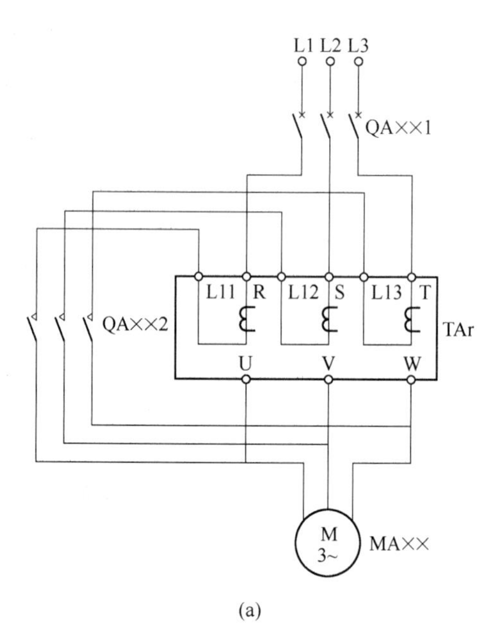

(a)

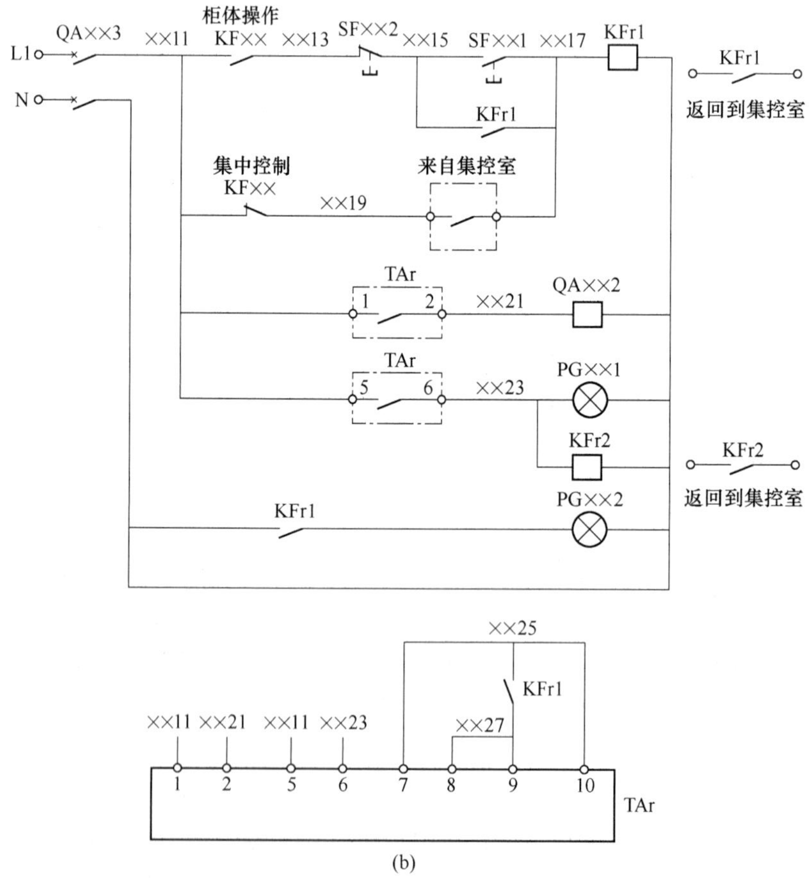

(b)

图 2.12　电动机软启动控制线路

（a）软启动主电路；（b）软启动控制电路

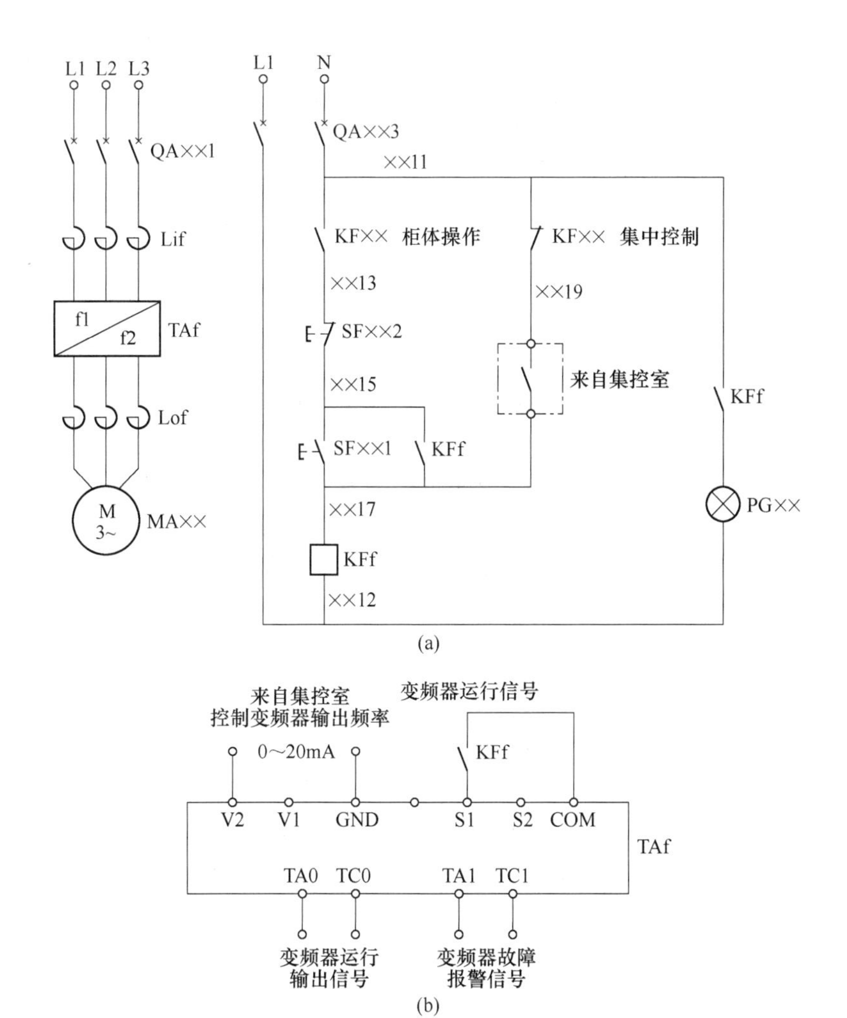

图 2.13　变频调速电气控制线路

（a）电气控制线路；（b）变频器端子信号

2.5　电气控制线路相关参数计算、电器选型及参数设置

电气控制线路的设计完成后，需要根据要求和电动机功率计算有关参数，并以此为基础，选择出合适的电器，设置电动机软启动器、变频器等的有关参数。

2.5.1　电气控制线路相关参数的计算

对于三相 380V 的交流电动机，最常用的电动机额定电流估算方法是额定功率乘以 2。电动机功率较小时，额定电流略大于 2 倍，电动机功率较大时，额定电流略小于 2 倍，通常分界线为 15kW 上下，因电动机型号不同而异。因此在计算电气控制柜总电流时，按照电气柜内所控制的电动机总功率来估算总电流。

（1）设备总运行电流。2.4 节中已统计出总电流的最大值约为 1010A。

（2）1 号电气控制柜总电流。1 号电气控制柜控制 11 台设备，其中有 2 台 30kW 的设备，15kW、18.5kW 和 11kW 的设备各 1 台，3 台 4kW 的设备，2 台 2.2kW 的设备，设备总功率为 120.9kW，额定电流约为 245A；尾气吸收装置需 1 路 32A 的配电开关，故总电流约为 277A。

（3）2 号电气控制柜总电流及每台设备额定电流。2 号电气控制柜控制 19 台设备和照明用电，其中 4kW 的设备 8 台，2.2kW 的设备 3 台，3kW 的设备 5 台，5.5kW、11kW 和 15kW 的设备各 1 台，设备总功率为 85.1kW，电流约为 180A。照明用电开关为 40A，总电流约为 220A。

（4）3 号电气控制柜总电流及每台设备额定电流。3 号电气控制柜控制 8 台设备和 1 路配电开关，其中 30kW、4kW 和 2.2kW 的设备各 2 台，15kW 和 18.5kW 的设备各 1 台，设备总功率为 105.9kW，额定电流约为 215A；40A 的配电开关 1 个，总电流约为 255A。

（5）4 号电气控制柜总电流及每台设备额定电流。4 号电气控制柜控制 21 台设备和 1 路配电开关，其中 13 台 4kW 的设备，5.5kW、3kW 和 30kW 的设备各 1 台，3 台 2.2kW 的设备，2 台 7.5kW 的设备，设备总功率为 112.1kW，额定电流约为 230A；另有 1 路 125A 的配电开关，总电流约为 355A。

2.5.2 电气控制线路中电器及电气柜体选型

在 2.2 节中，已确定采用正泰电气产品，本节中根据电机的功率和开关的电流选择出相应的型号。

2.5.2.1 电源进线柜

电源进线柜中的电器主要有隔离开关、断路器、电流互感器和电压浪涌保护器。表 2.4~表 2.9 给出了相关电器及仪表的部分型号。

表 2.4 部分隔离开关

产　品	规　格
NH40 系列	NH40-160A、200A、250A、315A、400A、500A、630A
HD13BX 系列	HD13-200A、400A、630A、1000A、1500A、2000A
HH15 系列	HH15-160A、250A、400A、630A、800A、1000A、1250A、1600A
HR5 系列	HR5-100A、200A、400A、630A
HR6 系列	HR6-400/31-160A、250A、400A、630A、800A、1000A
NH43 系列	NH43-125A、160A、200A、250A、315A、400A、500A、630A

表 2.5 部分断路器

产 品	规　格	特　点
NA8 系列	400A、630A、800A、1000A、1250A、1600A、2000A	固定式，辅助触头 3 常开 3 常闭，辅助控制电压 AC380V
DW15 系列	630A、800A、1000A、1250A、1600A、2000A	上进线、脱扣器和闭合装置额定电压 AC380V
DW17D 系列	630A、800A、1000A、1250A、1600A、1900A	辅助触头 2 常开 2 常闭，脱扣器和电磁铁额定电压 AC380V

续表 2.5

产品	规格	特点
NA8G 系列	400A、630A、800A、1000A、1250A、1600A、2000A	上进线或下进线，额定工作电压 AC415V，极数为 3 极，固定式
NA1P 系列	400A、630A、800A、1000A、1250A、1600A、2000A	额定工作电压 AC400V，极数为 3 极，固定式

表 2.6 部分电流互感器

产品型号	规格
NLH1-0.66	600/5、750/5、800/5、1000/5、1500/5、2000/5
BH（SDH)-0.66Ⅱ	600/5、750/5、800/5、1000/5、1500/5、2000/5
LMZ1-0.5	750/5、800/5、1000/5、1200/5、1500/5、2000/5
LMZ（J）1-0.5	600/5、750/5、800/5、1000/5、1200/5、1500/5
LKB1-0.66	600/5（1)、800/5（1)、1000/5（1)、1500/5（1)、2000/5（1)

表 2.7 部分电压浪涌抑制器

产品型号	规格
NXU-Ⅱ 40kA/385V 4P	三相 380V+N，最大放电电流 40kA，电压保护水平 1.8kV
NXU-Ⅱ 40kA/385V 3P	三相 380V，最大放电电流 40kA，电压保护水平 1.8kV
NXU-Ⅱ 65kA/385V 4P	三相 380V+N，最大放电电流 65kA，电压保护水平 1.8kV
NXU-Ⅱ 65kA/385V 3P	三相 380V，最大放电电流 65kA，电压保护水平 1.8kV

表 2.8 部分电压电流表

产品型号	规格
42L6	电压表 450V、电流表 100/5、150/5、200/5、300/5、500/5、1000/5、1500/5
6L2	电压表 450V、电流表 100/5、150/5、200/5、300/5、500/5、1000/5、1500/5
44L1	电压表 450V、电流表 100/5、150/5、200/5、300/5、500/5、1000/5、1500/5
PA666、PZ666	三相数显电压表、三相数显电流表

表 2.9 部分主令电器及指示灯

主令电器及指示灯	型号
转换开关	LW5D、LW112（LW12)、NKZ1
按钮	LA19 系列、LAY39 系列、NP2 系列、NP4 系列、NP8 系列
指示灯	ND1 系列、ND16 系列

从上述表格中所列出的产品中，综合考虑市场价格、市场占有率、可靠性和售后服务等多种因素，最终选定的电器和仪表如表 2.10 中所列。

表 2.10 电源进线柜中选定的电器和仪表

电　器	规 格 型 号	数量
隔离开关	HD13BX-1500A	1
断路器	DW17D-1600A	1
双极空气开关	NXB-63H/4A 2P	1
电流互感器	BH（SDH)-0.66Ⅱ-1500/5	3
电压浪涌抑制器	NXU-Ⅱ 65KA/385V 4P	1
电压表	42L6-450V	1
电流表	42L6-1500/5	3
按钮	NP2 系列（合闸按钮为绿色，分断按钮为红色）	2
转换开关	NKZ1	1
指示灯	ND16 系列（合闸为绿色，分断为红色）	2

因总电流较大，柜体内的导电体应采用铜母线或铝母线。表 2.11 中列出了一些规格的母线及其载流量。因母线的载流量是在环境温度为+25℃时所允许的载流量，实际工作环境温度可能高于+25℃，特别是在炎热的夏季，导电体发热较为严重，因此必须留有足够余量。这里按照设备最大运行电流的 1.3 倍选取，或者按隔离开关的额定电流选取，考虑到铜母线过载能力强于铝母线，因此选用 80×8 的铜母线或者 50×5 的双铜母线。但铜母线价格远高于铝母线，经济性较差。

表 2.11 部分母线的载流量

母线尺寸/mm²	铜母线载流量/A	铝母线载流量/A	BVR 铜线载流量/A
15×3	210	165	21（1.5mm²）
20×3	275	215	30（2.5mm²）
25×3	340	265	39（4mm²）
30×4	475	365	50（6mm²）
40×4	625	480	69（10mm²）
50×5	860	665	86（16mm²）
60×6	1125	870	115（25mm²）
80×6	1480	1150	145（35mm²）
80×8	1690	1320	170（50mm²）
100×8	2080	1625	220（70mm²）

电气柜体有 XL、GGD、GCK、GCS、PGL 等规格型号，根据隔离开关和断路器的外形尺寸，采用 GGD 柜体，柜体大小为高 2200mm、宽 800mm、深 800mm。

2.5.2.2 电容补偿柜

电容补偿量的计算可参考表 2.12。

表 2.12 每千瓦有功功率所需补偿电容器的无功容量 (kvar)

补偿前 cosϕ	补偿后cosϕ											
	0.8	0.82	0.84	0.85	0.86	0.88	0.9	0.92	0.94	0.96	0.98	1
0.4	1.54	1.6	1.65	1.67	1.7	1.75	1.81	1.87	1.93	2	2.09	2.29
0.42	1.41	1.47	1.52	1.54	1.57	1.62	1.68	1.74	1.8	1.87	1.96	2.16
0.44	1.29	1.34	1.39	1.41	1.44	1.5	1.55	1.61	1.68	1.75	1.84	2.04
0.46	1.18	1.23	1.28	1.31	1.34	1.39	1.44	1.5	1.57	1.64	1.73	1.93
0.48	1.08	1.12	1.18	1.21	1.23	1.29	1.34	1.4	1.46	1.54	1.62	1.83
0.5	0.98	1.04	1.09	1.11	1.14	1.19	1.25	1.31	1.37	1.44	1.53	1.73
0.52	0.89	0.94	1	1.02	1.05	1.1	1.16	1.21	1.28	1.35	1.44	1.64
0.54	0.81	0.86	0.91	0.94	0.97	1.02	1.07	1.13	1.2	1.27	1.36	1.56
0.56	0.73	0.78	0.83	0.86	0.89	0.94	0.99	1.05	1.12	1.19	1.28	1.48
0.58	0.66	0.71	0.76	0.79	0.81	0.87	0.92	0.98	1.04	1.12	1.12	1.41
0.6	0.58	0.64	0.69	0.71	0.74	0.79	0.85	0.91	0.97	1.04	1.13	1.33
0.62	0.52	0.57	0.62	0.65	0.67	0.73	0.78	0.84	0.9	0.98	1.06	1.27
0.64	0.46	0.5	0.56	0.58	0.61	0.66	0.72	0.77	0.84	0.91	1	1.2
0.66	0.39	0.44	0.49	0.52	0.55	0.6	0.65	0.71	0.78	0.85	0.94	1.14
0.68	0.33	0.38	0.43	0.46	0.48	0.54	0.59	0.65	0.71	0.79	0.83	1.08
0.7	0.27	0.32	0.38	0.4	0.43	0.48	0.54	0.59	0.66	0.73	0.82	1.02
0.72	0.21	0.27	0.32	0.34	0.37	0.42	0.48	0.54	0.6	0.67	0.76	0.96
0.74	0.16	0.21	0.26	0.29	0.31	0.37	0.42	0.48	0.54	0.62	0.71	0.91
0.76	0.1	0.16	0.21	0.23	0.26	0.31	0.37	0.43	0.49	0.56	0.65	0.85
0.78	0.05	0.11	0.16	0.18	0.21	0.26	0.32	0.38	0.44	0.51	0.6	0.8
0.8	—	0.05	0.1	0.13	0.16	0.21	0.27	0.32	0.39	0.46	0.55	0.75
0.82	—	—	0.05	0.08	0.1	0.16	0.21	0.27	0.34	0.41	0.49	0.7
0.84	—	—	—	0.03	0.05	0.11	0.16	0.22	0.28	0.35	0.44	0.65
0.85	—	—	—	—	0.03	0.18	0.14	0.19	0.26	0.33	0.42	0.62
0.86	—	—	—	—	—	0.05	0.11	0.17	0.23	0.3	0.39	0.59
0.88	—	—	—	—	—	—	0.06	0.11	0.18	0.25	0.34	0.54
0.9	—	—	—	—	—	—	—	0.06	0.12	0.19	0.28	0.49

需要补偿的总有功功率为 390kW，从表 2.12 可以看出，功率因数从 0.8 补偿到 0.96 需要的电容为每千瓦 0.46kvar，需要的总电容约为 180kvar。表 2.13 给出了几种电容器的一些规格型号。从表中可以看出，选择 20kvar、30kvar 和 40kvar 的电容器各 2 组，即可满足要求。综合多方面因素，选用 BZMJ 系列产品。

表 2. 13　几种电容器的部分型号

电容系列	规格型号	额定电压/kV	额定容量/kvar	额定电流/A
NWC1 系列	NWC1-0. 4-16-3	0. 4	16	23. 1
	NWC1-0. 4-20-3	0. 4	20	28. 9
	NWC1-0. 4-30-3	0. 4	30	43. 3
	NWC1-0. 4-40-3	0. 4	40	57. 7
	NWC1-0. 4-50-3	0. 4	50	72. 2
BZMJ 系列	BZMJ 0. 4-16-3	0. 4	16	23. 1
	BZMJ 0. 4-20-3	0. 4	20	28. 9
	BZMJ 0. 4-30-3	0. 4	30	43. 3
	BZMJ 0. 4-40-3	0. 4	40	57. 7
	BZMJ 0. 4-50-3	0. 4	50	72. 7
BKMJ 系列	BKMJ 0. 4-16-3	0. 4	16	23. 1
	BKMJ 0. 4-20-3	0. 4	20	28. 9
	BKMJ 0. 4-30-3	0. 4	30	43. 3
	BKMJ 0. 4-40-3	0. 4	40	57. 7
	BKMJ 0. 4-50-3	0. 4	50	72. 7

电容补偿有专门用于电容器切换的 CJ19 系列接触器，其规格型号如表 2. 14 所示。对于 20kvar、30kvar 和 40kvar 的电容器，选用接触器的型号分别为 CJ19-43、CJ19-63 和 CJ19-95。

表 2. 14　部分 CJ19 系列接触器

型　　号	CJ19-25	CJ19-32	CJ19-43	CJ19-63	CJ19-95	CJ19-115
额定电流/A	17	23	29	43	72. 2	87
可控电容器容量/kvar	12. 5	20	25	33. 3	50	60

断路器选择小型空气开关，从表 2. 15 中选择 NXB-63H/3P 50A、NXB-125/3P 80A 和 NXB-125/3P 125A，分别对应 20kvar、30kvar 和 40kvar 电容器。

表 2. 15　部分型号小型空气开关

型　　号	额定电流/A								
DZ47-60M	6	10	16	20	25	32	40	50	63
NXB-63H/3P	6	10	16	20	25	32	40	50	63
NXB-125/3P	—	—	—	—	—	63	80	100	125

热继电器选用 JR36-32A、JR36-63A 和 JR36-160A 产品，保护值应对照表 2. 14 中的 29A、43A 和 72. 2A 进行设定。隔离开关选用 HR6-400/31-630A 产品。

电容器的投切根据功率因数的大小通过低压无功补偿控制器进行控制。表 2. 16 中给出了几种低压无功补偿控制器的产品型号。本次设计选用 NWKL1 系列产品。

表 2.16　几种智能型低压无功补偿控制器

型　　号	投切电容器回路数
NWKL1 系列	4/6（最大 6 回路）、8/10（最大 10 回路）、12（最大 12 回路）
NWK1-G 系列	4、6、8、10 可选
JKF8 系列	6、12，回路数可设置

总结前述内容，最终选定的电器、仪表和导电体如表 2.17 中所列。

表 2.17　电容柜内选定的电器及相关材料

电器及相关材料	规格型号	数量
隔离开关	HR6-400/31-630A	1
空气开关	NXB-63H/3P 50A	2
空气开关	NXB-125/3P 80A	2
空气开关	NXB-125/3P 125A	2
双极空气开关	NXB-63H/4A 2P	1
接触器	CJ19-43	2
接触器	CJ19-63	2
接触器	CJ19-95	2
热继电器	JR36-32A	2
热继电器	JR36-63A	2
热继电器	JR36-160A	2
电容器	BZMJ 0.4-20-3	2
电容器	BZMJ 0.4-30-3	2
电容器	BZMJ 0.4-40-3	2
低压无功补偿控制器	NWKL1-8/10	1
隔离开关进出母线	50×5 铜母线	
20kvar 电容器主电路线	BVR-6mm^{2}软铜线	
30kvar 电容器主电路线	BVR-10mm^{2}软铜线	
40kvar 电容器主电路线	BVR-16mm^{2}软铜线	

柜体选型：根据隔离开关和断路器的外形尺寸，采用 GGD 柜体，柜体大小为高 2200mm、宽 800mm、深 800mm。

2.5.2.3　1 号电气控制柜

1 号电气控制柜内有隔离开关、断路器、软启动器、变频器、进线电抗器、出线电抗器、接触器和热继电器。共为 10 台电动机供电，另有 1 路为尾气吸收装置送电的配电开关。10 台电动机总功率为 120.9kW，配电开关为 32A。电动机运行总电流约为 250A，柜内总运行电流在 300A 之内，因此选用型号为 NH40-400A 的隔离开关（参见表 2.4）。

电气控制线路中多数采用接触器进行通断电控制，表 2.18 列出了部分型号规格的接触器。

表 2.18 部分型号规格接触器

系列号	额定电流规格/A													
NXC	06	09	12	16	18	22	25	32	38	40	50	65	75	85
NC8	06M	09M	12M	09	12	18	25	32	38	40	50	65	80	100
NC3	09	12	16	25	30	37	45	65	85	105	170	—	—	—
NCX1	9	12	18	22	25	32	38	40	50	65	80	95	—	—
CJX1	9	12	16	22	32	45	63	75	85	110	140	170	205	250
CJX2	09	12	18	25	32	40	50	65	80	95	—	—	—	—

邻醚化釜搅拌器和对醚化釜搅拌器的电动机功率均为 30kW，额定电流约为 60A，采用软启动方式，启动过程结束后，旁路接触器吸合，电动机全压运行。对醚化分水泵等 6 台设备采用直接启动方式。为了运行更可靠，接触器可以放大一个规格。目前，CJX1 和 CJX2 系列接触器市场占有率较高，因此，本书选用 CJX1 系列产品。控制 4kW、2.2kW 电动机的接触器分别选用型号为 CJX1-12 和 CJX1-9，控制 30kW 电动机的接触器选用型号为 CJX1-75。与 CJX1 系列接触器相匹配的热继电器为 NR4 系列产品，也可以采用 JR36 系列热继电器。表 2.19 列出了部分热继电器的型号产品。4kW、2.2kW 电动机的热保护继电器分别选用 NR4-12.5（8~12.5）和 NR4-12.5（5~8）。

表 2.19 部分型号热继电器与所匹配的接触器型号

热继电器型号	额定电流/A	相匹配的接触器型号
NR4-12.5	2.5~4；3.2~5；4~6.3；5~8；6.3~10；8~12.5；10~14.5	CJX1-9、CJX1-12
NR4-25	5~8；6.3~10；8~12.5；10~16；12.5~20；16~25	CJX1-16、CJX1-22
NR4-32	10~16；12.5~20；16~25；20~32；25~36	CJX1-32
JR36-20	3.2~5；4.5~7.2；6.8~11；10~16；14~22；20~32	各种型号
JR36-63	14~22；20~32；28~45；40~63	各种型号

断路器的选型与主电路电器有关。直接启动时，因启动电流大，断路器的额定电流较大；采用变频器供电时，启动电流增加平缓，通常不大于额定电流，断路器的额定电流较小。本例中，30kW 电动机的断路器选用型号为 NXB-125/3P 100A；15kW、18.5kW、11kW 的电动机因采用变频器供电，断路器分别选用型号为 NXB-63H/3P 40A、NXB-63H/3P 50A 和 NXB-63H/3P 32A 的产品；4kW 和 2.2kW 电动机电气控制主电路的断路器选用型号为 NXB-63H/3P 20A 和 NXB-63H/3P 10A。

电动机软启动器品牌众多，表 2.20 列出部分国际和国内品牌产品。在满足控制要求的情况下，综合多方面因素，选用深川 SJR5-S 系列产品。针对 30kW 电动机，软启动器型号为 SJR5-30/S-T4-X。

表 2.20 部分品牌电动机软启动器

品牌	系 列 产 品
西门子	3RW40 系列、3RW44 系列
施耐德	ATS22 系列、ATS48 系列

续表 2.20

品牌	系 列 产 品
ABB	PSR/PSS/PSE/PST/PSTB 系列
雷诺尔	SSD 系列、SSD1 型、JJR5000 型、JJR8000 型
伟创	CMC-M 数码型、CMC-SX 智能型
佳灵	JLRQD 系列
深川	SJR5-S 系列
西驰	CMC-LX 系列
西普	STR 系列 A 型、STR 系列 B 型、STR 系列 C 型、STR 系列 L 型
正泰	NJR2-D 系列、NJR2-ZX 系列、NJR2-T 系列、NJR5-ZX 系列
德力西	CDJ1-K3 系列

混醚化釜搅拌器、邻配醇钠搅拌器和混水洗釜搅拌器由变频器供电，变频器的输入端和输出端都配有相应的电抗器。搅拌器属于通用机械类负载，因此，变频器应选用通用型变频器。变频器的品牌非常多，表 2.21 列出了一些常用的国内外品牌产品。本设计选用深川 S200 系列产品，为了提高可靠性，可以把变频器减小一个规格使用。针对 15kW、18.5kW 和 11kW 的设备，选用变频器型号为 S200-G18.5/P22T4-N/2N、S200-G22/P30T4-N/2N、S200-G15/P18.5T4-N/2N 的产品。相应的输入输出电抗器型号为 SC-ACL80 和 SC-OCL80、SC-ACL80 和 SC-OCL80、SC-ACL50 和 SC-OCL50。

表 2.21 常用国内外品牌通用型变频器

品牌	系 列 产 品
西门子	SINAMICS G 系列、MICROMASTER 通用型
施耐德	ATV61 系列、ATV212 系列
ABB	ACS355 系列、ACS550 系列
富士	FRENIC-5000G11S 系列、FRENIC-MEGA（G1S）系列、FRENIC-Lift（LM1S）系列
三菱	F740 系列、A800 系列
安川	V1000 系列、E1000 系列、GA700 系列
英威腾	Goodrive200A 系列
汇川	MD290 系列、MD500 系列
森兰	SB200 系列
伟创	AC60 系列
深川	S200 系列、S90 系列
欧瑞	E800 系列、E2000 系列

总结上述电器选型，把电器及相关材料列于表 2.22 中。

表 2.22　1 号电气控制柜内选定的电器及相关材料

电器及相关材料	规　格　型　号	数量
隔离开关	NH40-400A	1
断路器	NXB-125/3P 100A	2
断路器	NXB-63H/3P 40A	1
断路器	NXB-63H/3P 50A	1
断路器	NXB-63H/3P 32A	1
断路器	NXB-63H/3P 20A	3
断路器	NXB-63H/3P 10A	2
双极空气开关	NXB-63H/4A 2P	1
软启动器	SJR5-30/S-T4-X	2
接触器	CJX1-75	2
接触器	CJX1-12	3
接触器	CJX1-9	2
热继电器	NR4-12.5（8~12.5）	3
热继电器	NR4-12.5（5~8）	2
变频器	S200-G18.5/P22T4	1
变频器	S200-G22/P30T4	1
变频器	S200-G15/P18.5T4	1
输入输出电抗器	SC-ACL80 和 SC-OCL80	2
输入输出电抗器	SC-ACL50 和 SC-OCL50	1
隔离开关进出母线	40×4	
30kW 电动机主线	BVR-25mm^2	
15kW 电动机主线	BVR-10mm^2	
18.5kW 电动机主线	BVR-16mm^2	
32A 断路器主线	BVR-6mm^2	
4kW、2.2kW 电动机主线	BVR-1.5mm^2	
按钮	NP2 系列（启动按钮为绿色，停止按钮为红色）	20
指示灯	ND16 系列（运行指示灯为绿色）	11

柜体选型：根据隔离开关和断路器的外形尺寸，采用 GGD 柜体，柜体大小为高 2200mm、宽 1000mm、深 800mm。

2.5.2.4　2 号电气控制柜

2 号电气控制柜控制 19 台电动机，另有 1 路为防爆照明箱送电的配电开关。19 台电动机中有 4kW 电动机 8 台、3kW 电动机 5 台、5.5kW 电动机 1 台、2.2kW 电动机 3 台、11kW 电动机 1 台和 30kW 电动机 1 台，19 台电动机总功率约为 102kW，配电开关为 40A。电动机运行总电流约为 210A，柜内总运行电流约为 250A，因此选用型号为 NH40-400A 的隔离开关。电器及相关材料如表 2.23 所示。

表 2.23　2 号电气控制柜内选定的电器及相关材料

电器及相关材料	规　格　型　号	数量
隔离开关	NH40-400A	1
断路器	NXB-63H/3P 20A	9
断路器	NXB-63H/3P 16A	5
断路器	NXB-63H/3P 10A	3
断路器	NXB-63H/3P 40A	1
断路器	NXB-63H/3P 60A	1
双极空气开关	NXB-63H/4A 2P	1
软启动器	SJR5-30/S-T4-X	1
接触器	CJX1-75	1
接触器	CJX1-16	8
接触器	CJX1-12	5
接触器	CJX1-9	3
接触器	CJX1-22	1
接触器	CJX1-32	1
热继电器	NR4-12.5（8~12.5）	8
热继电器	NR4-12.5（6.3~10）	5
热继电器	NR4-12.5（5~8）	3
热继电器	NR4-25（10~16）	1
热继电器	NR4-32（20~32）	1
隔离开关进出母线	40×4	
30kW 电动机主线	BVR-25mm^2	
11kW 电动机主线	BVR-4mm^2	
5.5kW 电动机主线	BVR-2.5mm^2	
40A 断路器主线	BVR-10mm^2	
4kW、3kW、2.2kW 电动机主线	BVR-1.5mm^2	
按钮	NP2 系列（启动按钮为绿色，停止按钮为红色）	38
指示灯	ND16 系列（运行指示灯为绿色）	20

柜体选型：根据隔离开关和断路器的外形尺寸，采用 GGD 柜体，柜体大小为高 2200mm、宽 1000mm、深 800mm。

2.5.2.5 3号电气控制柜

3号电气控制柜共为8台电动机供电，另有1路为尾气吸收装置送电的配电开关。8台电动机总功率约为110kW，配电开关为32A。电动机运行总电流约为230A，柜内总运行电流约为260A。电器及相关材料如表2.24所示。

表2.24 3号电气控制柜内选定的电器及相关材料

电器及相关材料	规格型号	数量
隔离开关	NH40-400A	1
断路器	NXB-125/3P 100A	2
断路器	NXB-63H/3P 40A	1
断路器	NXB-63H/3P 50A	1
断路器	NXB-63H/3P 32A	1
断路器	NXB-63H/3P 16A	2
断路器	NXB-63H/3P 10A	2
双极空气开关	NXB-63H/4A 2P	1
软启动器	SJR5-30/S-T4-X	2
接触器	CJX1-75	2
接触器	CJX1-12	1
接触器	CJX1-9	2
热继电器	NR4-12.5（8~12.5）	2
热继电器	NR4-12.5（5~8）	2
变频器	S200-G18.5/P22T4	1
变频器	S200-G22/P30T4	1
输入和输出电抗器	SC-ACL80和SC-OCL80	1
输入和输出电抗器	SC-ACL50和SC-OCL50	1
隔离开关进出母线	40×4	
30kW电动机主线	BVR-25mm^2	
15kW电动机主线	BVR-10mm^2	
18.5kW电动机主线	BVR-16mm^2	
32A断路器主线	BVR-6mm^2	
4kW、2.2kW电动机主线	BVR-1.5mm^2	
按钮	NP2系列（启动按钮为绿色，停止按钮为红色）	16
指示灯	ND16系列（运行指示灯为绿色）	9

柜体选型：根据隔离开关和断路器的外形尺寸，采用GGD柜体，柜体大小为高2200mm、宽800mm、深800mm。

2.5.2.6 4号电气控制柜

4号电气控制柜控制21台电动机，另有1路为防爆动力检修箱送电的配电开关。21台电动机中有13台4kW电动机、1台3kW电动机、1台5.5kW电动机、3台2.2kW电动机、2台7.5kW电动机和1台15kW电动机，21台电动机总功率约为100kW，配电开关为125A。电动机运行总电流约为210A，柜内总运行电流约为330A，因此选用型号为NH40-500A的隔离开关。电器及相关材料如表2.25所示。

表2.25 4号电气控制柜内选定的电器及相关材料

电器及相关材料	规 格 型 号	数量
隔离开关	NH40-500A	1
断路器	NXB-63H/3P 20A	14
断路器	NXB-63H/3P 16A	1
断路器	NXB-63H/3P 10A	3
断路器	NXB-63H/3P 32A	2
断路器	NXB-63H/3P 60A	1
断路器	NXB-125/3P 125A	1
双极空气开关	NXB-63H/4A 2P	1
接触器	CJX1-16	13
接触器	CJX1-12	1
接触器	CJX1-9	3
接触器	CJX1-22	1
变频器	S200-G18.5/P22T4	1
输入和输出电抗器	SC-ACL80和SC-OCL80	1
热继电器	NR4-12.5（8~12.5）	13
热继电器	NR4-12.5（6.3~10）	1
热继电器	NR4-12.5（5~8）	3
热继电器	NR4-25（10~16）	1
热继电器	NR4-32（16~25）	2
隔离开关进出母线	40×4	
15kW电动机主线	BVR-16mm^2	
7.5、5.5kW电动机主线	BVR-2.5mm^2	

续表 2.25

电器及相关材料	规 格 型 号	数量
125A 断路器主线	BVR-50mm^2 或 15×3 铜母线	
4kW、3kW、2.2kW 电动机主线	BVR-1.5mm^2	
按钮	NP2 系列（启动按钮为绿色，停止按钮为红色）	42
指示灯	ND16 系列（运行指示灯为绿色）	22

柜体选型：根据隔离开关和断路器的外形尺寸，采用 GGD 柜体，柜体大小为高 2200mm、宽 1000mm、深 800mm。

2.5.3 软启动器和变频器参数设置

2.5.3.1 软启动器参数设置

额定电流：30kW 电动机，额定电流为 60A。

启动模式：电压斜坡启动，启动电压为 100V，启动时间为 25s，加速时间为 3s。

缺相保护：开启，采用默认值。

短路保护：开启，短路阈值和短路延时为默认值。

欠流保护：关闭。

失衡保护：关闭。

过载保护：开启，过载阈值 120%，其余为默认值。

过热保护：开启，过热延时采用默认值。

过压保护：开启，过压电压为 420V，过压延时为默认值。

欠压保护：开启，欠压电压为 340V，欠压延时为 5s。

键盘启停：禁止启停。

端子启停：软起+软停，启动类型为接通启动。

K1 继电器：默认值 3，为启动旁路信号，软启动过程结束后闭合。

K3 继电器：默认值 5，故障报警信号，故障时闭合。

其余参数均采用默认值。

2.5.3.2 变频器参数设置

本系统中变频器输出频率的控制信号来自集中控制室的 4~20mA 电流信号，也可通过变频器操作面板手动调节。参数设置如下：

（1）F0 组参数：

F0-00 主频率源选择：2，模拟量 V2 设定。

F0-01 辅频率源 B 选择：3，键盘电位器设定（仅液晶显示键盘）。

F0-04 主辅频率组合方式：0，仅主频率设定。

F0-05 最大输出频率：50.00Hz。

F0-06 运行频率上限：50.00Hz。

F0-07 运行频率下限：0.00Hz。

F0-09 运转方向设定：0，正向运行。

F0-10 加速时间 0：与电动机功率和机械设备有关，电动机功率大、机械设备惯性大则时间长，初步设置为 15 秒。

F0-11 减速时间 0：与电动机功率和机械设备有关，电动机功率大、机械设备惯性大则时间长，初步设置为 15 秒。

F0-12 运行通道选择：1，端子启停。

F0-13 端子控制运行模式：0，两线式控制 1（正转端子正向启停，反转端子反向启停）。

F0-14 电机控制方式：1，V/f 控制。

F0-15 机型选择：0，G 型机。

F0-16 电机额定电压：380V。

F0-17 电机额定频率：50.00Hz。

（2） F1 组参数：出厂设定值。

（3） F2 组参数：出厂设定值。

（4） F3 组参数：电动机参数根据铭牌设置，其他参数采用出厂设定值。

（5） F4 组参数：

F4-00 S1 端子功能选择：01，正转运行。

F4-16 V2 下限值：2V，对应 4mA。

F4-17 V2 下限值对应设定百分数：25%。

F4-18 V2 上限值：10V，对应 20mA。

F4-19 V2 上限值对应设定百分数：100%。

（6） F5 组参数：

F5-01 继电器 T0 输出选择：01，变频器运行中。

F5-02 继电器 T1 输出选择：03，变频器故障。

（7） F6 组参数：出厂设定值。

（8） F7 组参数：出厂设定值。

（9） F8 组参数：出厂设定值。

（10） F9 组参数：出厂设定值。

（11） FA 组参数：出厂设定值。

（12） Fb 组参数：出厂设定值。

2.5.4 电气控制系统图

2.3 节中的电气控制系统图中并未给出每台用电设备的具体参数和型号，经过 2.5.1 节和 2.5.2 节的参数计算和电器选型，需要对电气控制系统图进行补充和完善。补充内容包括母线规格、电机功率、柜型及尺寸、电器型号、导电体规格。图 2.14 所示为 3 号电气柜的完整电气控制系统图，其他电气柜的系统图不再介绍。

电气柜体的排列如图 2.15 所示。

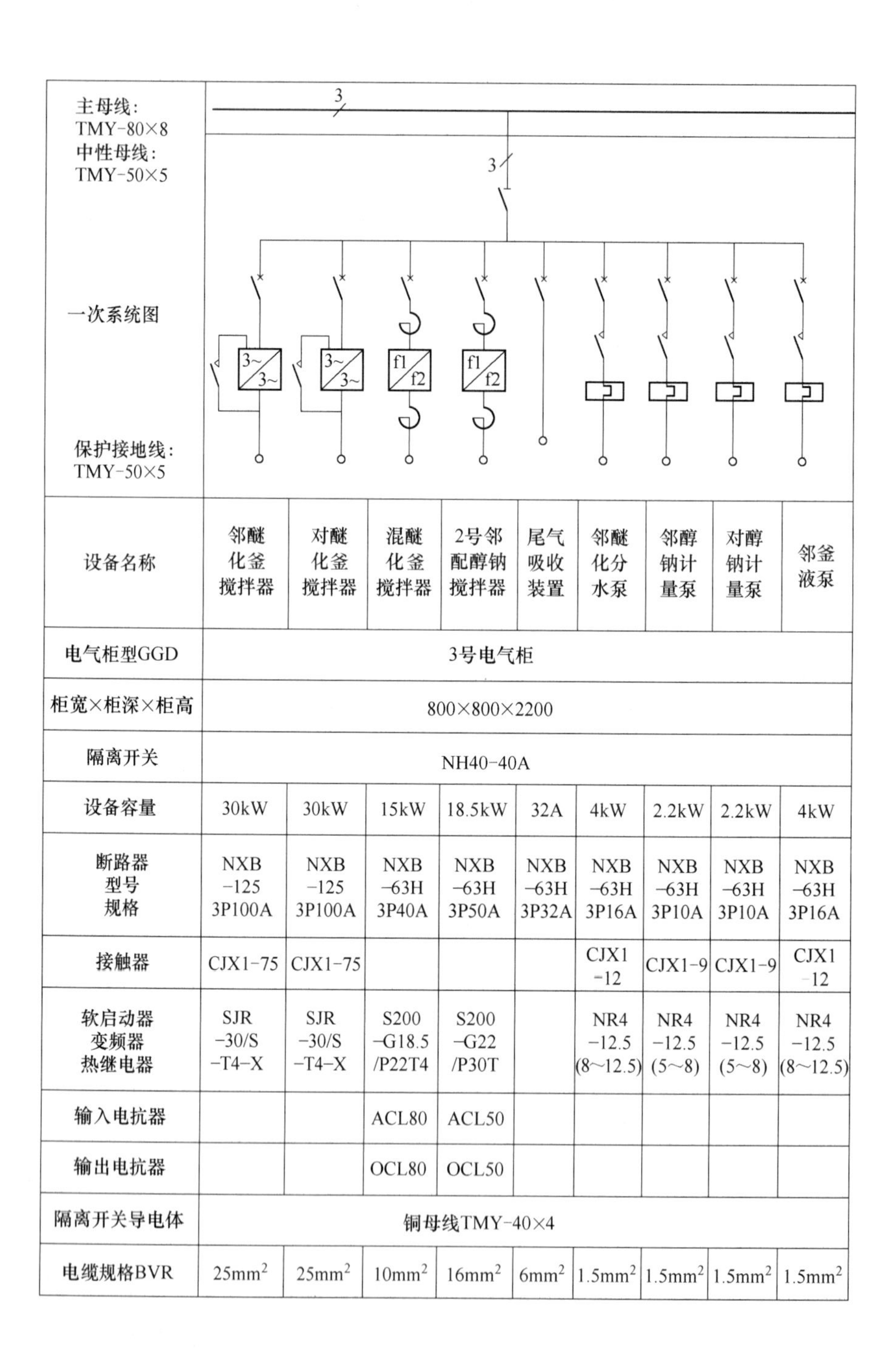

设备名称	邻醚化釜搅拌器	对醚化釜搅拌器	混醚化釜搅拌器	2号邻配醇钠搅拌器	尾气吸收装置	邻醚化分水泵	邻醇钠计量泵	对醇钠计量泵	邻釜液泵
电气柜型GGD	3号电气柜								
柜宽×柜深×柜高	800×800×2200								
隔离开关	NH40-40A								
设备容量	30kW	30kW	15kW	18.5kW	32A	4kW	2.2kW	2.2kW	4kW
断路器型号规格	NXB-125 3P100A	NXB-125 3P100A	NXB-63H 3P40A	NXB-63H 3P50A	NXB-63H 3P32A	NXB-63H 3P16A	NXB-63H 3P10A	NXB-63H 3P10A	NXB-63H 3P16A
接触器	CJX1-75	CJX1-75				CJX1-12	CJX1-9	CJX1-9	CJX1-12
软启动器 变频器 热继电器	SJR-30/S-T4-X	SJR-30/S-T4-X	S200-G18.5/P22T4	S200-G22/P30T		NR4-12.5 (8~12.5)	NR4-12.5 (5~8)	NR4-12.5 (5~8)	NR4-12.5 (8~12.5)
输入电抗器			ACL80	ACL50					
输出电抗器			OCL80	OCL50					
隔离开关导电体	铜母线TMY-40×4								
电缆规格BVR	25mm^2	25mm^2	10mm^2	16mm^2	6mm^2	1.5mm^2	1.5mm^2	1.5mm^2	1.5mm^2

图 2.14　3 号电气控制柜系统图

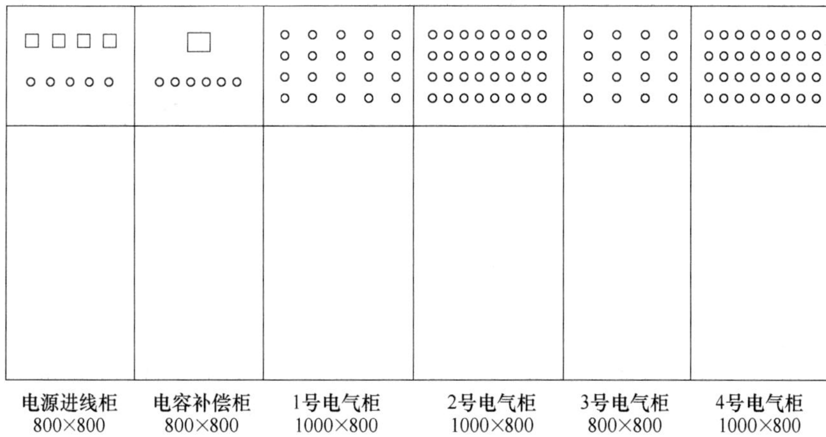

图 2.15　电气柜体排列图

3 水厂水泵机组控制系统设计

思政之窗

在毕业设计的过程中，应首先对各种方案进行比较，总揽全局，取长补短，确定出设计的整体方案。比较的过程，实际上是综合技术、经济、服务等多方面的因素解决矛盾的过程。整体方案确定后，再对各部分进行设计，其中的每一部分又有若干方案供权衡、决定。

其实，在我们的生活中，任何事情都存在矛盾，都需要我们综合考虑、做出选择。正如毛泽东主席在《矛盾论》中所述："矛盾存在于一切事物发展的过程中，矛盾贯串于每一事物发展过程的始终，这是矛盾的普遍性和绝对性"，"如果我们将这些问题都弄清楚了，我们就在根本上懂得了唯物辩证法。这些问题是：两种宇宙观；矛盾的普遍性；矛盾的特殊性；主要的矛盾和矛盾的主要方面，矛盾诸方面的同一性和斗争性；对抗在矛盾中的地位"。矛盾论深刻地阐述了对立统一规律。

学生生涯中，学生的主要精力用于学习，但过度地投入精力不利于身体健康。睡眠和体育运动有助于强身健体，进而使学习过程中精力充沛，提高学习效率。缺少睡眠、过度地运动则会使身体疲劳，注意力分散，学习效果反而变差。过度学习、休息和运动不足，则会降低体能，同样影响学习效果。只有合理安排时间，劳逸结合，持之以恒，方可久远。

生活中处处有矛盾、事事有矛盾、时时有矛盾，这是矛盾的普遍性和绝对性。任何现实存在的事物的矛盾都是共性和个性的有机统一，共性寓于个性之中，没有离开个性的共性，也没有离开共性的个性。矛盾有主要矛盾和次要矛盾，主要矛盾在矛盾体系中处于支配地位，对事物的发展起决定作用，主要矛盾中矛盾的主要方面处于支配地位，起着主导作用的一方，事物的性质是由主要矛盾的主要方面所决定的。矛盾着的事物依一定的条件有同一性，因此能够共居于一个统一体中，又能够互相转化到相反的方面去，这又是矛盾的特殊性和相对性。有条件的相对的同一性和无条件的绝对的斗争性相结合，构成了一切事物的矛盾运动。当我们研究矛盾的特殊性和相对性的时候，要注意矛盾和矛盾方面的主要的和非主要的区别；当我们研究矛盾的普遍性和斗争性的时候，要注意矛盾的各种不同的斗争形式的区别。

人的成长过程中，存在着不同心理、生理和社会因素之间的矛盾。我们需要正确认识和解决这些矛盾，优化自身的成长过程，提高自我发展的质量和效率。既要善于抓住重点，集中主要力量解决主要矛盾，又要学会统筹兼顾，恰当地处理次要矛盾。看问题既要全面，又要善于分清主流和支流，用联系的、发展的观点看问题，坚持内外因相结合，坚持适度原则，重视量的积累，为质变创造条件。借用伟人名言："贵有恒何必三更起五更睡，最无益只怕一日曝十日寒"，"百丈之台，其始则一石耳，由是而二石焉，由是而三石，四石甚至于千万石焉，学习亦然，本日记一事，明日悟一理，积久而成学"。

3.1 水厂水泵机组的组成及控制要求

某乡镇生产生活用水由镇周边5~10km之间的5眼井内的潜水泵向镇内水厂送水，水厂内建有蓄水池，水池深度为4m，经4台供水泵把水厂水池内的水供向居民和各用水单位，如图3.1所示。

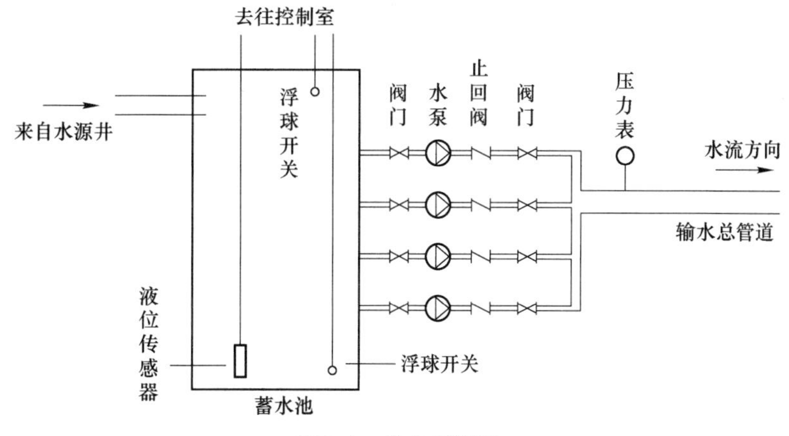

图3.1 供水系统图

5眼水源井内的5台潜水泵电动机功率分别为15kW、30kW、37kW、45kW和55kW，5台水泵为4用1备，通常有4台水泵运行即可满足要求。要求电动机按照功率的大小采用直接启动（15kW）、自耦变压器降压启动（30kW和37kW）和软启动器降压启动（45kW和55kW）的方式，根据水池水位自动控制潜水泵的启停。5眼井位置分散，井距较远。

供水厂4台供水泵的电动机功率均为22kW，根据出水管网压力采用变频调速控制，要求把水泵出口压力控制在设定的压力范围之内。具体要求如下：

（1）设计出水源地5台潜水泵的电气控制线路，选择出相应的电器、导线和电气柜体。

（2）设计出供水厂4台供水泵的电气控制线路，选择相应的变频器及相关电器。要求控制电路采用安全工作电压。

（3）设计出供水厂水泵组出口压力显示电路，选择出合适的压力传感器，数字显示仪表。

（4）设计出供水厂水位显示电路，选择出合适的水位传感器、数字显示仪表等。为了确保水池水位控制在正常范围之内，通过浮球开关控制水源井水泵的运行状态，水池水位异常时给出报警信号。

（5）设置软启动器和变频器的参数。

（6）选择出合适的电线、电缆。

（7）水源井水泵的启停既可以在供水厂控制室进行遥控，又可以在电气柜就地操作，遥控通过短信信号实现。设计出相应的电路，选择出合适的控制器。

3.2　水泵机组控制系统设计方案

按照控制要求，制定如下设计方案。

(1) 确定5台潜水泵电机的启动方式，画出水源地5台潜水泵电机的电气控制线路，并选择出合适的电器。

(2) 确定供水厂水泵的控制方式为以供水压力为被控制量的闭环控制方式。4台水泵的电气控制线路可以在以下几种组合方式中选择其中之一。

1) 通过1台变频器和接触器的组合进行控制。用水量较小时，由变频器为1台水泵供电，使供水压力控制在合适的范围之内。当1台水泵运行难以满足供水要求时，第1台水泵切换为工频运行方式，第2台水泵电机由变频器供电。当2台水泵运行仍不能满足要求时，第2台水泵也切换为工频运行方式，启动第3台水泵变频运行。电气控制主电路如图3.2所示。

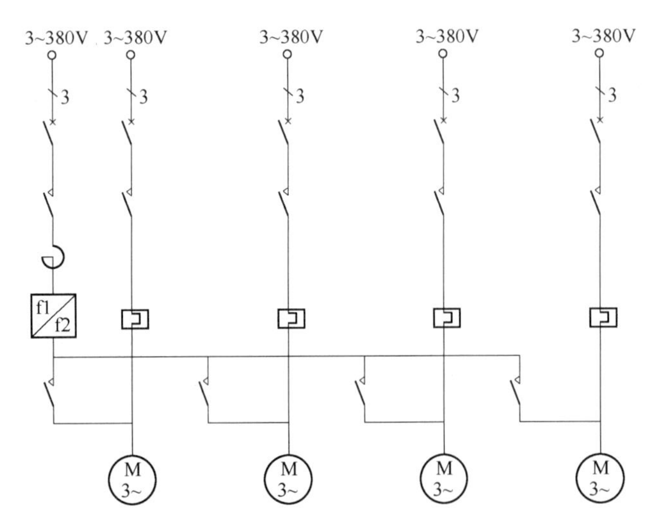

图3.2　1台变频器和接触器组合控制4台电机

2) 2台水泵通过变频器采用1控2的方式，另外2台水泵采用1台软启动器启动（1控2方式）。通过变频器供电的2台水泵既可2选1（通过转换开关选择其中1台变频运行，另1台不运行），又可1控2（2台泵同时运行，1台水泵变频运行达到上限频率时，变频器输出开关量信号，启动另1台水泵）。通过软启动器控制的2台水泵为1控2的分时启动方式。当得到启动信号时，启动相应的水泵。电气控制主电路如图3.3所示。

3) 通过2台变频器和接触器组合进行控制，每台变频器控制2台水泵电机，既可2选1，又可1控2。电气控制主电路如图3.4所示。

4) 通过1台变频器和2台软启动器与接触器组合进行控制。变频器为1台水泵电机供电，另外2台软启动器分别采用1控1和1控2的方式启动其余3台水泵电机。电气控制主电路如图3.5所示。

5) 通过1台变频器和2台软启动器与接触器组合进行控制。变频器采用1控2的方式，另外2台软启动器均采用1控1方式。电气控制主电路如图3.6所示。

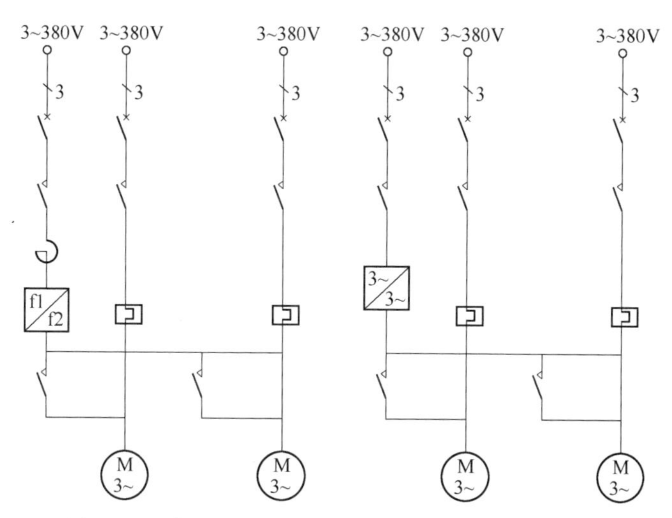

图 3.3 1 台变频器和 1 台软启动器分别控制 2 台电机

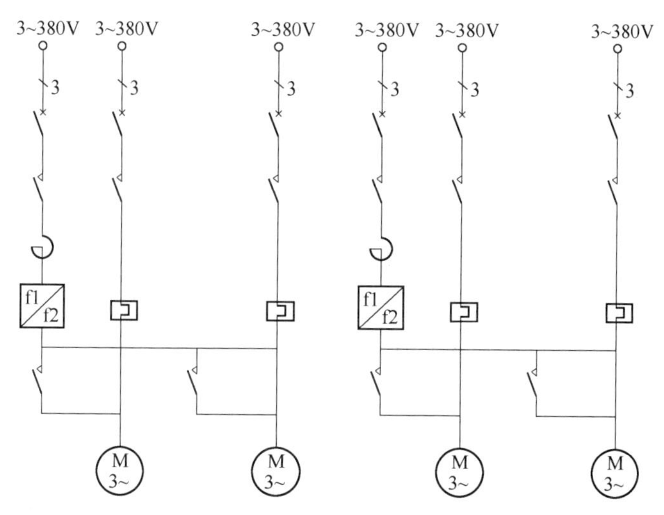

图 3.4 2 组 1 控 2 变频控制电路的组合

6）通过 1 台变频器和 1 台软启动器与接触器组合进行控制。变频器为 1 台水泵电机供电，另外 1 台软启动器采用 1 控 3 的方式启动其余 3 台水泵电机。电气控制主电路如图 3.7 所示。

除以上组合方式外，还有多种组合方式的电气控制主电路，这里不再列出。

上述 6 种电气控制线路中，综合考虑多方面因素，特别是初投资、运行可靠性和发生故障时对供水质量的影响程度，最终确定采用第 2 种电气控制线路，即图 3.3 所示的电气控制线路。

（3）电器、仪表、传感器品牌应以质量可靠、故障时售后服务及时、电器更换方便快捷、价格低廉、性价比高等因素为主。参考表 2.3 中所列电器品牌，可以选择正泰或德

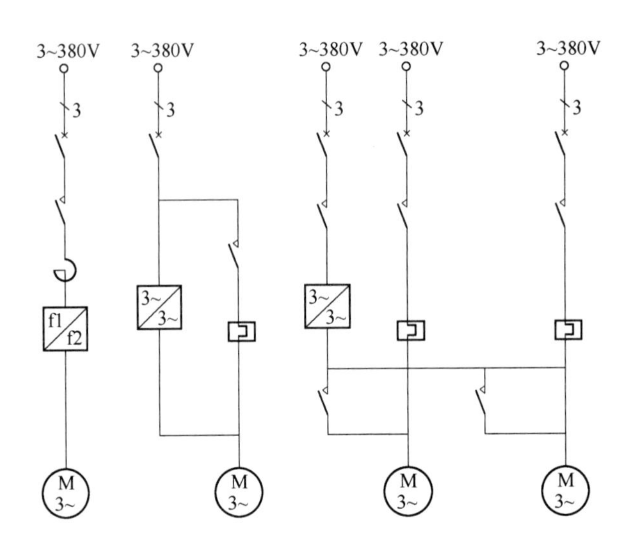

图 3.5　1 台变频器控制 1 台电机、软启动器采用 1 控 1 和 1 控 2 的组合方式

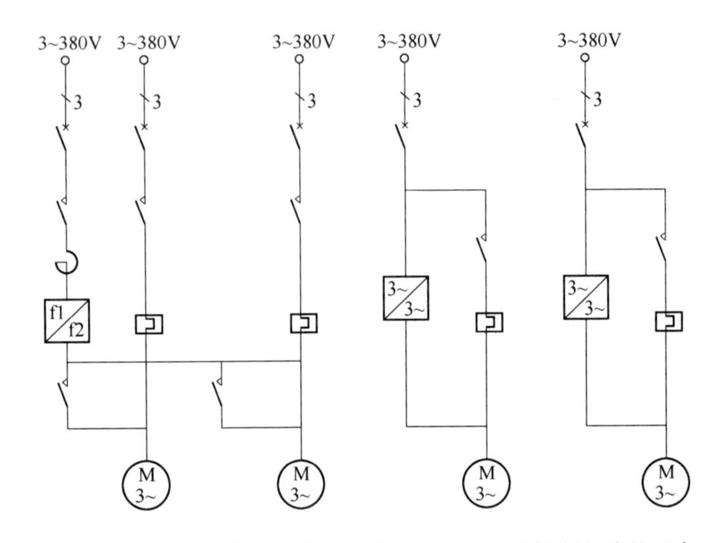

图 3.6　1 控 2 变频控制电路和 2 组 1 控 1 软启动控制电路的组合

力西等品牌。

(4) 闭环控制系统中的传感器应本着成本低、可靠性高、现场调节简单方便、经济耐用的原则。

(5) 供水厂水泵控制方式应既能够自动控制，又可以手动操作。

(6) 水源井潜水泵应既能够就地控制，又可遥控。遥控时，在供水厂集控室既可手动控制，又可自动控制。

(7) 显示仪表、水源井水泵运行状态及遥控信号等应能够在供水厂的操作台上实现。

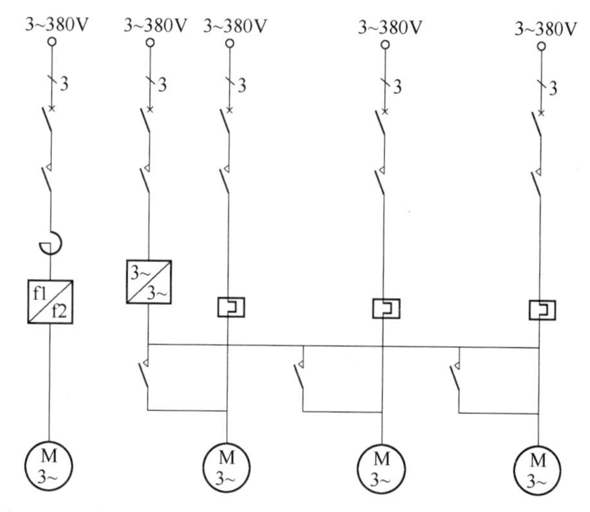

图 3.7 1 控 1 变频控制电路和 1 控 3 软启动控制电路的组合

3.3 水泵机组控制系统框架

按照控制要求和控制方案，控制系统框图如图 3.8 所示。位于供水厂的水源井水泵集控操作台放置于电气控制室，操作台配置有水池水位显示仪表、供水压力显示仪表、遥控器、控制水源井水泵启停动作的按钮和相应的运行指示灯。供水厂水泵电气控制柜可以实现 4 台水泵的控制，内部电气控制主电路如图 3.3 所示。

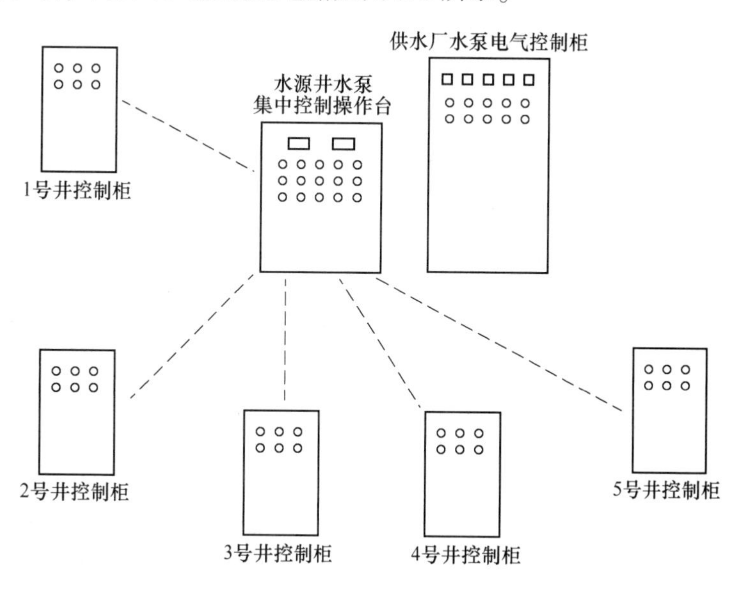

图 3.8 控制系统框图

水源井的电气控制主电路因电动机功率的不同而异。根据设计要求，有直接启动、自耦变压器降压启动和软启动器降压启动 3 种方式，电气控制主电路如图 3.9 所示。

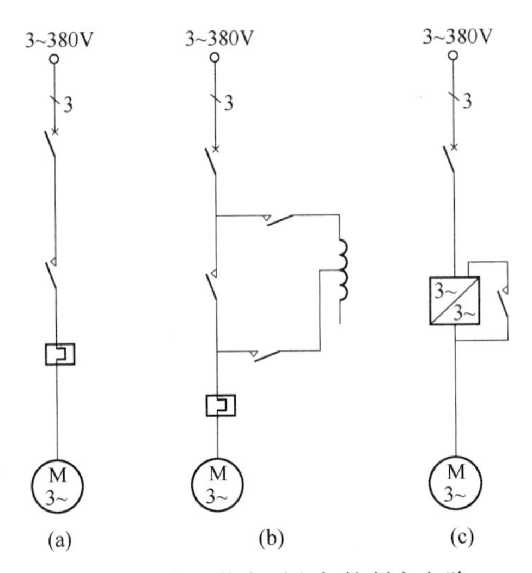

图 3.9　水源井水泵电气控制主电路
（a）直接启动；（b）自耦变降压启动；（c）软启动

3.4　水泵机组电气控制线路

以控制系统为基础，针对每台设备设计出相应的电气控制线路。包括水源井水泵电气控制线路、供水厂水泵电动机电气控制线路、集控箱显示及遥控电路，其中遥控电路是本次设计的重点和难点。

3.4.1　集控室遥控电路

遥控电路采用短信遥控器实现。为降低成本，选用自主品牌的遥测遥控器产品。表 3.1 列出了一些国内的相关产品品牌。综合多方面因素，选用西安艾宝物联网科技有限公司的产品。

表 3.1　部分国产品牌短信遥测遥控器

品　牌	产　品	型　号	功　能
北京捷麦顺驰	测控通 4G-PLC	T21S	3AI/DI+2OC 输出，短信报警、短信控制
西安艾宝物联网	开关量无线传输模块	AB433E	点对点、点对多点的开关量信号无线传输，4/8/16 路光电隔离输入，4/8/16 路继电器输出
深圳拓普瑞	无线传输模块	TP301V4	4G DTU 无线传输模块，无线数据传输终端
康耐德	4G-I/O 模块	SDD4040-ADD	对上提供 4G 无线传输，实现开关量、模拟量数据的远程采集传输与控制
北京恒宇鼎力	4G 短信报警模块	DL7148-4G	开关量信号短信报警模块，远程短信控制，8 路输入 4 路继电器输出

供水厂水池水位既可手动控制，又可通过水池内的浮球开关进行自动控制，手动控制由操作人员按按钮实现，自动控制由 PLC 完成。“手动”和“自动”状态通过转换开关

SF1 选择。图 3.10 所示为手动操作和自动控制电路图，图中的上半部分为手动操作控制电路，下半部分为自动控制电路。手动操作时，通过操作相应的启停按钮控制 5 个中间继电器（KF1～KF5），对应着水源井 5 台潜水泵的运行情况。自动控制时，把 2 个浮球开关（BG1 和 BG2）的 4 对触点和转换开关 SF2 的状态接入 PLC，执行相应的程序，PLC 输出端控制 5 个中间继电器（KF6～KF10），使 5 台潜水泵按要求运行。10 个中间继电器

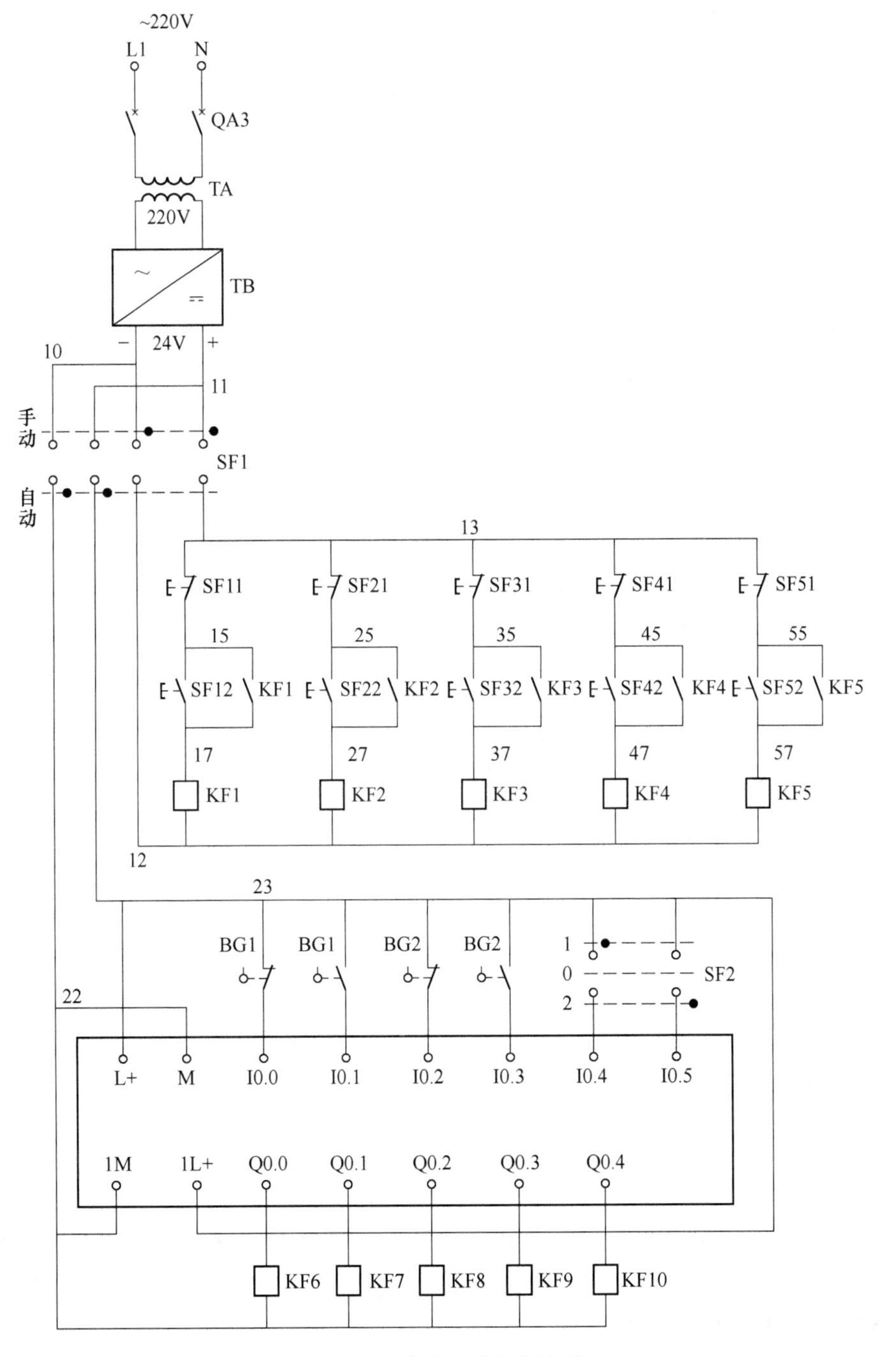

图 3.10 水池水位控制电路

（KF1～KF10）的常开触点作为控制信号接入开关量无线传输模块的信号输入端，把信号传输到5眼井潜水泵的电气控制线路，进而控制水源井5台潜水泵的动作。每眼井的运行信号和故障信号经开关量无线传输模块返回到集中控制室，并通过对应的指示灯显示。图3.11所示为集控室无线传输模块输入输出电路。图中的中间继电器KF1～KF10选用HH53P，线圈额定电压为DC 24V；隔离变压器TA选用500VA（型号为BK-500VA）；直流开关电源TB选用24V-500W。

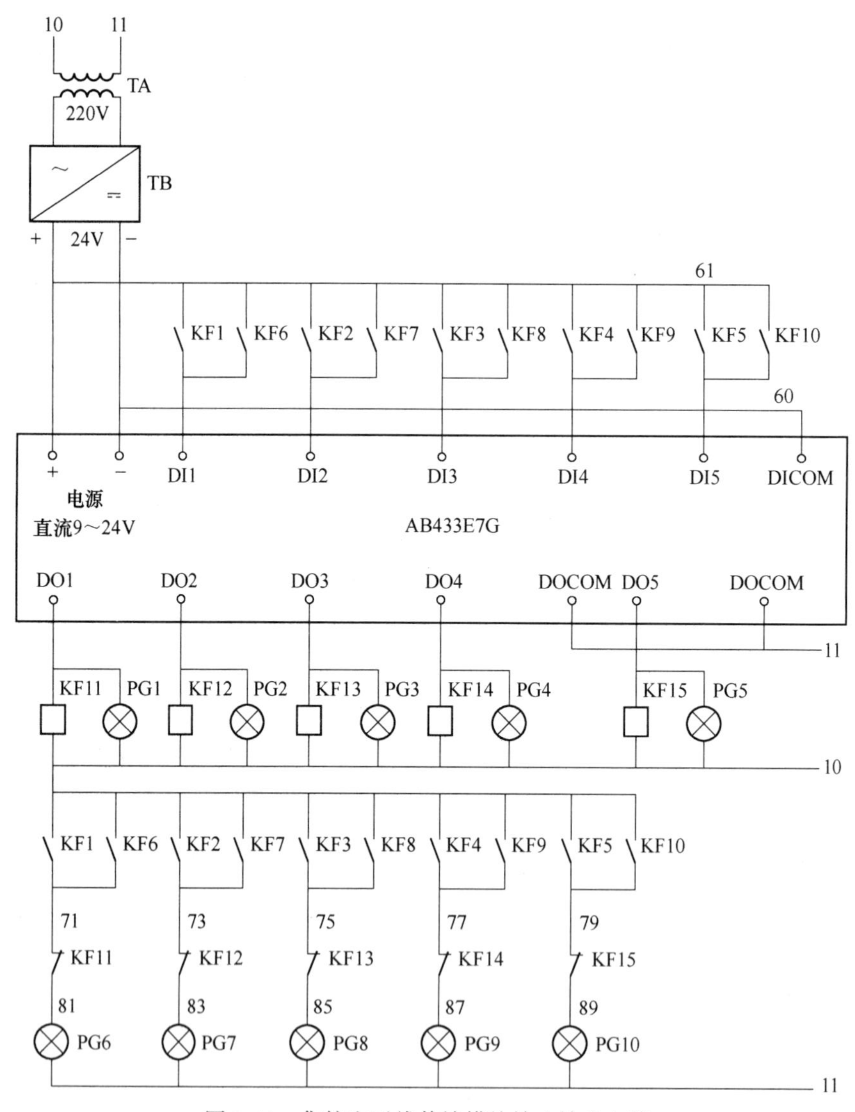

图3.11 集控室无线传输模块输入输出电路

经对表3.2中几种品牌的小型PLC产品比较，综合考虑成本、可靠性、售后服务、技术人员的熟悉程度等多方面因素，最终选用了西门子S7-200系列的CPU222主机，型号为6ES7212-1BB23-0XB8，8输入/6输出，继电器输出。表3.2中列出了所比较的几种小型PLC产品。

表 3.2 几种品牌的小型 PLC

品　牌	主机型号	I/O 点数	价　格
西门子	6ES7212-1BB23-0XB8	8I/6O，继电器输出，国产	高
施耐德	TM218LDA24DRN	24I/O 220VAC	高
欧姆龙	CP1E-E20DR-A-CH	12 入 8 点继电器输出	较低
三菱	FX1S-14MR-001	8 点入/6 点继电器出	较高
傲拓科技	CPU201-1402	8 点入/6 点继电器出	低
无锡信捷	XC1-16R-E	8 点入/8 点继电器出	低

表 3.3 给出了 PLC 的输入/输出安排，与图 3.10 所示电路相对应。当转换开关 SF1 选择为“自动”方式时，11 端和 13 端断开，手动操作无效，转换开关 SF1 的 11 端和 23 端接通，PLC 得电，通过 2 个浮球开关 BG1 和 BG2 以及转换开关 SF2 的状态控制水源井水泵的动作，具体的动作情况取决于所编制的程序。为了使 5 台潜水泵均匀出力，编程时依据转换开关 SF2 的位置（即 I0.4 和 I0.5 的状态）控制 5 台潜水泵的动作顺序。具体如下：

（1）当 SF2 处于 0 位时，I0.4 和 I0.5 的状态均为 0，PLC 输出端从 Q0.0 到 Q0.3 依次输出信号。

（2）当 SF2 处于 1 位时，I0.4 和 I0.5 的状态为 1 和 0，PLC 输出端从 Q0.1 到 Q0.4 依次输出信号。

（3）当 SF2 处于 2 位时，I0.4 和 I0.5 的状态为 0 和 1，PLC 输出端从 Q0.2 到 Q0.0 依次输出信号。

启动过程中，每 2 个输出端的输出信号都设定一定的时间间隔。停泵的过程则按照先启先停的顺序，并有一定的时间间隔。

表 3.3 PLC 输入/输出安排

输入/输出	所接电器	说　　明
I0.0	浮球开关 BG1	位于水池下方，最低水位时下垂，触点闭合，I0.0 有输入
I0.1	浮球开关 BG1	位于水池下方，浮起时触点闭合，I0.1 有输入
I0.2	浮球开关 BG2	位于水池上方，下垂时触点闭合，I0.2 有输入
I0.3	浮球开关 BG2	位于水池上方，浮起时触点闭合，I0.3 有输入
I0.4	转换开关 SF2	与 I0.5 端的组合状态决定水源井水泵的启停顺序
I0.5	转换开关 SF2	与 I0.4 端的组合状态决定水源井水泵的启停顺序
Q0.0	中间继电器 KF6	Q0.0 有输出时 KF6 常开触点闭合启动 1 号水源井泵
Q0.1	中间继电器 KF7	Q0.1 有输出时 KF7 常开触点闭合启动 2 号水源井泵
Q0.2	中间继电器 KF8	Q0.2 有输出时 KF8 常开触点闭合启动 3 号水源井泵
Q0.3	中间继电器 KF9	Q0.3 有输出时 KF9 常开触点闭合启动 4 号水源井泵
Q0.4	中间继电器 KF10	Q0.4 有输出时 KF10 常开触点闭合启动 5 号水源井泵

图 3.11 所示的电路中，选用 8 路输入/8 路输出的开关量无线传输模块 AB433E7G，

输入/输出安排及含义如表 3.4 所示。图中的隔离变压器 TA 起着抑制谐波、防止高频信号干扰开关量无线传输模块的作用。当发出了水源井水泵的启动信号后，但并未接收到返回信号，则认为故障，对应的故障指示灯（PG6~PG10）亮。

表 3.4 无线传输模块输入/输出安排及指示灯含义

输入/输出	连接电器	说明
DI1	中间继电器 KF1 和 KF6 常开点并联	接通时启动 1 号井水泵
DI2	中间继电器 KF2 和 KF7 常开点并联	接通时启动 2 号井水泵
DI3	中间继电器 KF3 和 KF8 常开点并联	接通时启动 3 号井水泵
DI4	中间继电器 KF4 和 KF9 常开点并联	接通时启动 4 号井水泵
DI5	中间继电器 KF5 和 KF9 常开点并联	接通时启动 5 号井水泵
DO1	中间继电器 KF11 和指示灯 PG1	1 号井水泵运行指示灯
DO2	中间继电器 KF12 和指示灯 PG2	2 号井水泵运行指示灯
DO3	中间继电器 KF13 和指示灯 PG3	3 号井水泵运行指示灯
DO4	中间继电器 KF14 和指示灯 PG4	4 号井水泵运行指示灯
DO5	中间继电器 KF15 和指示灯 PG5	5 号井水泵运行指示灯
	指示灯 PG6	1 号井设备故障指示灯
	指示灯 PG7	2 号井设备故障指示灯
	指示灯 PG8	3 号井设备故障指示灯
	指示灯 PG9	4 号井设备故障指示灯
	指示灯 PG10	5 号井设备故障指示灯

遥控模块需要进行设备地址和状态刷新，通过拨码开关完成。表 3.5 给出了设备地址的拨码开关设置，由拨码开关 ADD【4：0】设定。主站地址设置为从站的总数，从站地址则逐次增加。

表 3.5 设备地址拨码开关设置

设备地址	拨码开关设置（从左到右）	示意图
00	0 0000	
01	0 0001	
02	0 0010	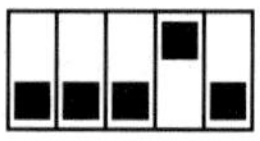
03	0 0011	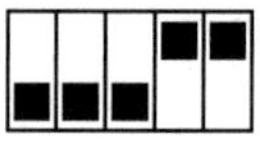
04	0 0100	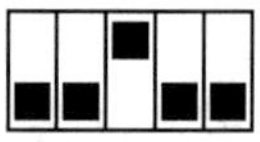

刷新速率由拨码开关TIME【2：0】设定，可使用8种刷新速率，如表3.6所示。刷新速率越高，数据更新越快，消耗的数据流量越多。主站和从站的所有配置必须一致。本设计中设定值为4s，拨码开关设置为100。

表3.6　刷新速率拨码开关

TIME【2：0】	拨码开关设置（从左到右）	示意图	数据更新时间/s
0	000	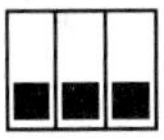	1
1	001	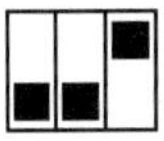	2
2	010	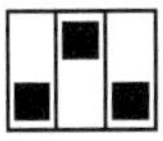	3
3	011		4
4	100	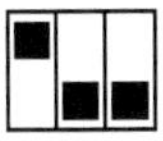	5
5	101	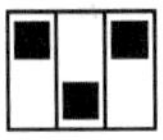	6
6	110	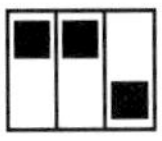	7
7	111	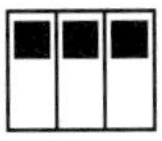	8

3.4.2　水源井水泵电气控制线路

针对水源井潜水泵电机的3种启动方式，结合短信遥控设计电气控制线路。

3.4.2.1　水源井潜水泵直接启停控制线路

（1）电气控制线路设计。

1）直接启停控制线路。直接启停控制线路如图3.12所示，转换开关SF3用于切换“就地”与“遥控”操作状态。转换开关处于“就地”位置时，通过操作启动按钮SF1和停止按钮SF2控制接触器QA2动作，进而控制电动机MA的运行与停止。转换开关处于“遥控”位置时，则通过集控室发来的信号（21和17之间的触点）控制电动机MA的启停，并把运行信号（23和25之间的接触器QA2常开辅助触点）经图3.13所示的遥控电路返回到集控室。PG1、PG2和PG3分别是电源指示灯、运行指示灯和故障指示灯。

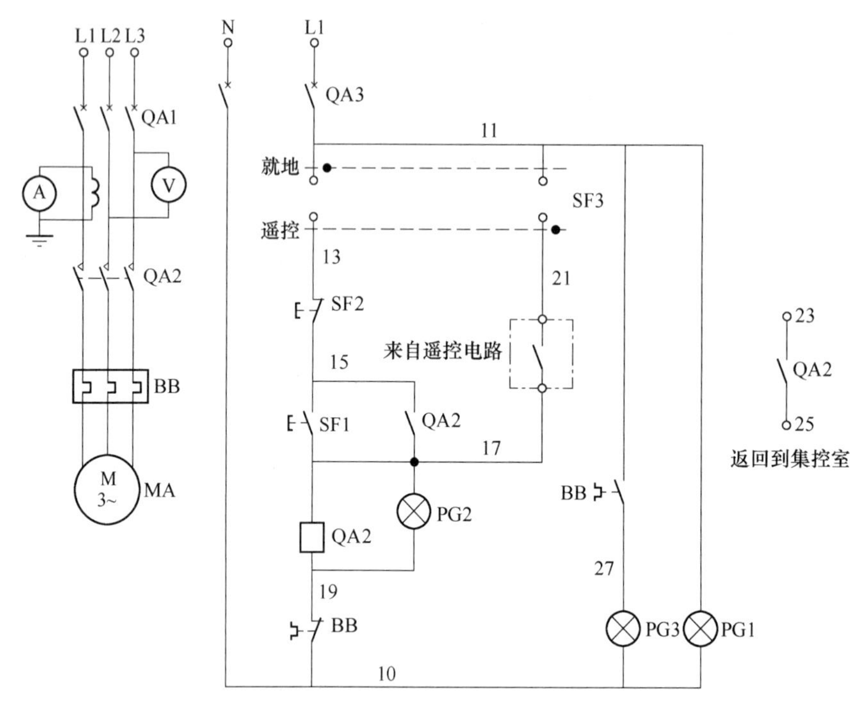

图 3.12 水源井潜水泵直接启停电气控制线路

2）遥控电路。直接启动潜水泵遥控电路如图 3.13 所示。

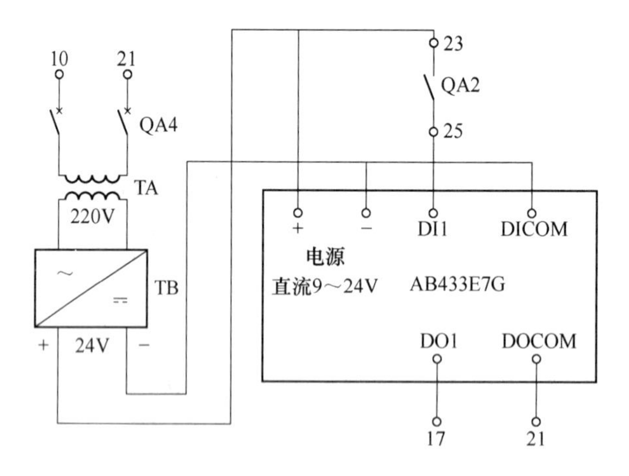

图 3.13 直接启动潜水泵遥控电路

（2）电器选型。本设计中，从可靠性、价格、售后服务及备品备件等多方面因素考虑，电器主要采用德力西产品。潜水泵电机功率为 15kW，电器选型如表 3.7 所示。

（3）遥控模块地址及刷新速率设定。

遥控模块地址：0，拨码开关为 0 0000。

刷新速率：4s，拨码开关为 100。

表 3.7 15kW 潜水泵电气控制线路电器选型

电器及辅材	型号规格	数量
断路器	DZ47-125/53A/3P	1
断路器	DZ47-6A/2P	2
电压表	6L2-450V	1
电流表	6L2-50/5	1
电流互感器	LMK-0. 66-50/5	1
接触器	CJX2v-40A、线圈电压 AC 220V	1
热继电器	JR36-63/30~36A	1
万能转换开关	LW8-10	1
按钮	NP8（红、绿各 1 个）	2
指示灯	ND16（1 绿 2 红）	3
隔离变压器	BK-500VA-D07A：220V/220V	1
开关电源	SA-350、输出电压 DC 24V	1
主电路导线	BVR-10mm^2	
遥控模块	AB433E7G、4DI/4DO	1

（4）电气柜体。因电气控制线路简单，电器体积小，电气柜体采用墙挂箱即可满足要求。

电气控制箱：宽 500mm、高 700mm、深 200mm，开孔如图 3. 14 所示。

遥控箱：宽 400mm、高 500mm、深 200mm，不开孔。

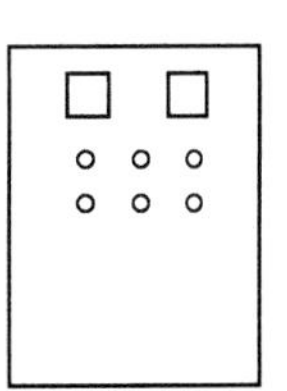

图 3. 14 1 号水源井水泵电气箱开孔示意图

3. 4. 2. 2 水源井水泵自耦变压器降压启动控制线路

（1）电气控制线路设计。

1）自耦变降压启动控制线路。自耦变压器降压启动控制线路如图 3. 15 所示，其中图 3. 15（a）为主电路，图 3. 15（b）为控制电路。控制电路中，转换开关 SF3 用于切换“就地”与“遥控”操作状态。在“就地”工作状态时，11 和 13 之间接通，通过操作启动按钮 SF2 和停止按钮 SF1 控制电动机 MA 的动作。在“遥控”工作状态时，11 和 27 之间接通，由来自集控室的遥控信号控制 27 和 29 之间的触点控制中间继电器 KF3 的动作，进而控制电动机 MA 的启停。时间继电器 KF1 的延时时间可设定为 10~12s。PG1、PG2 和 PG3 分别是电源指示灯、运行指示灯和故障指示灯。接触器 QA2 和 QA4 的常开触点相并联（31 和 33 之间）作为电动机的运行信号经无线遥控器返回到集控室。

2）遥控电路。30kW 和 37kW 潜水泵遥控电路如图 3. 16 所示。

（2）电器选型。电器品牌仍以德力西电器为主。30kW 水泵电机电气控制线路电器选型如表 3. 8 所示。

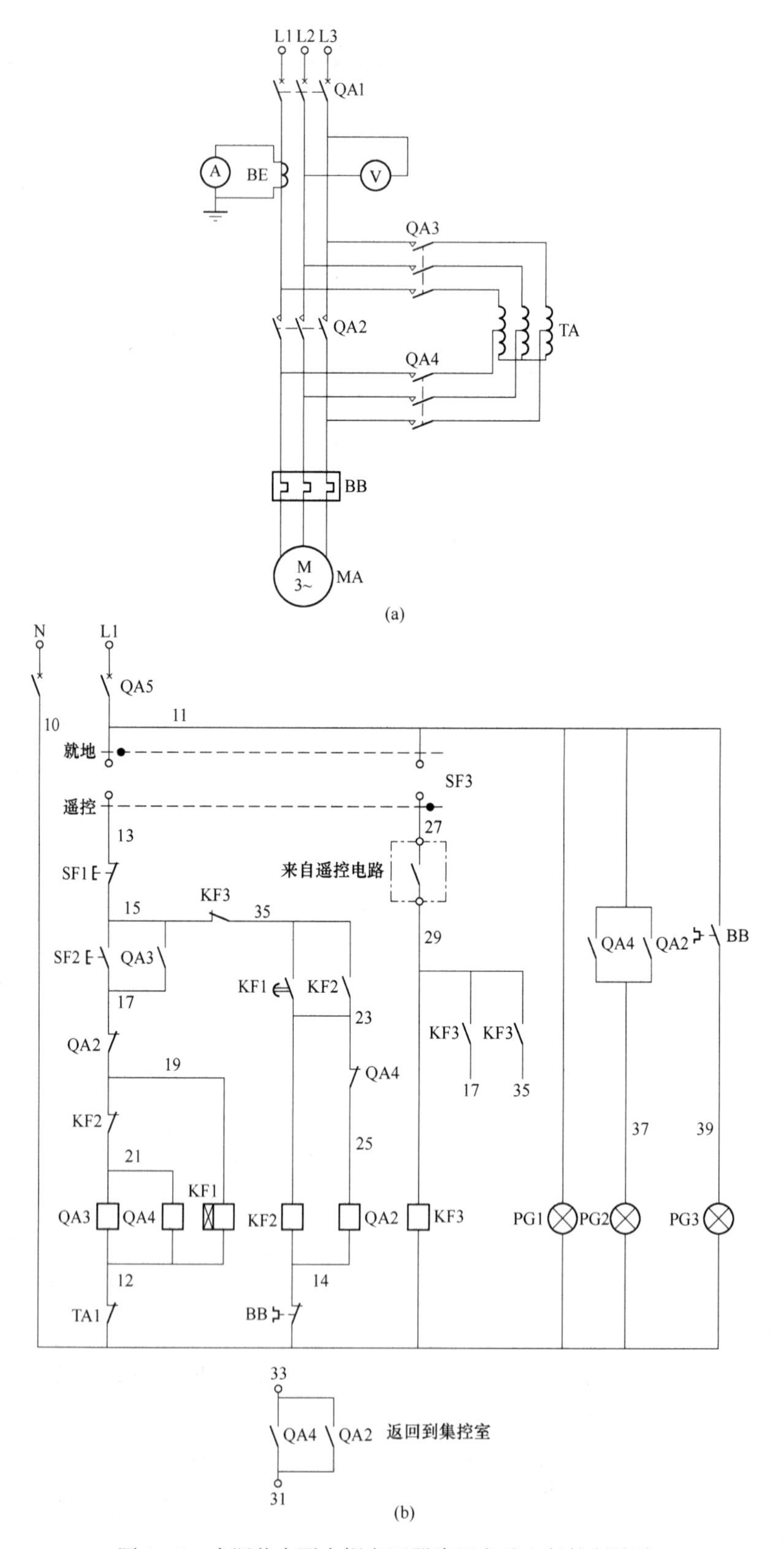

图 3.15 水源井水泵自耦变压器降压启动电气控制线路
（a）自耦变降压启动主电路；（b）自耦变压器降压启动控制电路

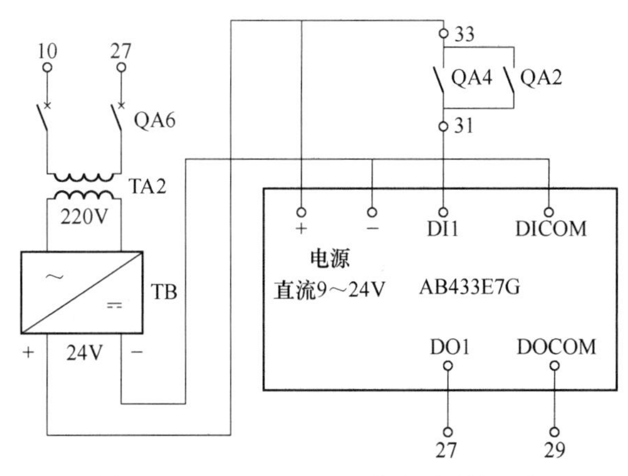

图 3.16 30kW 和 37kW 潜水泵遥控电路

表 3.8 30kW 水泵电气控制线路电器选型

电器及辅材	型 号 规 格	数量
断路器	CDM1-125/100A/3P	1
断路器	DZ47-6A/2P	2
电压表	6L2-450V	1
电流表	6L2-50/5	1
电流互感器	LMK-0.66-75/5	1
自耦变压器	QZB40	1
接触器	CJX2v-80A、线圈电压 AC 220V	1
热继电器	JR36-63/30～36A	1
时间继电器	JSZ3F、延时时间 5～30s	1
中间继电器	CDZ9-3、3 常开 3 常闭、线圈电压 AC 220V	2
万能转换开关	LW8-10	1
按钮	NP8（红、绿各 1 个）	2
指示灯	ND16（1 绿 2 红）	3
隔离变压器	BK-500VA-D07A：220V/220V	1
开关电源	SA-350、输出电压 DC 24V	1
主电路导线	BVR-25mm^2	
遥控模块	AB433E7G、4DI/4DO	1

37kW 潜水泵电机电气控制线路电器选型如表 3.9 所示。

表 3.9 37kW 水泵电气控制线路电器选型

电器及辅材	型 号 规 格	数量
断路器	CDM1-125/125A/3P	1
断路器	DZ47-6A/2P	2
电压表	6L2-450V	1
电流表	6L2-50/5	1
电流互感器	LMK-0.66-100/5	1
自耦变压器	QZB45	1
接触器	CJX2v-95A、线圈电压 AC 220V	1
热继电器	JR36-160/60～72A	1

续表 3.9

电器及辅材	型 号 规 格	数量
时间继电器	JSZ3F、延时时间 5～30s	1
中间继电器	CDZ9-3、3 常开 3 常闭、线圈电压 AC 220V	2
万能转换开关	LW8-10	1
按钮	NP8（红、绿各 1 个）	2
指示灯	ND16（1 绿 2 红）	3
隔离变压器	BK-500VA-D07A：220V/220V	1
开关电源	SA-350、输出电压 DC 24V	1
主电路导线	BVR-25mm^2	
遥控模块	AB433E7G、4DI/4DO	1

（3）遥控模块地址及刷新速率设定。

30kW 潜水泵遥控模块地址：1，拨码开关为 0 0001。

刷新速率：4s，拨码开关为 100。

37kW 潜水泵遥控模块地址：2，拨码开关为 0 0010。

刷新速率：4s，拨码开关为 100。

（4）电气柜体。电气柜体采用落地式，柜体尺寸：宽 600mm、高 1600mm、深 450mm，柜门开孔如图 3.14 所示。遥控箱大小与 15kW 水源井潜水泵遥控箱相同。

3.4.2.3 水源井潜水泵电机软启动控制线路

（1）电气控制线路。

1）软启动器降压启动控制线路。软启动控制线路与所选用的产品有关，参考表 2.19，综合多方面因素，选用西安西普电力电子有限公司的 STR 系列 L 型产品。软启动电气控制线路如图 3.17 所示，其中图 3.17（a）为主电路，图 3.17（b）为控制电路。转换开关 SF3 处于“就地”位置时，手动操作启停按钮，使中间继电器 KF1 接通或断开，

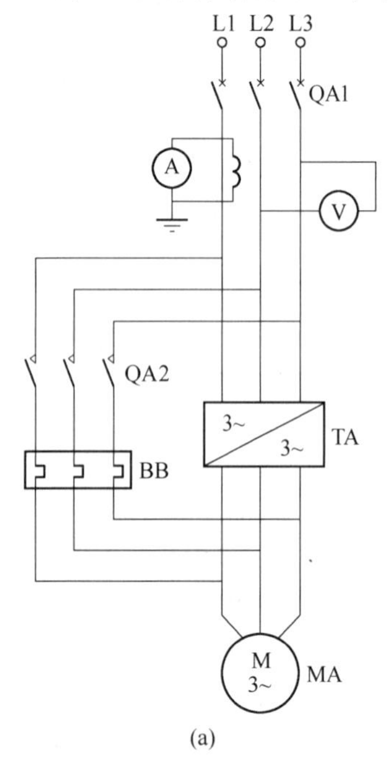

(a)

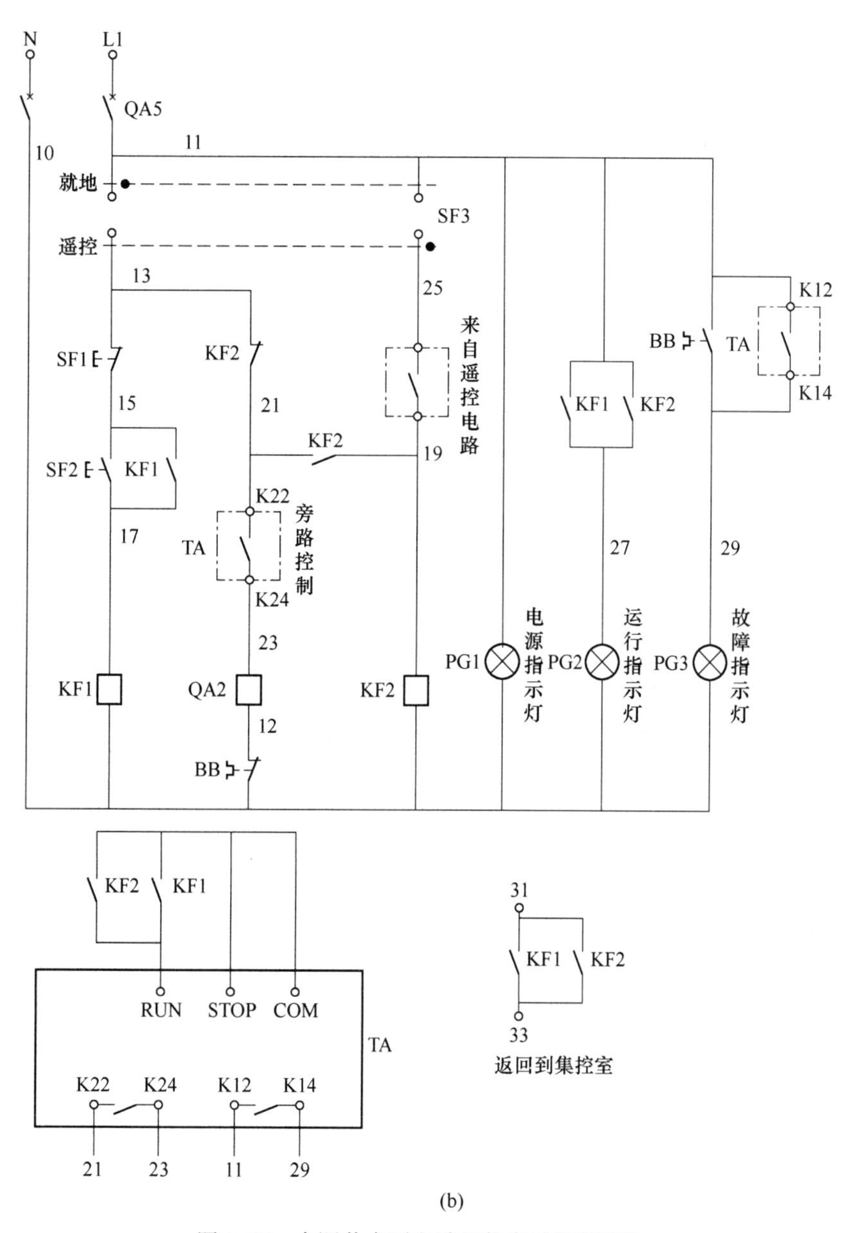

(b)

图 3.17　水源井水泵电动机软启动控制线路

(a) 软启动器启动主电路；(b) 软启动器启动控制电路

实现电动机的启停控制。当 KF1 线圈得电时，其 4 对常开触点闭合，实现自锁、使运行指示灯 PG2 亮的同时，使软启动器 TA 的运行端 RUN 有信号（RUN 端和 COM 端接通），软启动器运行，电动机 MA 开始启动，并且 31 和 33 之间接通，该信号通过无线模块传送到集控室。当软启动器的输出电压达到额定值时，其内部 K22 和 K24 之间的旁路控制常开触点闭合（线号 21 和 23 之间），使旁路接触器 QA2 线圈得电，主触点闭合，电动机 MA 全压运行。当 KF1 线圈失电时，软启动器运行信号消失，旁路控制信号断开，接触器 QA2 线圈失电，电动机 MA 停止。转换开关 SF3 处于“遥控”位置时，通过集控室发来的遥控信号（25 和 19 之间）控制电动机的启停。

2）遥控电路。45kW 和 55kW 潜水泵遥控电路如图 3. 18 所示。

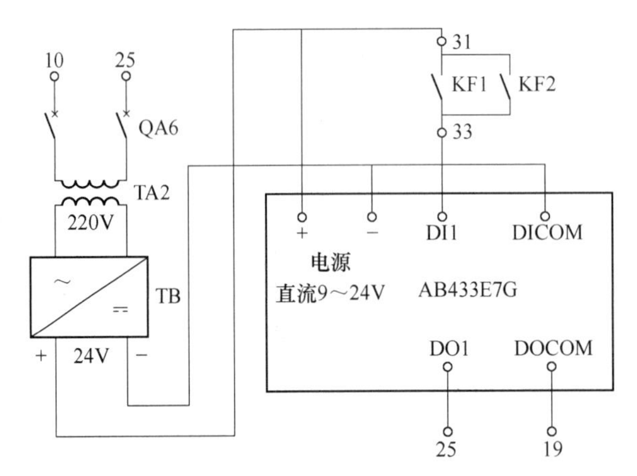

图 3. 18　45kW 和 55kW 潜水泵遥控电路

（2）电器选型。45kW 潜水泵电机电气控制线路电器选型如表 3. 10 所示。

表 3. 10　45kW 水泵电气控制线路电器选型

电器及辅材	型　号　规　格	数量
断路器	CDM1-250/160A/3P	1
断路器	DZ47-6A/2P	2
电压表	6L2-450V	1
电流表	6L2-150/5	1
电流互感器	LMK-0. 66-150/5	1
软启动器	STR045L-3	1
接触器	CJX2H-120A、线圈电压 AC 220V	1
热继电器	JR36-160/90～110A	1
中间继电器	CDZ9-4、4 常开 4 常闭、线圈电压 AC 220V	2
万能转换开关	LW8-10	1
按钮	NP8（红、绿各 1 个）	2
指示灯	ND16（1 绿 2 红）	3
隔离变压器	BK-500VA-D07A：220V/220V	1
开关电源	SA-350、输出电压 DC 24V	1
主电路导线	BVR-35mm^2	
遥控模块	AB433E7G、4DI/4DO	1

55kW 潜水泵电机电气控制线路电器选型如表 3. 11 所示。

表 3.11 55kW 水泵电气控制线路电器选型

电器及辅材	型 号 规 格	数量
断路器	CDM1-250/160A/3P	1
断路器	DZ47-6A/2P	2
电压表	6L2-450V	1
电流表	6L2-150/5	1
电流互感器	LMK-0.66-150/5	1
软启动器	STR055L-3	1
接触器	CJX2H-160A、线圈电压 AC 220V	1
热继电器	JR36-160/100~130A	1
中间继电器	CDZ9-4、4 常开 4 常闭、线圈电压 AC 220V	2
万能转换开关	LW8-10	1
按钮	NP8（红、绿各 1 个）	2
指示灯	ND16（1 绿 2 红）	3
隔离变压器	BK-500VA-D07A：220V/220V	1
开关电源	SA-350、输出电压 DC 24V	1
主电路导线	BVR-50mm^2	
遥控模块	AB433E7G、4DI/4DO	1

（3）遥控模块地址及刷新速率设定。

45kW 水泵遥控模块地址：3，拨码开关为 0 0011。

刷新速率：4s，拨码开关为 100。

55kW 水泵遥控模块地址：4，拨码开关为 0 0100。

刷新速率：4s，拨码开关为 100。

（4）电气柜体。电气柜体采用落地式，柜体尺寸：宽 600mm、高 1600mm、深 450mm，柜门开孔如图 3.14 所示。遥控箱同 15kW 水源井潜水泵遥控箱。

（5）软启动器参数设置。

启动模式：电压斜坡（设置为 1）。

斜坡初始电压：额定电压的 0~100%（设置为 20%）。

斜坡启动时间：1~120s（设置为 35）。

启动限流值：软启动器额定电流的 100%~500%（设置为 320%）。

启停控制方式：0：键盘、外控均无效；1：键盘有效；2：外控有效；3：键盘、外控均有效（设置为 2）。

3.4.3 供水厂水泵机组电气控制线路

3.4.3.1 水泵机组电气控制线路

前述内容中已确定供水厂 4 台水泵的电气控制线路采用图 3.3 所示的 1 台变频器和 1 台软启动器分别控制 2 台电机的组合方案。针对本方案，结合控制要求，设计了如图 3.19 所示的电气控制主电路。其中图 3.19（a）通过断路器 QA1 和 QA2 分别为 2 组水泵的电气控制线路分配电，其下方为1控2变频调速主电路，图3.19（b）则为采用1台软启动器分时启动2台水泵电机的主电路。4台水泵既可手动操作控制，也可按照要求自动动作，动作顺序通过转换开关选择，自动启动动作在如下几种顺序中选择。

第1种启动顺序：MA1变频运行，达到上限频率后变频启动MA2，MA1切换到工频运行状态，MA3则通过软启动器启动。

第2种启动顺序：MA2变频运行，达到上限频率后变频启动MA1，MA2切换到工频运行状态，MA3通过软启动器启动。

第3种启动顺序：MA1变频运行，达到上限频率后通过软启动器顺序启动MA3和MA4。

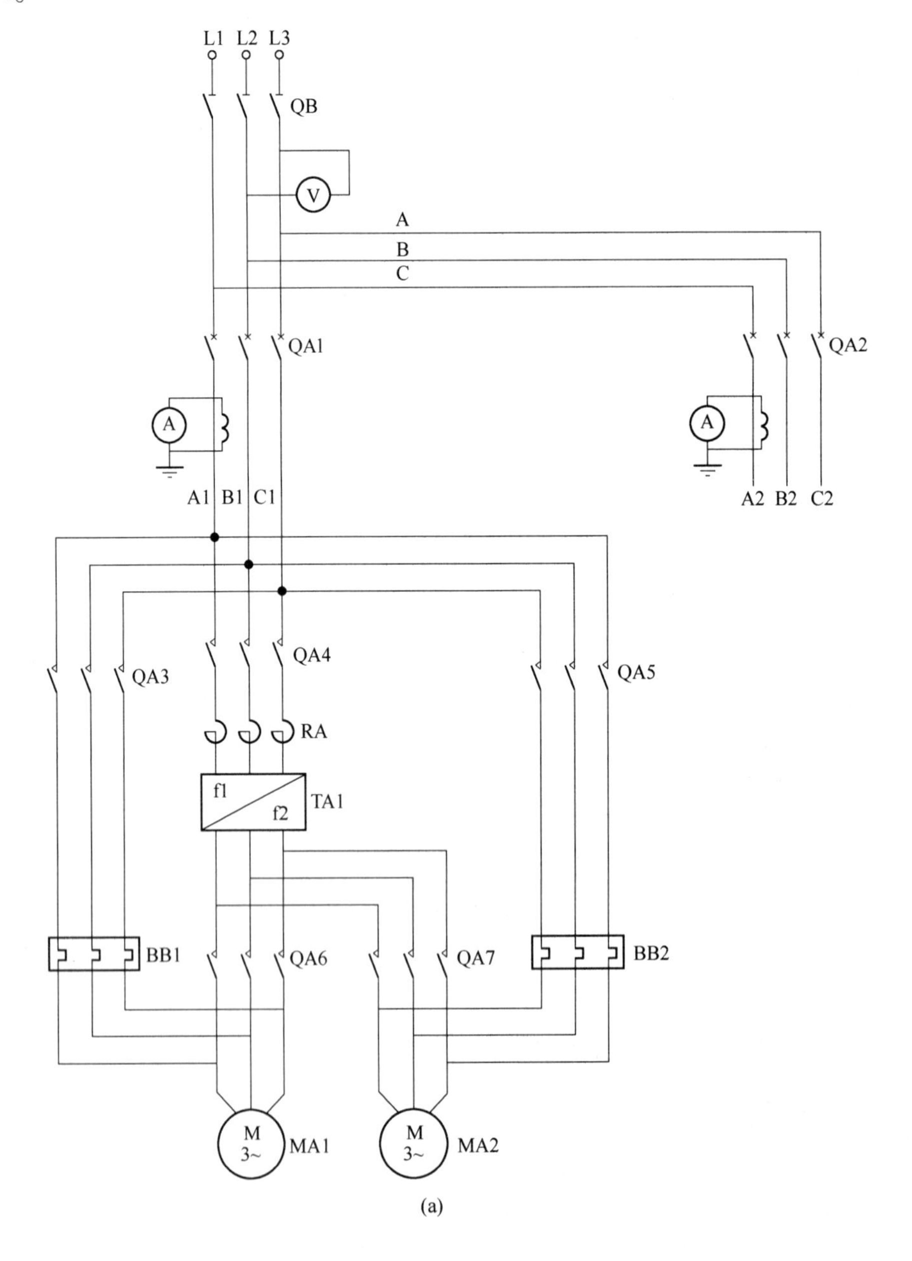

(a)

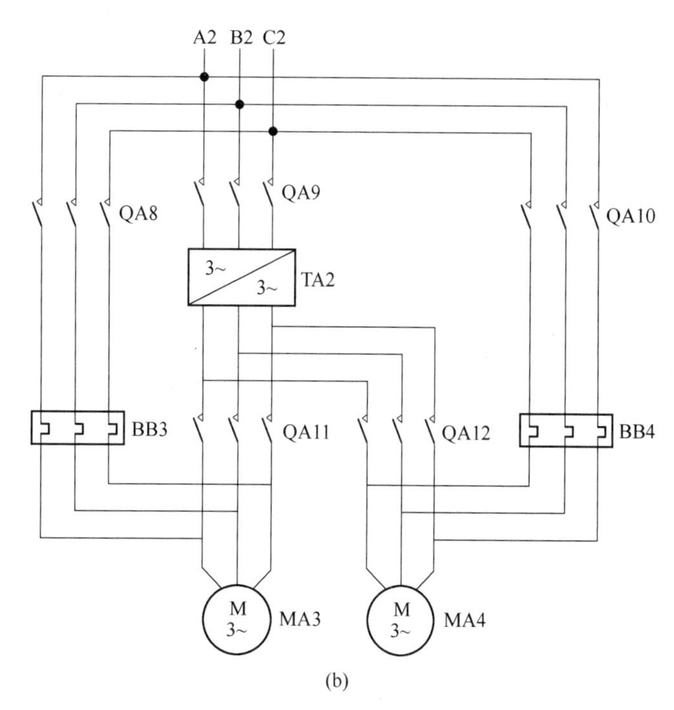

(b)

图 3.19 4 台水泵电气控制主电路

（a）1 控 2 变频调速主电路；（b）1 台软启动器分时启动 2 台电机主电路

第 4 种启动顺序：MA2 变频运行，达到上限频率后变频启动 MA1，MA2 切换到工频运行状态，MA4 通过软启动器启动。

第 5 种启动顺序：MA2 变频运行，达到上限频率后通过软启动器顺序启动 MA3 和 MA4。

第 6 种启动顺序：MA1 变频运行，达到上限频率后变频启动 MA2，MA1 切换到工频运行状态，MA4 通过软启动器启动。

第 7 种启动顺序：MA1 变频运行，达到上限频率后通过软启动器顺序启动 MA4 和 MA3。

第 8 种启动顺序：MA2 变频运行，达到上限频率后通过软启动器顺序启动 MA4 和 MA3。

MA1 和 MA2 不可直接启动，只能通过变频器启动。

水泵组的停止过程按照工频运行水泵先启先停的顺序，变频运行的水泵则保持运行状态。

按照上述的几种动作顺序，设计了如图 3.20 所示的控制电路。其中图 3.20（a）为 1 控 2 变频启动手动控制电路，图 3.20（b）为变频器输入输出控制信号端子图，图 3.20（c）则为采用 PLC 实现 4 台水泵自动控制的电路，图 3.20（d）为 1 控 2 软启动控制电路。图中变频器选用 ABB 的 ACS510 系列产品，软启动器选用西安西普电力电子有限公司的 STR 系列 L 型产品，PLC 采用西门子 S7-200 系列产品，主机选用 CPU222。当转换开关 SF1 处于“手动”位置时，中间继电器 KF1 线圈得电，使得 11 和 13、11 和 23、11 和 37、软启动控制电路中的 101 和 103、101 和 115 之间接通，可以通过操作按钮控制相应

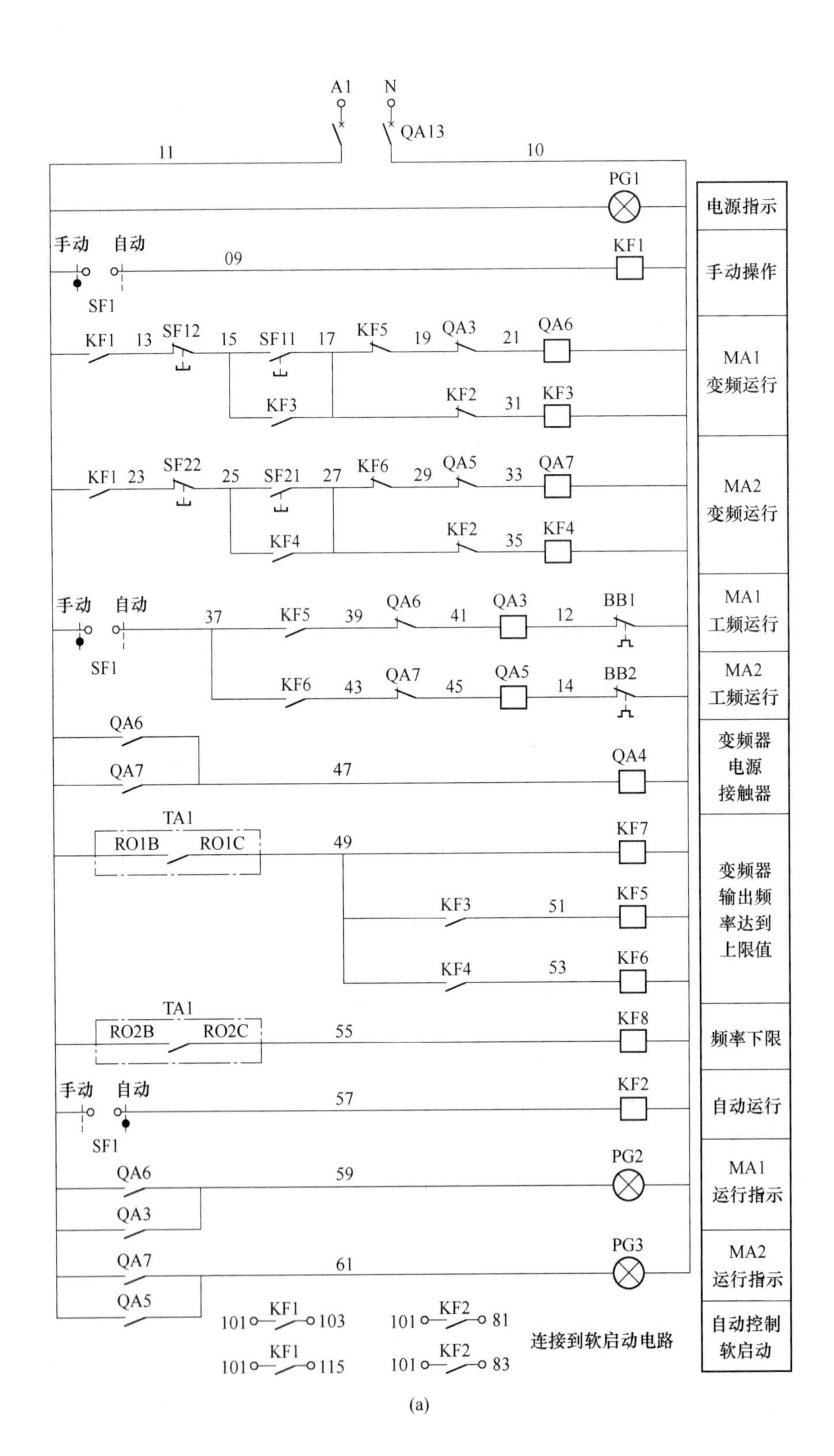
A1
N
QA13
11
10
PG1
电源指示
手动
自动
09
KF1
SF1
手动操作
KF1
13
SF12
15
SF11
17
KF5
19
QA3
21
QA6
KF3
KF2
31
KF3
MA1
变频运行
KF1
23
SF22
25
SF21
27
KF6
29
QA5
33
QA7
KF4
KF2
35
KF4
MA2
变频运行
手动
自动
37
KF5
39
QA6
41
QA3
12
BB1
SF1
MA1
工频运行
KF6
43
QA7
45
QA5
14
BB2
MA2
工频运行
QA6
QA7
47
QA4
变频器
电源
接触器
TA1
RO1B
RO1C
49
KF7
KF3
51
KF5
KF4
53
KF6
变频器
输出频
率达到
上限值
TA1
RO2B
RO2C
55
KF8
频率下限
手动
自动
57
KF2
SF1
自动运行
QA6
59
PG2
QA3
MA1
运行指示
QA7
61
PG3
QA5
MA2
运行指示
101
KF1
103
101
KF2
81
101
KF1
115
101
KF2
83
连接到软启动电路
自动控制
软启动
(a)

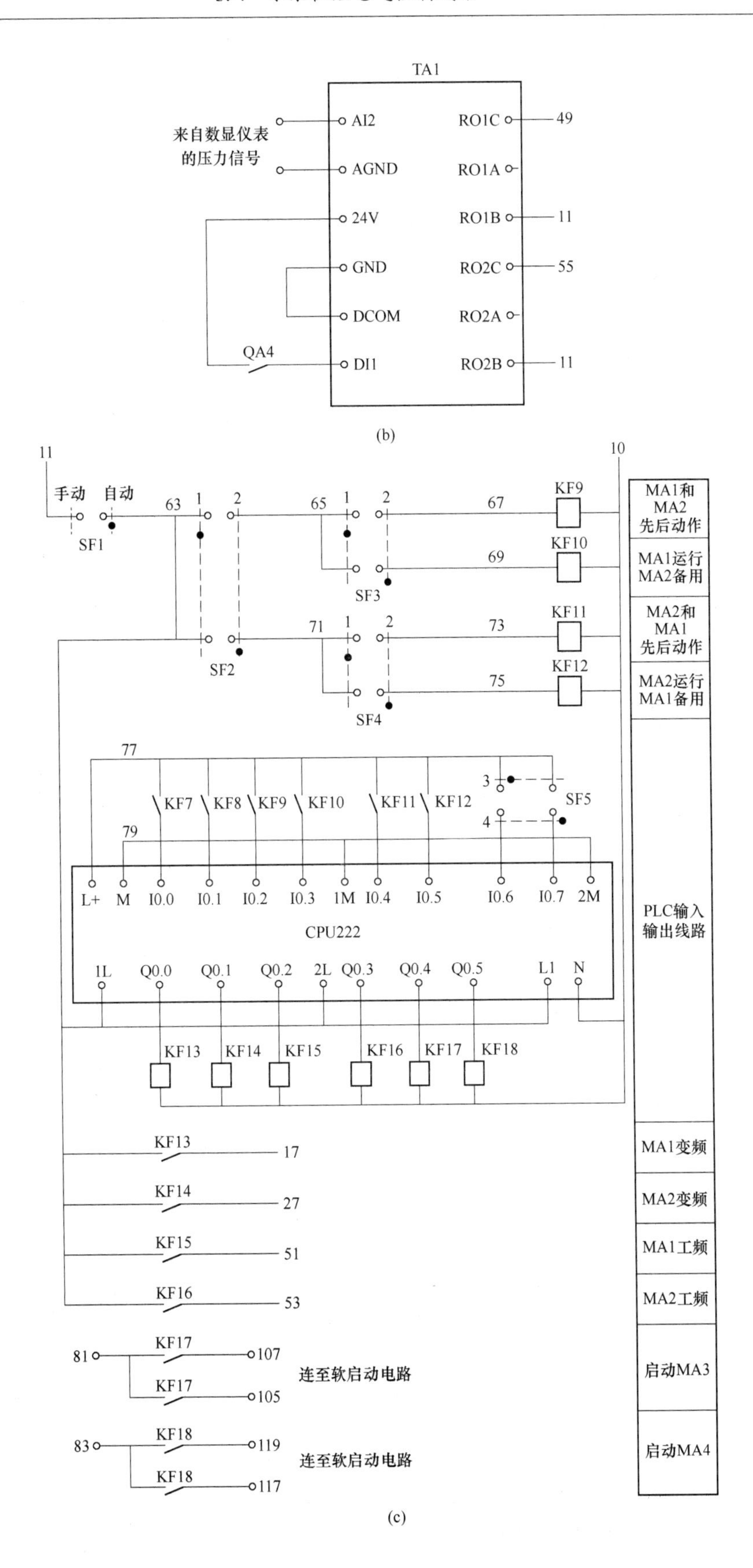
TA1
来自数显仪表的压力信号
AI2
AGND
24V
GND
DCOM
QA4
DI1
RO1C
RO1A
RO1B
RO2C
RO2A
RO2B
49
11
55
11
(b)
11
10
手动 自动
SF1
63
65
67
69
71
73
75
SF2
SF3
SF4
KF9
KF10
KF11
KF12
MA1和MA2先后动作
MA1运行MA2备用
MA2和MA1先后动作
MA2运行MA1备用
77
79
KF7 KF8 KF9 KF10 KF11 KF12
SF5
L+ M I0.0 I0.1 I0.2 I0.3 1M I0.4 I0.5 I0.6 I0.7 2M
CPU222
1L Q0.0 Q0.1 Q0.2 2L Q0.3 Q0.4 Q0.5 L1 N
KF13 KF14 KF15 KF16 KF17 KF18
PLC输入输出线路
17
27
51
53
MA1变频
MA2变频
MA1工频
MA2工频
81
107
105
连至软启动电路
启动MA3
83
119
117
启动MA4

(c)

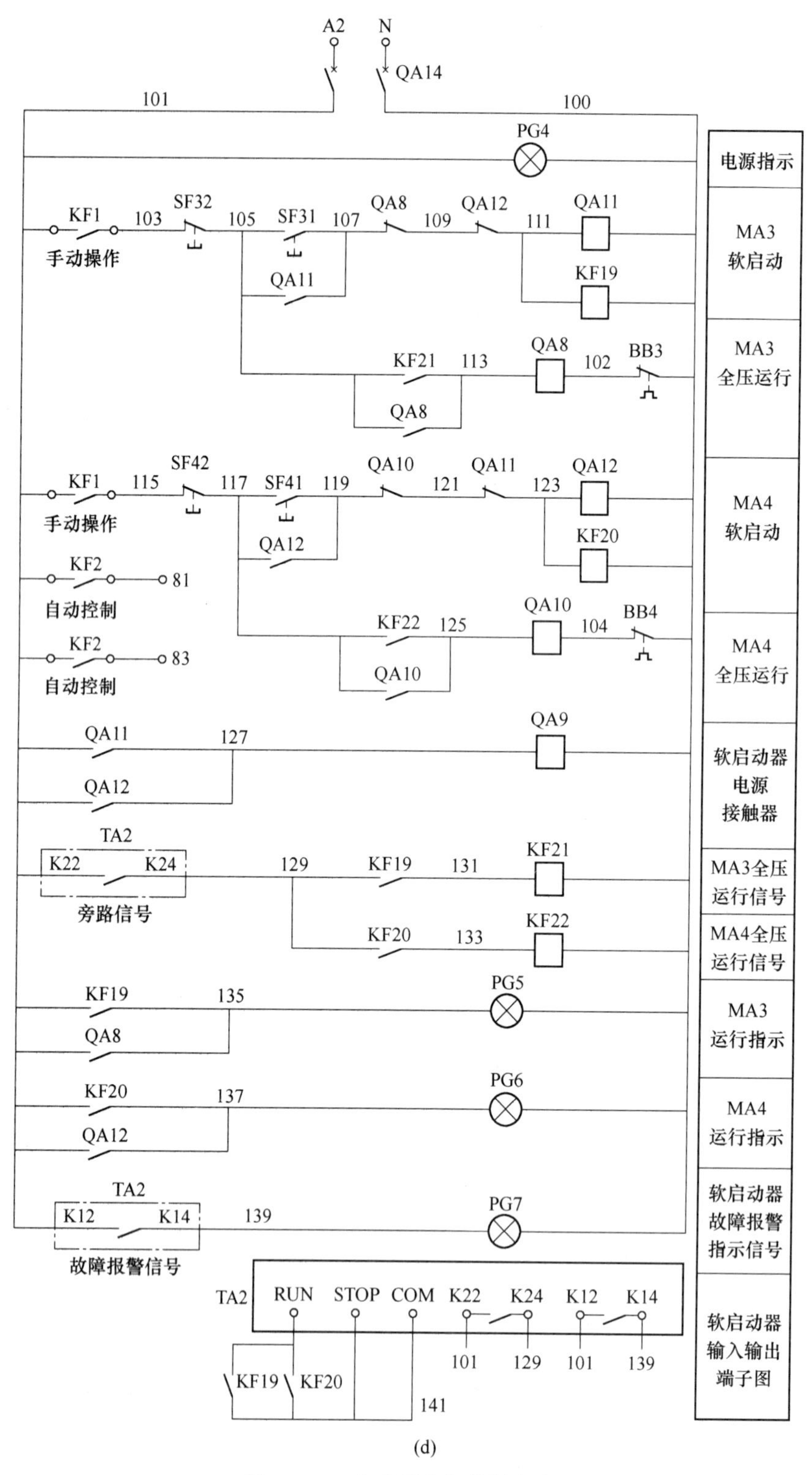

(d)

图 3.20　4 台水泵电气控制电路

(a) 手动操作 1 台变频器启动 2 台电动机控制电路；(b) 变频器输入输出控制信号；

(c) 4 台水泵自动控制电路；(d) 1 台软启动器分时启动 2 台电动机电路

设备的启动和停止。当转换开关 SF1 处于“自动”位置时，中间继电器 KF1 线圈失电，上述电路断开，中间继电器 KF2 线圈得电，11 和 57、11 和 63、101 和 81、101 和 83 之间接通，PLC 得电，水泵的动作通过 PLC 进行自动控制。4 台水泵的动作顺序由转换开关 SF2、SF3、SF4、SF5 的位置决定。当 SF2 处于“1”位时，MA1 最先运行。随后运行的水泵通过 SF3 选择，当 SF3 处于“1”位时，启动 MA2；当 SF3 处于“2”位时，启动 MA3 和 MA4，MA2 处于备用状态。当 SF2 处于“2”位时，MA2 最先运行。之后通过 SF4 选择运行的水泵，当 SF4 处于“1”位时，启动 MA1；当 SF4 处于“2”位时，启动 MA3 和 MA4，MA1 处于备用状态。MA3 和 MA4 的动作顺序由 SF5 选择，当 SF5 处于“3”位时，按照 MA3 和 MA4 的顺序动作；当 SF4 处于“4”位时，按照 MA4 和 MA3 的顺序动作。继电器 KF3 和 KF4 分别保持了电动机 MA1 和 MA2 手动操作时的运行状态，用以区分 MA1 和 MA2 的运行频率上限状态（49 和 51、49 和 53 之间），从而控制 KF5 和 KF6，以便正确地切换至工频运行状态（37 和 39、37 和 43 之间）。继电器 KF7 和 KF8 扩充了变频器上、下限频率的触点信号，其触点信号输入至 PLC 的 I0.0 和 I0.1 端。继电器 KF9、KF10、KF11 和 KF12 的状态反映了自动运行状态时 MA1 和 MA2 的动作顺序，其触点信号输入至 PLC 的 I0.2、I0.3、I0.4 和 I0.5 端。继电器 KF13、KF14、KF15 和 KF16 的状态通过 PLC 的输出 Q0.0、Q0.1、Q0.2 和 Q0.3 进行控制，其常开触点控制 MA1 和 MA2 的变频和工频运行状态。继电器 KF17 和 KF18 通过 PLC 的输出触点 Q0.4 和 Q0.5 进行控制，其常开触点分别控制 MA3 和 MA4 的动作。继电器 KF19 和 KF20 扩展了接触器 QA11 和 QA12 的触点数量。继电器 KF21 和 KF22 则是电动机 MA3 和 MA4 全压运行的旁路信号。

与图 3.20（c）中 PLC 输入输出线路相对应的输入输出安排如表 3.12 所示。

表 3.12　PLC 输入输出安排

输入/输出	含　义	说　明
I0.0	变频器输出频率达上限	继电器 KF7 常开点闭合
I0.1	变频器输出频率达下限	继电器 KF8 常开点闭合
I0.2	按 MA1、MA2 顺序启动	继电器 KF9 常开点闭合
I0.3	MA1 变频运行，MA2 处于备用状态	继电器 KF10 常开点闭合
I0.4	按 MA2、MA1 顺序启动	继电器 KF11 常开点闭合
I0.5	MA2 变频运行，MA1 处于备用状态	继电器 KF12 常开点闭合
I0.6	按照 MA3、MA4 的顺序动作	当 I0.6 为 1 状态时
I0.7	按照 MA4、MA3 的顺序动作	当 I0.7 为 1 状态时
Q0.0	控制 MA1 变频运行	继电器 KF13、接触器 QA6 吸合
Q0.1	控制 MA2 变频运行	继电器 KF14、接触器 QA7 吸合
Q0.2	控制 MA1 工频运行	继电器 KF15、KF5、接触器 QA6 吸合
Q0.3	控制 MA2 工频运行	继电器 KF16、KF6、接触器 QA5 吸合
Q0.4	启动 MA3	继电器 KF17、接触器 QA11、QA8 吸合
Q0.5	启动 MA4	继电器 KF18、接触器 QA12、QA10 吸合

3.4.3.2　电器选型

4 台 22kW 水泵电机电气控制线路中电器选型如表 3.13 所示。

表 3.13 4 台 22kW 水泵电气控制线路电器选型

电器及辅材	品 牌	型 号 规 格	数量
隔离开关	德力西	HGL-250A/3P	1
断路器	德力西	CDM1-125/125A/3P	2
断路器	德力西	DZ47-6A/2P	2
电压表	德力西	42L6-450V	1
电流表	德力西	42L6-100/5	2
电流互感器	德力西	LMK-0. 66-100/5	1
变频器	ABB	ACS510-01-046A-4	1
变频器进线电抗器	山东深川	SC-ACL80	1
软启动器	西普	STR022L-3	1
接触器	德力西	CJX2v-6511、线圈电压 AC 220V	10
热继电器	德力西	JR36-63/40~50A	4
中间继电器	德力西	CDZ9-4、4 常开 4 常闭、线圈电压 AC 220V	22
万能转换开关	德力西	LW8-10	5
按钮	德力西	NP8（红、绿各 4 个）	8
指示灯	德力西	ND16（4 绿 3 红）	7
主电路导线		BVR-16mm^2	

3.4.3.3 电气柜体

电气柜采用 GGD 柜体，柜体尺寸：宽 1000mm、高 2200mm、深 800mm，根据电压表、电流表、指示灯、转换开关和按钮的数量，柜门开孔如图 3.21 所示。

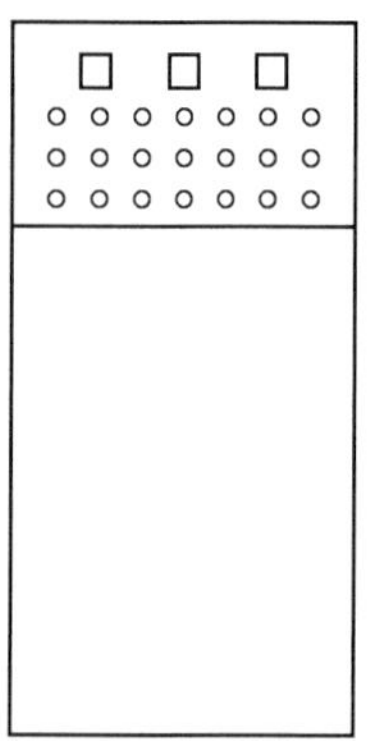

图 3.21 4 台水泵电气柜体

3.4.3.4 出水压力测量

水厂水泵机组的出水压力可以通过压力传感器或电阻远传压力表进行测量。压力传感器测量精度高，价格高；电阻远传压力表测量精度低，价格低，市场占有率高。本系统对压力的精度要求低，因此采用电阻远传压力表。压力表的测量范围有许多规格，根据实际供水压力情况，可选择合适的量程。这里选用型号为 YTZ150，压力范围为 0~1MPa，输出 30~350Ω 的电阻信号。

3.4.3.5 变频器和软启动器参数设置

（1）变频器参数设置。变频器参数设置可以选择应用宏，也可根据实际情况逐项设置，针对本系统的具体情况，这里采用后者。下面对于需要改变的参数进行了设置，其余则为默认值。

1）Group 99：启动数据，用于设置变频器，输入电机数据。

9901 选择所显示的语言：1，中文。

9905 电机额定电压：380V。

9906 电机额定电流：46A（按照电动机铭牌设置）。

9907 电机额定频率：50Hz。

9908 电机额定转速：按照电动机铭牌设置。

9909 电机额定功率：22kW。

2）Group 10：输入指令，定义用于控制启停、方向的外部控制源以及电机方向锁定或允许电机正反转。

1001 外部 1 命令：1，DI1 控制启停，得电启动，断电停止。

1002 外部 2 命令：0，没有外部命令源控制启动、停止和方向。

1003 定义电机转向：1，方向固定为正转。

3）Group 11：给定选择，定义变频器如何选择控制源以及给定 1 和给定 2 的来源和性质。

1102 外部 1/外部 2 选择：0，选择外部 1。

1103 给定 1 选择：2，给定来自 AI2。

1106 给定 2 选择：19，给定来自 PID1 的输出，使用 PID 调节器时这个参数必须为 19。

4）Group 12：恒速运行。

1201 恒速选择：0，未选择，恒速功能无效。

5）Group 13：模拟输入，定义了模拟输入的限幅值和滤波时间。

1304 设置 AI2 低限：20%，以模拟信号满量程的百分比形式定义该值，低限为 4mA，为上限值（20mA）的 20%。

1305 设置 AI2 高限：100%。

6）Group 14：继电器输出，定义了每个输出继电器动作的条件。

1401 继电器输出 1：8，当监控器设定的参数（3201）超过限幅值（3203）时，继电器动作。

1402 继电器输出 2：9，当监控器设定的参数（3201）低于限幅值（3202）时，继电器动作。

1404 继电器 1 通延时：继电器 1 闭合延时时间，设为 5min。

1405 继电器 1 断延时：继电器 1 断开延时时间，设为 1min。

1406 继电器 2 通延时：继电器 2 闭合延时时间，设为 2min。

1407 继电器 2 断延时：继电器 2 断开延时时间，设为 1min。

7）Group 16：系统控制，定义了系列系统控制参数。

1601 运行允许：1，定义 DI1 作为允许运行信号。

8）Group 20：限幅，这组参数对电机的频率、电流等做出最大限定和最小限定。

2003 最大输出电流：46A。

2005 过压调节器：1，过压调节器工作。

2006 欠压调节器：0，欠压调节器不工作。

2007 最小频率：20，定义了变频器输出频率的最小限幅值。

2008 最大频率：50，定义了变频器输出频率的最大限幅值。

9）Group 22：加速/减速。

2201 加减速曲线选择：0，选择未使能，使用第 1 组斜坡曲线参数。

2202 加速时间 1：30s。

2203 减速时间 1：30s。

10）Group 32：监控器。

3201 监控器 1 参数：选择第 1 个监控器参数为输出频率，低值≤高值，情况 A，被监控信号高于设定值，继电器 1 输出保持吸合，直到监控值下降到低限以下。

3202 监控器 1 低限：设定第 1 个监控参数的低限为 48Hz。

3203 监控器 1 高限：设定第 1 个监控参数的高限为 50Hz。

3204 监控器 2 参数：选择第 2 个监控器参数为输出频率，低值≤高值，情况 B，被监控信号低于设定值，继电器 2 输出保持吸合，直到监控值上升到高限以上。

3205 监控器 2 低限：设定第 2 个监控参数的低限为 20Hz。

3206 监控器 2 高限：设定第 2 个监控参数的高限为 22Hz。

11）Group 40：过程 PID 设置 1，这组参数定义了过程 PID 调节器（PID1）的 1 套参数设置。

4001 增益：该参数定义 PID 增益，可调范围为 0.1～100，如果增益值取 0.1，PID 调节器输出变化为 0.1 倍的偏差值。如果增益值取 100，PID 调节器输出变化为 100 倍的偏差值。较低的比例增益和较长的积分时间会使系统更稳定，但是响应迟缓。过大的比例增益或过短的积分时间有可能使系统变得不稳定。最初设置增益为 0.5。

4002 积分时间：PID 调节器积分时间常数，其定义为偏差引起输出增长的时间。在偏差恒定为 100%、增益为 1、积分时间为 1s 时，则输出变化 100%所需时间为 1s，设定范围为 0.1～3600s。设定为 0.0 时，关闭积分部分。本例中最初值设为 20s。

4003 微分时间：PID 调节器微分时间常数，设定范围为 0.1～10.0。设定为 0.0 时，关闭调节器的微分部分。本例中设为 0.0。

4004 微分滤波：PID 调节器微分滤波时间常数，设定范围为 0.1～10.0。偏差微分值在叠加到 PID 调节器输出之前，先经过一个单极性滤波器，增大时间常数可以使微分量的调节变得平缓，抑制干扰。本例中设为 0.5。

4005 偏差值取反：选择反馈信号和变频器速度之间是正常还是取反关系。0 为正常，反馈信号减小时引起电机转速上升。1 为取反，反馈信号减小时引起电机转速下降。本例中设为 0。

4010 给定值选择：19，给定值是恒定的，由参数 4011 内部给定值设定。

4011 内部给定：为 PID 调节器设置一个恒定的给定值。

4012 给定最小值：设定给定信号的最小值。

4013 给定最大值：设定给定信号的最大值。

4014 反馈值选择：1，选择实际值 ACT1 为反馈信号，信号源由参数 4016 定义。

4016 ACT1 输入：2，取 AI2 为 ACT1。

4022 睡眠选择：7，睡眠状态由输出频率、给定值和实际值来控制，参看参数 4023（睡眠频率）和 4025（唤醒偏差）。

4023 睡眠频率：设定启动 PID 睡眠功能的频率，低于这个值后，经过参数 4024（睡眠延时）规定的时间，变频器开始睡眠（变频器停车）。

4024 睡眠延时：设定 PID 睡眠功能延时时间，经过这段时间，变频器开始睡眠。本例中设为2min。

4025唤醒偏差：当对应给定值的唤醒偏差超过这个参数定义的值后，经过参数4026（唤醒延时）定义的延时时间，PID调节器重新启动。

4026唤醒延时：当对应给定值的唤醒偏差超过参数4025定义的值后，经过这个参数定义的延时时间，PID调节器重新启动。本例中设为1min。

4027 PID1参数组选择：0，使用PID参数组1（参数4001~4026）。

（2）软启动器参数设置。参见3.4.2节。

3.4.4　显示仪表电路

3.4.4.1　传感器和显示仪表选型

水泵组出水压力和水池水位显示电路的选择基于传感器和显示仪表的选型。数字显示仪表选用XWP系列产品。水泵机组出口压力通过电阻远传压力表连接到数字显示仪表，数显仪表一方面显示机组的出水压力，另一方面把该信号转换为4~20mA的电流信号，作为压力反馈信号连接到变频器的AI2和AGND端。水池水位的测量采用投入式水位传感器，连接到数显仪表进行显示，并通过仪表的输出触点进行高低水位报警（报警信号可设置）。仪表和传感器的选型如表3.14所示。

表3.14　数显仪表和传感器选型

仪表或传感器型号	测量或显示范围	输入信号	输出信号
XWP系列数字显示仪表T80	压力0~1MPa	30~350Ω电阻信号	4~20mA
XWP系列数字显示仪表T80	水位0~5m	4~20mA	4~20mA
电阻远传压力表YTZ150	0~1MPa	压力	30~350Ω电阻信号
投入式水位传感器JC-2000YW	0~5m	水位	4~20mA
液位浮球开关ZK	线长5m		开关信号

3.4.4.2　压力和水位显示电路

图3.22所示为压力和水位显示电路。图中，压力显示仪表的1、2和4端接电阻远传压力表，在显示压力的同时把压力信号转变为4~20mA的电流信号连接到变频器的模拟量输入端，作为变频器内部PID调节器的压力反馈信号。水位显示仪表的1、2和3端接水位传感器，显示水位的同时在设定的高、低水位由内部触点（14和15、16和17之间）控制蜂鸣器（PG8和PG9）进行报警，提醒工作人员。

3.4.4.3　数显仪表参数设置

AH（第一报警值）：3.8，第一路第一报警设定值。

AL（第一报警值）：0.5，第一路第二报警设定值。

Sn（输入信号类型）：压力显示仪表设定为63，水位显示仪表设定为67，第一路输入信号的类型。

dOt（小数点1#）：2，小数点在百位（显示XX.XX）。

PUL（显示量程下限）：0.0，设定第一路测量值量程的零点。

PUH（显示量程上限）：1.0，设定第一路测量值量程的满度。

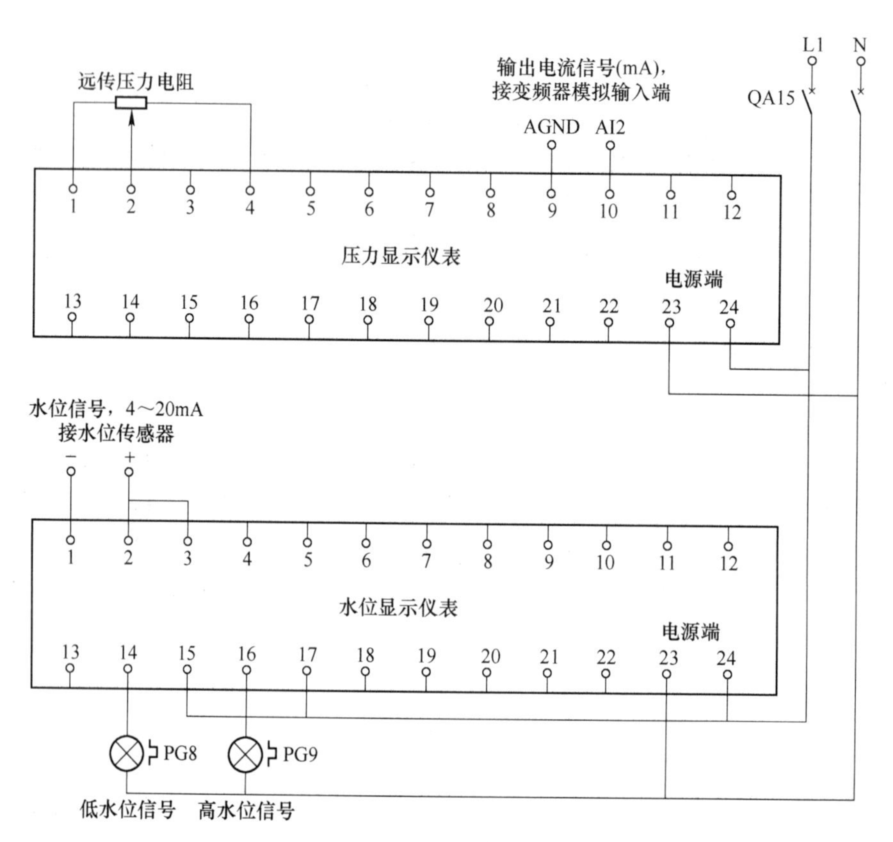

图 3.22 压力和水位显示电路

OU-R（第一路变送输出）：2，第一路输出信号 4~20mA，仅设定压力显示仪表。

PH（上限报警类型）：0011，千位（0，报警不闪烁；1，报警闪烁），百位（0，监视 PV），十位（0，继电器常闭状态；1，继电器常开状态），个位（0，禁止报警；1，高报警；2，低报警）。

dH（上限报警回差值）：压力显示仪表设定为 0.01，水位显示仪表设定为 0.2，上限报警的报警回差设定值。

PL（下限报警类型）：0012，千位（0，报警不闪烁；1，报警闪烁），百位（0，监视 PV），十位（0，继电器常闭状态；1，继电器常开状态），个位（0，禁止报警；1，高报警；2，低报警）。

dL（下限报警回差值）：压力显示仪表设定为 0.01，水位显示仪表设定为 0.2，下限报警的报警回差设定值。

InPH（非标输入最大值）：压力显示仪表设定为 350。

InPL（非标输入最小值）：压力显示仪表设定为 30。

3.4.4.4 水源井水泵集控操作台

水源井水泵集中控制操作台放置于水厂集中控制室，操作台外形尺寸（单位为 mm）及开孔如图 3.23 所示。图 3.23（a）是操作台侧面图，图 3.23（b）为操作台正面图，图 3.23（c）为操作台操作面图。操作台正面的上方为显示面，两块数显仪表的开孔尺寸为宽 152mm、高 76mm，12 个圆孔分别安装 5 台水源井水泵的运行指示灯、故障指示灯、高水位和低水位信号灯，指示灯选用正泰 ND16 系列产品，孔径为 23mm。操作面安装 5 台水源井水泵的启停按钮（选用正泰 NP2 系列产品），共有 10 个孔，孔径为 23mm。

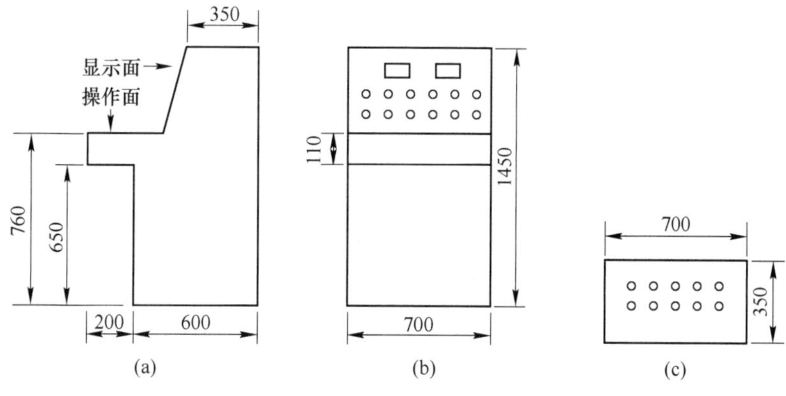

图 3.23　水源井水泵集中控制操作台
（a）侧面；（b）正面；（c）操作面

3.5　PLC 控制程序

水池水位通过控制 5 台潜水泵的启停来满足要求，水厂水泵机组的动作则根据管网压力进行控制，二者均需编写合适的程序。

3.5.1　水池水位控制程序

水池水位控制程序基于 3.4.1 节中图 3.10 所示的 PLC 输入输出线路和表 3.3 中的 PLC 输入输出安排，梯形图如图 3.24 所示。程序中水泵的启停都设置了间隔时间，避免同时启动或停止。

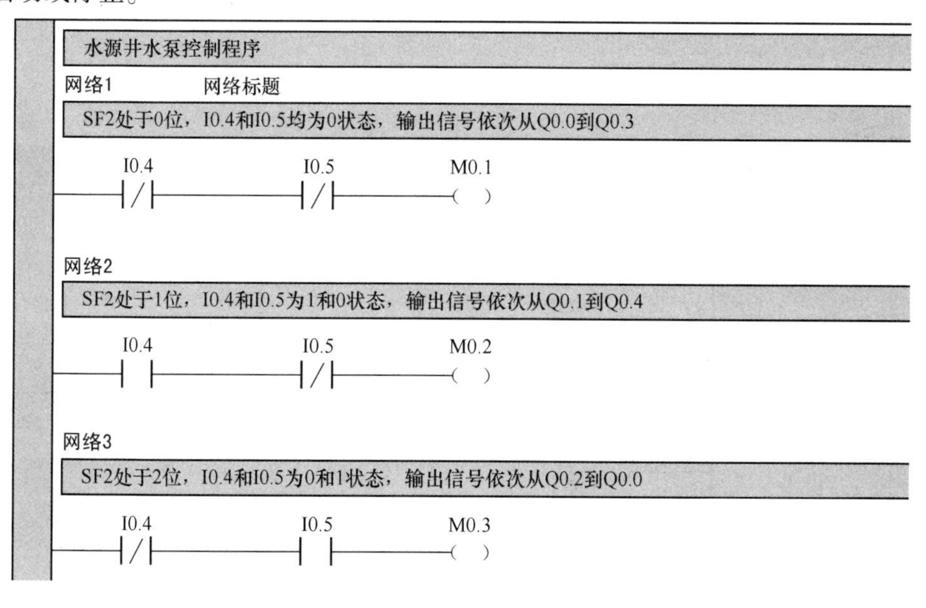

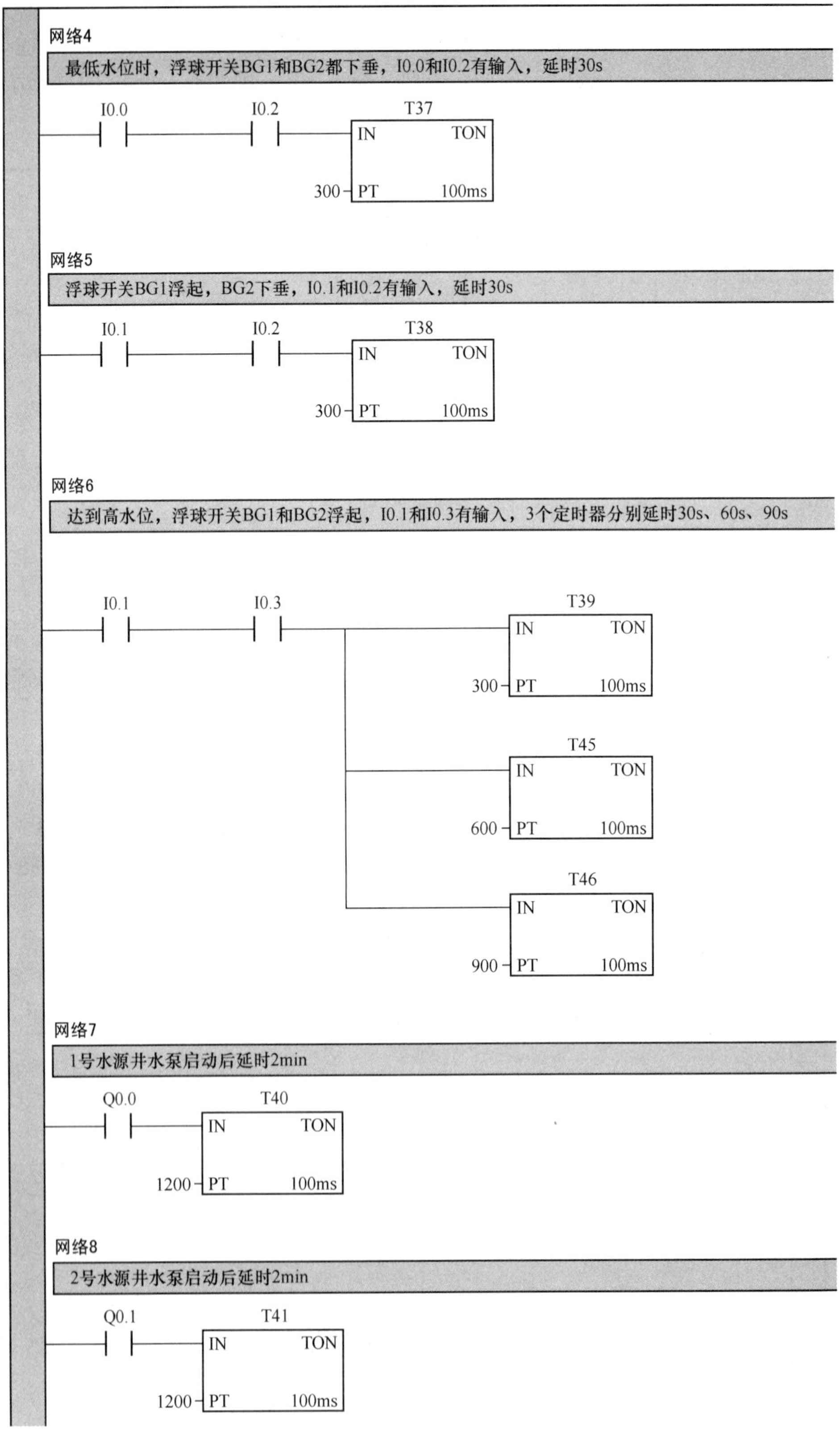

网络4

最低水位时，浮球开关BG1和BG2都下垂，I0.0和I0.2有输入，延时30s

I0.0　I0.2　T37　IN　TON　300-PT　100ms

网络5

浮球开关BG1浮起，BG2下垂，I0.1和I0.2有输入，延时30s

I0.1　I0.2　T38　IN　TON　300-PT　100ms

网络6

达到高水位，浮球开关BG1和BG2浮起，I0.1和I0.3有输入，3个定时器分别延时30s、60s、90s

I0.1　I0.3　T39　IN　TON　300-PT　100ms

T45　IN　TON　600-PT　100ms

T46　IN　TON　900-PT　100ms

网络7

1号水源井水泵启动后延时2min

Q0.0　T40　IN　TON　1200-PT　100ms

网络8

2号水源井水泵启动后延时2min

Q0.1　T41　IN　TON　1200-PT　100ms

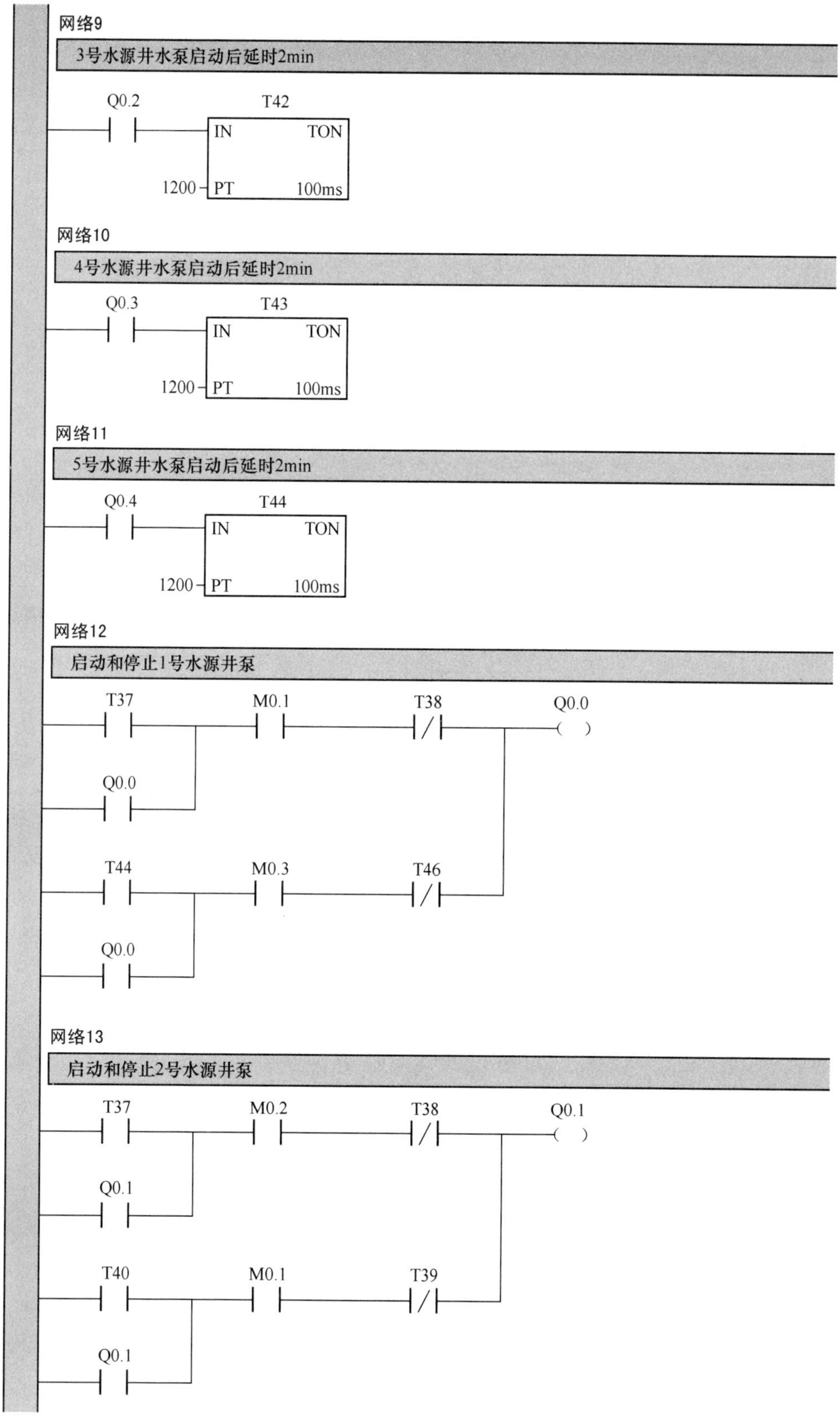

网络9

3号水源井水泵启动后延时2min

Q0.2 T42 IN TON 1200 PT 100ms

网络10

4号水源井水泵启动后延时2min

Q0.3 T43 IN TON 1200 PT 100ms

网络11

5号水源井水泵启动后延时2min

Q0.4 T44 IN TON 1200 PT 100ms

网络12

启动和停止1号水源井泵

T37 M0.1 T38 Q0.0

Q0.0

T44 M0.3 T46

Q0.0

网络13

启动和停止2号水源井泵

T37 M0.2 T38 Q0.1

Q0.1

T40 M0.1 T39

Q0.1

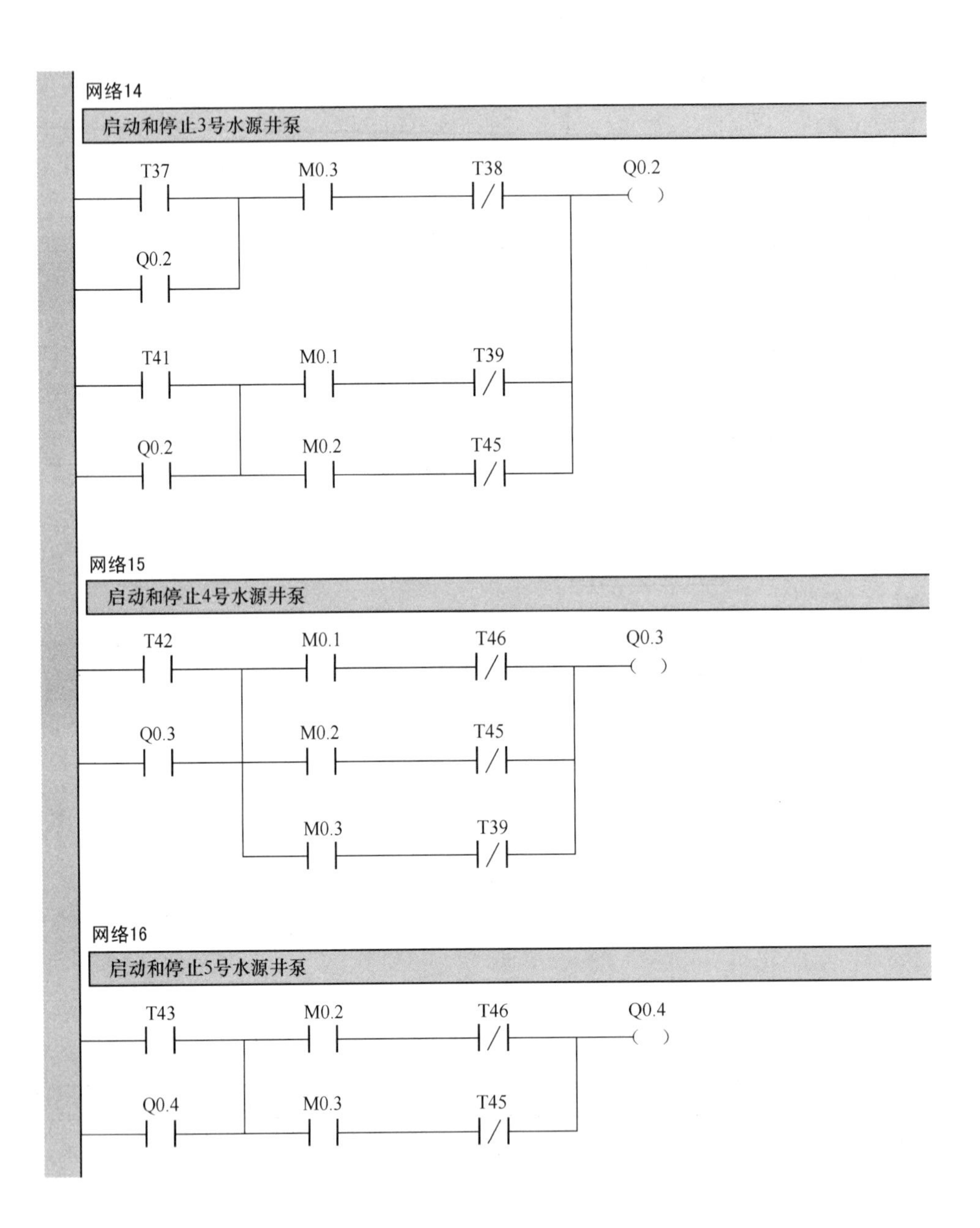

图 3.24 水池水位控制程序

3.5.2 供水厂水泵机组控制程序

根据 3.4.3 节中 4 台水泵的动作顺序要求，以及图 3.20（c）中 PLC 输入输出线路，编写了如图 3.25 所示的梯形图程序。

水厂4台水泵控制

网络1

启动顺序：
I0.2和I0.6有输入信号时，按照MA1、MA2、MA3先后顺序启动；
I0.3和I0.6有输入信号时，按照MA1、MA3、MA4先后顺序启动；
I0.4和I0.6有输入信号时，按照MA2、MA1、MA3先后顺序启动；
I0.5和I0.6有输入信号时，按照MA2、MA3、MA4先后顺序启动

I0.6 I0.2 M0.0
I0.3 M0.1
I0.4 M0.2
I0.5 M0.3

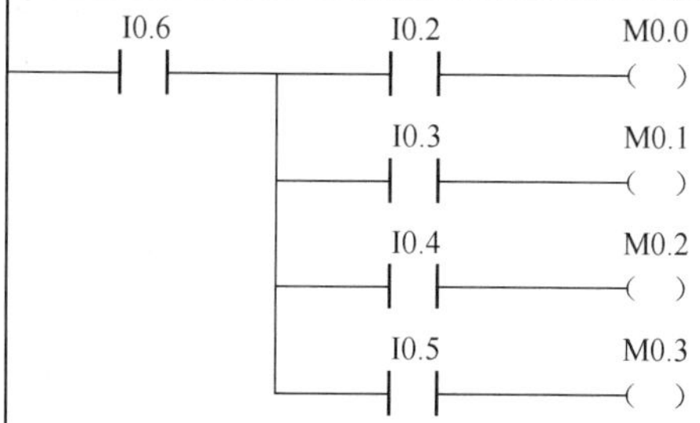

网络2

启动顺序：
I0.4和I0.7有输入信号时，按照MA2、MA1、MA4先后顺序启动；
I0.2和I0.7有输入信号时，按照MA1、MA2、MA4先后顺序启动；
I0.3和I0.7有输入信号时，按照MA1、MA4、MA3先后顺序启动；
I0.5和I0.7有输入信号时，按照MA2、MA4、MA3先后顺序启动

I0.7 I0.4 M0.4
I0.2 M0.5
I0.3 M0.6
I0.5 M0.7

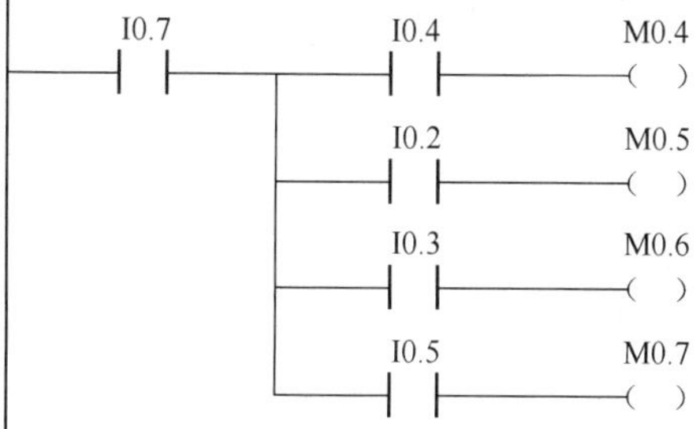

网络3

在MA1、MA2顺序启动情况下：
只有MA1变频运行时，变频器输出频率达到上限频率后延时90s、90.5s；
MA2变频、MA1工频运行时，变频器输出频率降为下限值后延时30s；
MA1工频、MA2变频运行时，变频器输出频率达到上限频率后延时90s

M0.0 Q0.4 Q0.5 Q0.1 Q0.2 I0.0 T37
IN TON
900 PT 100ms
M0.5
T39
IN TON
905 PT 100ms
Q0.1 Q0.2 I0.1 T38
IN TON
300 PT 100ms
I0.0 T40
IN TON
900 PT 100ms

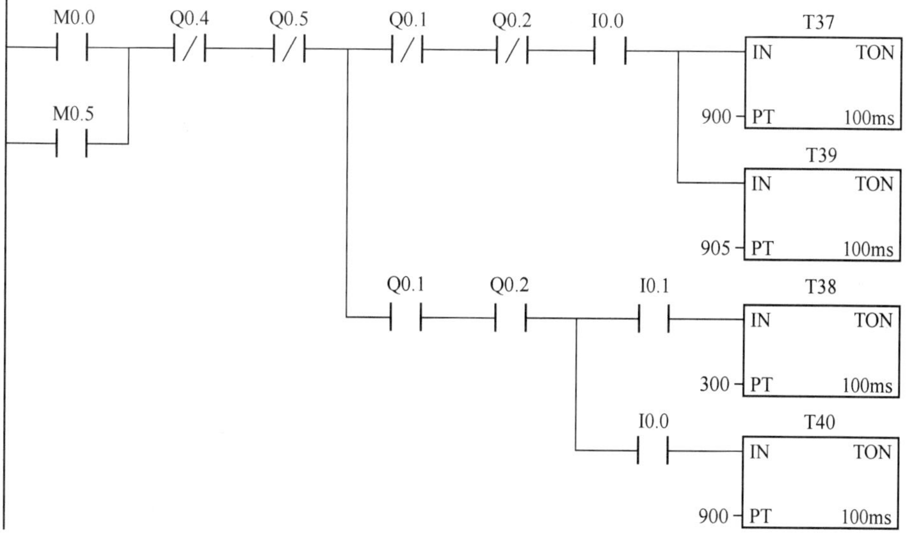

符号	地址	注释
Q02	Q0.2	控制MA1工频运行

网络4

在MA1、MA2、MA3或MA4顺序启动时：
MA2变频、MA1、MA3或MA4工频运行时，变频器输出频率降为下限值后延时30s停止MA1；
MA2变频、MA1已停止、MA3或MA4工频运行时，变频器输出频率降为下限值后延时30s

M0.0 Q0.4 Q0.1 I0.1 Q0.2 T41 IN TON 300 PT 100ms
M0.5 Q0.5
Q02 T102 IN TON 300 PT 100ms

符号	地址	注释
Q02	Q0.2	控制MA1工频运行

网络5

MA1、MA3、MA4顺序启动情况下：
仅有MA1运行，变频器输出频率达到上限频率后延时90s；
当3台电机都运行，变频器输出频率降为下限值后延时30s；
MA1、MA3处于运行状态，变频器输出频率达到上限值后延时90s；
MA1、MA3处于运行状态，变频器输出频率降为下限频率后延时30s

M0.1 Q0.0 Q0.3 Q0.4 Q0.5 I0.0 T44 IN TON 900 PT 100ms
Q0.4 Q0.5 I0.1 T45 IN TON 300 PT 100ms
Q0.5 I0.0 T42 IN TON 900 PT 100ms
I0.1 T43 IN TON 300 PT 100ms

网络6

按照MA2、MA1、MA3或MA4先后顺序启动：
只有MA2变频运行时，变频器输出频率达到上限频率后延时90s、90.5s；
MA1变频、MA2工频运行时，变频器输出频率降为下限值后延时30s

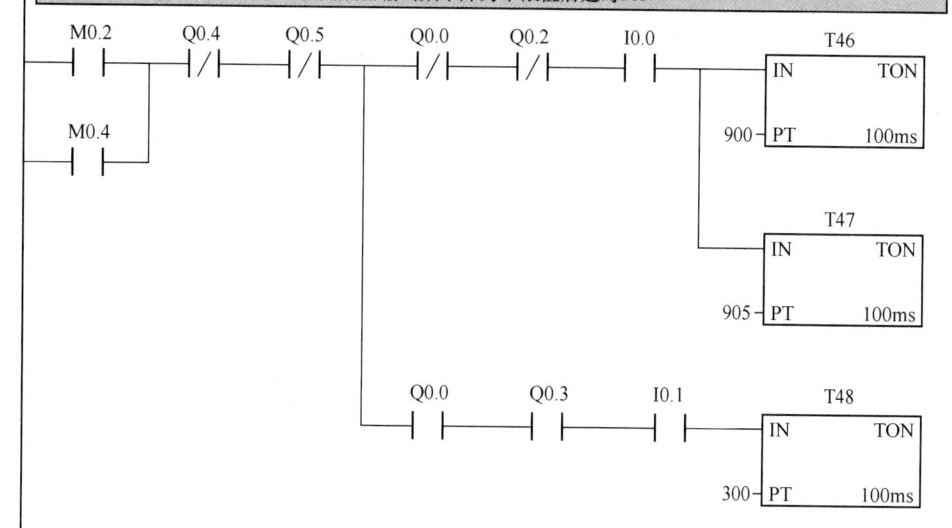

符号	地址	注释
Q02	Q0.2	控制MA1工频运行

网络7

按照MA2、MA1、MA3或MA4先后顺序启动：
MA2变频、MA1工频运行，变频器输出频率达到上限频率后延时90s；
3台电机都处于运行状态，变频器输出频率降为下限值后延时30s

Q0.1
Q0.2
Q0.4
Q0.5
I0.0
M0.2
T49
IN
TON
900
PT
100ms
M0.4
T50
IN
TON
900
PT
100ms
I0.1
Q0.4
Q0.5
M0.2
T49
IN
TON
300
PT
100ms
Q0.4
Q0.5
M0.4
T52
IN
TON
300
PT
100ms

网络8

MA1、MA4、MA3顺序启动时:
只有MA1运行时，变频器输出频率达到上限频率后延时90s;
MA1、MA4运行，变频器输出频率达到上限频率后延时90s;
MA1、MA4处于运行状态，变频器输出频率降为下限值后延时30s;
MA1、MA4、MA3处于运行状态，变频器输出频率降为下限值后延时30s

M0.6 Q0.0 Q0.3 Q0.4 I0.0 Q0.5 T53 IN TON 900 PT 100ms
Q0.5 T55 IN TON 900 PT 100ms
Q0.4 I0.1 Q0.5 T54 IN TON 300 PT 100ms
Q0.5 T56 IN TON 300 PT 100ms

网络9

MA2、MA4、MA3顺序启动:
只有MA2运行时，变频器输出频率达到上限频率后延时90s;
MA2、MA4运行，变频器输出频率达到上限频率后延时90s;
MA2、MA4处于运行状态，变频器输出频率降为下限值后延时30s;
MA2、MA4、MA3处于运行状态，变频器输出频率降为下限值后延时30s

M0.7 Q0.1 Q0.3 Q0.4 I0.0 Q0.5 T57 IN TON 900 PT 100ms
Q0.5 T59 IN TON 900 PT 100ms
Q0.4 I0.1 Q0.5 T58 IN TON 300 PT 100ms
Q0.5 T60 IN TON 300 PT 100ms

网络10

MA2、MA3、MA4顺序启动:
只有MA2运行时，变频器输出频率达到上限频率后延时90s;
MA2、MA3运行，变频器输出频率达到上限频率后延时90s;
MA2、MA3处于运行状态，变频器输出频率降为下限值后延时30s;
MA2、MA3、MA4处于运行状态，变频器输出频率降为下限值后延时30s

M0.3 Q0.1 Q0.3 Q0.5 I0.0 Q0.4 T61 IN TON 900 PT 100ms
Q0.4 T63 IN TON 900 PT 100ms
Q0.4 I0.1 Q0.5 T62 IN TON 300 PT 100ms
Q0.5 T101 IN TON 300 PT 100ms

网络11

MA1变频启动运行:
MA1、MA2、MA3顺序启动时首先MA1变频运行，当达到上限频率并延时90s后MA1停止变频运行;
MA1、MA2、MA4顺序启动时首先MA1变频运行，当达到上限频率并延时90s后MA1停止变频运行;
MA1、MA3、MA4顺序运行时MA1一直变频运行;
MA1、MA4、MA3顺序运行时MA1一直变频运行;
按照MA2、MA1、MA3先后顺序启动，由MA2变频切换到MA1变频;
按照MA2、MA1、MA4先后顺序启动，由MA2变频切换到MA1变频

Q0.4 Q0.1 Q0.2 Q0.3 M0.0 T41 Q0.0
Q0.5 M0.5
Q0.0
M0.1 Q0.1 Q0.2
M0.6
Q0.1 Q0.2 Q0.4 T39 M0.2
Q0.0
Q0.1 Q0.2 Q0.5 T39 M0.4
Q0.0

符号	地址	注释
Q02	Q0.2	控制MA1工频运行

网络12

MA2变频启动运行:
MA2、MA1、MA3顺序启动时首先MA2变频运行，当达到上限频率并延时90s后MA2停止变频运行；
MA2、MA1、MA4顺序启动时首先MA2变频运行，当达到上限频率并延时90s后MA2停止变频运行；
MA2、MA3、MA4顺序运行时MA2一直变频运行；
MA2、MA4、MA3顺序运行时MA2一直变频运行；
按照MA1、MA2、MA3先后顺序启动，由MA1变频切换到MA2变频；
按照MA1、MA2、MA4先后顺序启动，由MA1变频切换到MA2变频

Q0.4 Q0.0 Q0.2 Q0.3 M0.2 T46 Q0.1
Q0.5 M0.4
Q0.1
M0.2 Q0.0 Q0.2
M0.4
Q0.0 Q0.2 Q0.4 T39 M0.0
Q0.1
Q0.0 Q0.2 Q0.5 T39 M0.5
Q0.1

符号	地址	注释
Q02	Q0.2	控制MA1工频运行

网络13

MA1工频启动运行:
MA1、MA2、MA3顺序启动情况下，变频器输出频率达到上限90.5s后，MA1切换到工频运行状态；
MA1、MA2、MA4顺序启动情况下，变频器输出频率达到上限90.5s后，MA1切换到工频运行状态

Q0.0 T39 Q0.3 Q0.4 Q0.5 M0.0 M1.0 Q0.2
Q0.2 M0.5

符号	地址	注释
Q02	Q0.2	控制MA1工频运行

网络14

MA2工频启动运行：
MA2、MA1、MA3顺序启动时，变频器输出频率达到上限90.5s后，MA2由变频运行切换到工频运行；
MA2、MA1、MA4顺序启动时，变频器输出频率达到上限90.5s后，MA2由变频运行切换到工频运行

Q0.1 T47 Q0.3 Q0.4 Q0.5 M0.2 M1.1 Q0.3
Q0.3 M0.4

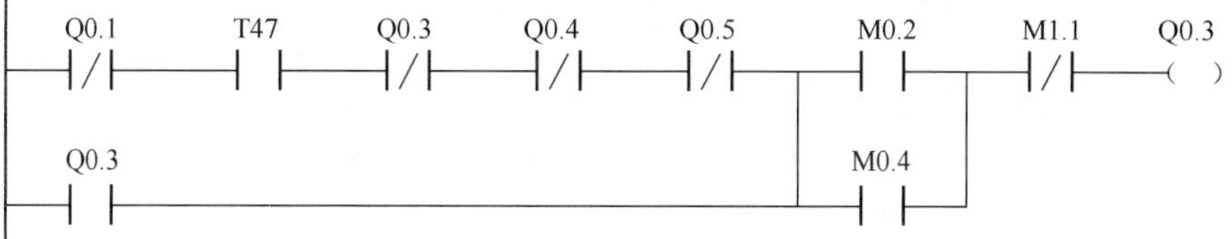

网络15

启动MA3：
MA1和MA2、MA3顺序启动时，MA1、MA2处于运行状态，变频器输出频率达到上限值；
MA1、MA3、MA4顺序启动时，MA1处于运行状态，变频器输出频率达到上限值；
MA2、MA1、MA3顺序启动时，MA2、MA1处于运行状态，变频器输出频率达到上限值；
MA2、MA3、MA4顺序启动时，MA2处于运行状态，变频器输出频率达到上限值；
MA2、MA4、MA3顺序启动时，MA2、MA4处于运行状态，变频器输出频率达到上限值；
MA1、MA4、MA3先后顺序时，MA1、MA4处于运行状态，变频器输出频率达到上限值

M0.0 Q0.2 Q0.1 T40 Q0.4 M1.2 Q0.4
M0.1 T44 Q0.3 Q0.0
M0.2 T49 Q0.3
M0.3 T63 Q0.5 Q0.1
M0.7 T59 Q0.5
M0.6 Q0.0 Q0.5 T55
Q0.4

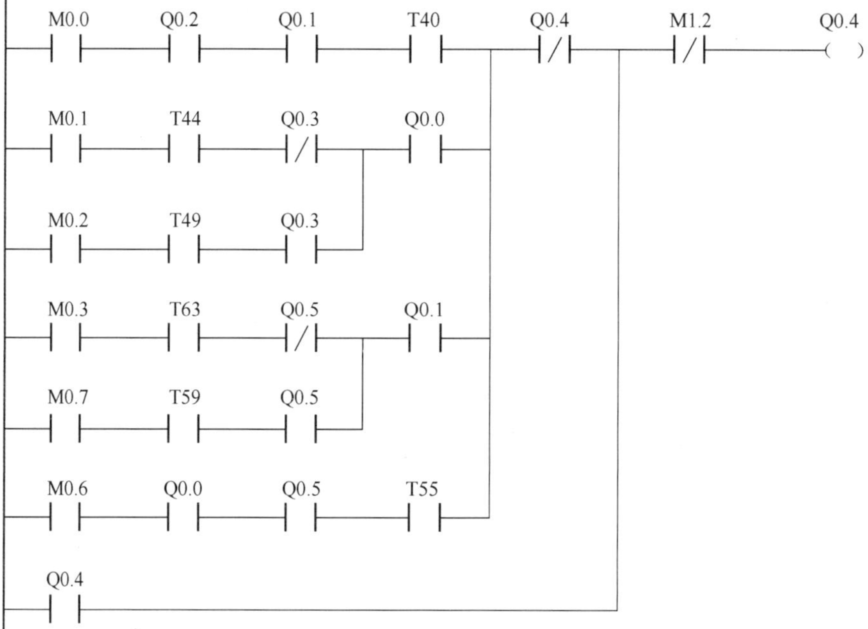

符号	地址	注释
Q02	Q0.2	控制MA1工频运行

网络16

MA1或MA2、MA3、MA4顺序启动且MA3已启动时，变频器输出频率达到上限后，启动MA4

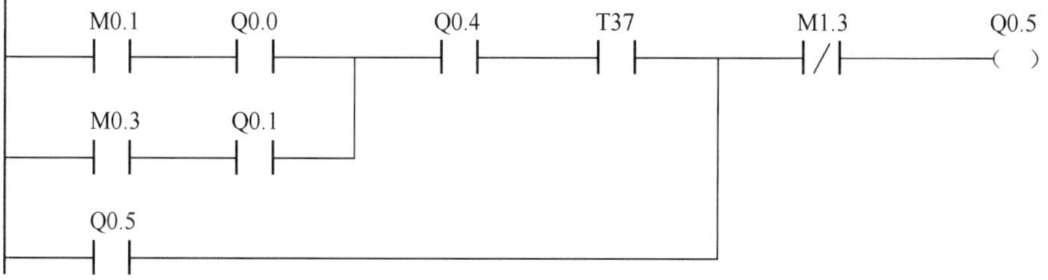

M0.1 Q0.0 Q0.4 T37 M1.3 Q0.5
M0.3 Q0.1
Q0.5

网络17

MA1工频停止：
在MA1、MA2、MA3先后顺序启动后，MA1工频停止信号；
MA1工频运行、MA2变频运行、MA3处于停止状态；
MA1工频运行、MA2变频运行、MA3处于运行状态；
在MA1、MA2、MA4先后顺序启动后，MA1工频停止信号；
MA1工频运行、MA2变频运行、MA4处于停止状态；
MA1工频运行、MA2变频运行、MA4处于运行状态

Q0.4 T38 M0.0 Q0.0 Q0.3 Q0.2 Q0.1 M1.0
Q0.4 T41
Q0.5 T38 M0.5
Q0.5 T41

符号	地址	注释
Q02	Q0.2	控制MA1工频运行

网络18

MA2工频停止：
在MA2、MA1、MA3先后顺序启动后，MA2工频停止信号；
MA2工频运行、MA1变频运行、MA3处于停止状态；
MA2工频运行、MA1变频运行、MA3处于运行状态；
在MA2、MA1、MA4先后顺序启动后，MA2工频停止信号；
MA2工频运行、MA1变频运行、MA4处于停止状态；
MA2工频运行、MA1变频运行、MA4处于运行状态

Q0.4 T48 M0.2 Q0.1 Q0.2 Q0.3 Q0.0 M1.1
Q0.4 T51
Q0.5 T48 M0.4
Q0.5 T52

符号	地址	注释
Q02	Q0.2	控制MA1工频运行

网络19

停止MA3:
按照MA1、MA2、MA3先后顺序启动后，处于工频运行状态的MA1停止之后MA3方可停止；
按照MA1、MA3、MA4先后顺序启动后，MA3停止信号；
按照MA1、MA3、MA4先后顺序启动，MA1、MA3处于运行状态时，MA3停止信号；
按照MA2、MA1、MA3先后顺序启动后，MA3停止信号；
按照MA2、MA3、MA4先后顺序启动后，MA3停止信号；
按照MA1、MA4、MA3先后顺序启动后，MA3停止信号；
按照MA2、MA4、MA3先后顺序启动后，MA3停止信号

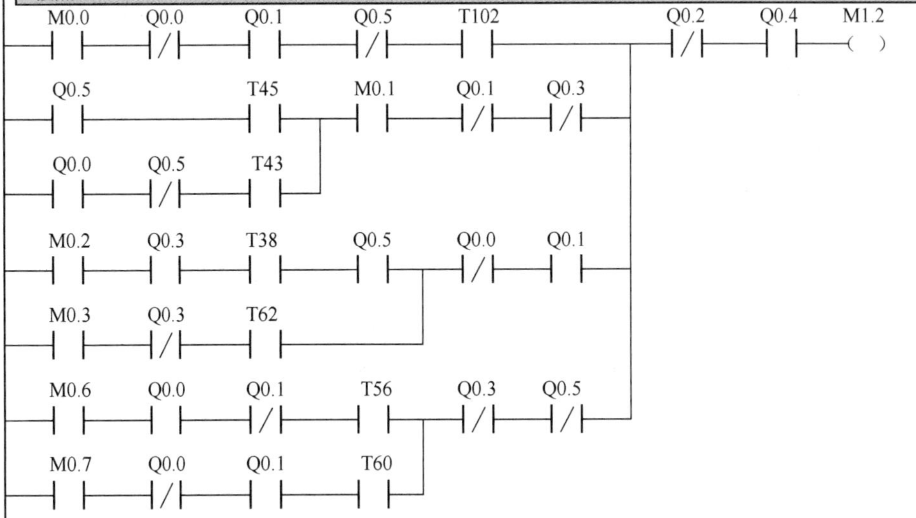

M0.0 Q0.0 Q0.1 Q0.5 T102 Q0.2 Q0.4 M1.2
Q0.5 T45 M0.1 Q0.1 Q0.3
Q0.0 Q0.5 T43
M0.2 Q0.3 T38 Q0.5 Q0.0 Q0.1
M0.3 Q0.3 T62
M0.6 Q0.0 Q0.1 T56 Q0.3 Q0.5
M0.7 Q0.0 Q0.1 T60

符号	地址	注释
Q02	Q0.2	控制MA1工频运行

网络20

停止MA4:
只有MA1、MA4处于运行状态时，MA4停止信号；
只有MA2、MA4处于运行状态时，MA4停止信号；
按照MA1、MA4、MA3先后顺序启动3台泵后，MA4停止信号；
按照MA2、MA4、MA3先后顺序启动3台泵后，MA4停止信号

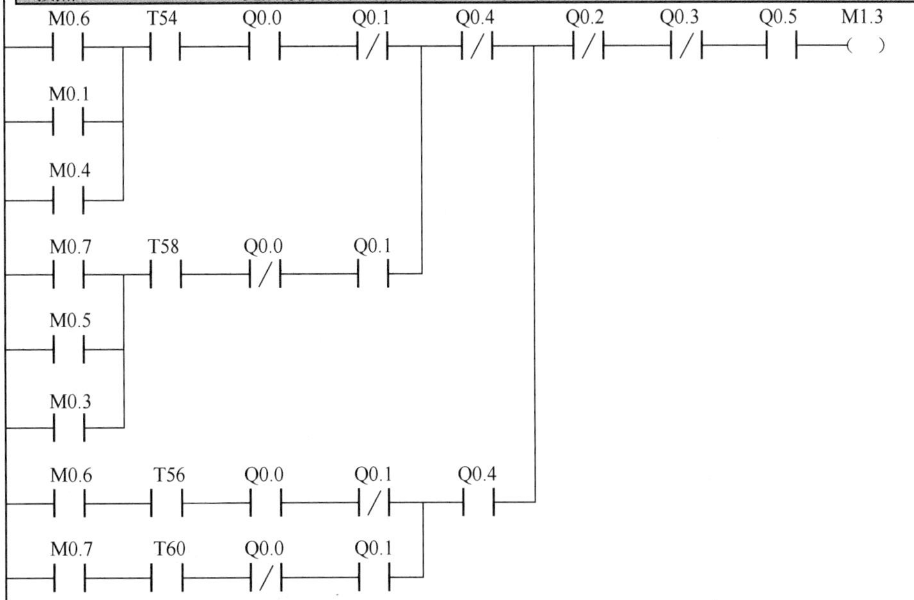

M0.6 T54 Q0.0 Q0.1 Q0.4 Q0.2 Q0.3 Q0.5 M1.3
M0.1
M0.4
M0.7 T58 Q0.0 Q0.1
M0.5
M0.3
M0.6 T56 Q0.0 Q0.1 Q0.4
M0.7 T60 Q0.0 Q0.1

符号	地址	注释
Q02	Q0.2	控制MA1工频运行

图 3.25 梯形图程序

4 矿井井口温度控制系统设计

思政之窗

第一次工业革命是18世纪60年代至19世纪中期掀起的，通过水力和蒸汽机实现了工厂的机械化，以发明和使用机器为标志，人类开始进入蒸汽机时代。第二次工业革命发生在19世纪后半期至20世纪初，以电力的发明和广泛应用为标志，使人类进入了电气化时代。第三次工业革命是20世纪后半期出现的、以电子计算机与信息技术的迅速发展和广泛应用、基于PLC的生产工艺自动化为标志。第四次工业革命（工业4.0）始于21世纪，基于网络物理系统的出现，以互联网产业化、工业智能化、工业一体化为代表，以人工智能、清洁能源、无人控制技术、量子信息技术、虚拟现实以及生物技术为主的全新技术革命为标志。

以智能化为核心的第四次工业革命，利用信息化技术促进了产业的变革，改变着人类生活中的各个领域。代表性成果是人工智能（AI）、物联网（IoT）和区块链等新兴技术的蓬勃发展。人工智能的应用使得机器具备了学习和决策能力，物联网将物理世界与数字世界相连接，区块链技术实现了去中心化的信任和交易。这次革命的代表性成果使得人们进一步深入数字化时代，改变了产业结构和商业模式。人工智能应用广泛，从自动驾驶汽车到智能助理，从医疗诊断到金融风控，都展现了强大的潜力。物联网连接了人与物、物与物的网络，推动了智能家居、智慧城市和工业自动化的发展。区块链技术使数据不可篡改、透明可信，正在改变金融、供应链管理和数字身份验证等领域。

我国工业起步较晚，从1840年鸦片战争到1949年新中国成立，这个时期没有任何现代化工业。关于工业化的重要性，毛泽东在40年代就反复强调，我们在推翻三座大山之后的最主要任务是搞工业化，由落后的农业国变成先进的工业国，建立独立完整的工业体系。新中国成立后，通过打赢抗美援朝战争，争取到了民族独立和长期的和平发展环境。1950年争取到了苏联的有偿援助，开始了历史上前所未有的工业化进程，在能源、冶金、机械、化学和国防工业领域，建设实施156个大型工业项目，优先发展重工业。1953年，毛泽东提出“两翼”战略——在城市搞国家资本主义工商业和在农村开展“统购统销”“合作化”，实施了富有前瞻性的工业化路线政策和制度体系。1958年，全国实行人民公社化运动，使人民公社这种农业集体化制度安排与社会主义的工业化道路形成一个有机整体，以农业集体化的高积累，全力支持国家工业化。1950年~1977年，中国工业的发展速度为11.2%，远高于美国、苏联、联邦德国、英国等世界强国。经过20年的自力更生、艰苦奋斗，到20世纪70年代初，中国初步完成了国家工业化的原始资本积累，基本上形成了中国自主的工业体系。1971年10月，中国恢复了联合国安理会常任理事国地位，欧美等40多个国家和我国建立了外交关系，首开了新中国对西方开放的大门。1972年，我国开始从西方国家引进外资。70年代后期，引进外资82亿美元。整个70年代，引进外资120多亿美元。20世纪80年代中期，中国的工业总产值跃居世界第三位。从1949年到1978年的短短30年，中国走完了西方发达国家上百年才能走完的工业化道路，成为世界主要工业大国之一。1978年十一届三中全会后，国家开始了一系列经济改革，进一步推进对外开放。在前30年的基础上，开始进行工业化战略内的结构调整，从优先发展重工业转向优先发展轻工业，采取改善人民生活第一、工业全面发展、对外开放和多种经济成分共同发展的工业化战略。逐步完善产业结构，经历了以农产品为原料的轻工业增长为主导的时期和以非农产品为原料的轻工业增长为主导的时期，体现了轻工业发展的结构高级化趋势。到1984年，重工业、轻工业、农业的比例逐渐协调过来，中国经济出现了改革开放以来的最佳状态。从20世纪80年代初到90年代中期，农村工业化是中国经济增长的核心推动力量，农村的富裕和新增购买力，为城市经济注入了强大的活力。进入20世纪90年代以后，注重发展轻工业的同时，由于消费结构升级、城市化的进程加快、交通和基础设施投资加大，也带动了重工业的发展。1992年邓小平"南巡"，再度点燃了中国经济改革的激情。这一次，市场经济全面取代了计划经济，成为中国的基本国策。现代企业制度的推进，加速了城市工业化的步伐，资本市场的崛起，开始为中国经济起飞提供"金融燃料"。1999年开始，中国加入世界贸易组织（WTO），中国经济步入全球化，对社会生产率带来第二次重大革命，中国开始经历类似的生产率的突变。依托出口拉动、投资拉动、消费拉动三驾马车，中国成为全球制造大国。2000年以来，世界500强公司的大部分进入了中国，为国内的科技人员提供了深入学习先进技术的机会。全球化为中国培养了人才，人才的流动所形成的技术扩散，逐步渗透到国内的经济体系之内，假以时日，最终能够实现真正的原创性技术突破。

前三次工业革命，都是欧美主导。经过70多年的发展，我国的科技水平逐渐与国际水平缩小差距，某些领域甚至达到领先水平。第四次工业革命的到来，为中国提供了难得的历史机遇。工业4.0是德国人提出的概念，认为制造业未来只能通过智能化地生产创造价值。2014年11月，李克强总理访问德国期间，中德双方发表了《中德合作行动纲要：共塑创新》，宣布两国将开展工业4.0合作，该领域的合作有望成为中德未来产业合作的新方向。而借鉴德国工业4.0计划，是"中国制造2025"的既定方略。工业4.0的本质，就是通过数据流动自动化技术，从规模经济转向范围经济，核心特征是互联。工业4.0代表了"互联网+制造业"的智能生产，孕育着大量的新型商业模式，对企业进行智能化、工业化相结合的改进升级，是中国企业更好地提升和发展的一条重要途径。

唯创新者进，唯创新者强。面对第四次工业革命的澎湃浪潮，锐意创新的中国不会再错过这个革新求变的大时代，中国在第四次工业革命中所扮演的角色必将更加亮丽。

4.1 矿井井口温度控制系统的组成及控制要求

在寒冷的冬季，北方地下煤矿矿井井口处常常因为气温低于0℃而结冰，导致井口路面打滑，影响车辆和工作人员的出入。为确保井口地面不结冰，需要在矿井井口处安装热风机组，向井口输送热风，把井口温度控制在所设定的0℃以上的某一范围，温度控制原理如图4.1所示。

某地下煤矿为确保矿井井口冬季不结冰，在井口处采用4台送风机输送热风，4台送

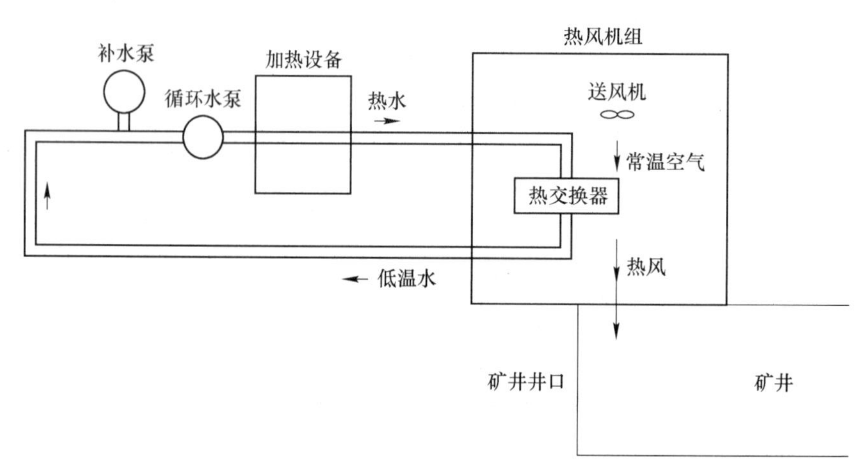

图 4.1　矿井井口温度控制原理图

风机为 3 用 1 备，每台送风机的电机功率为 4kW。要求在矿井内距离井口 10m 处，装设 1 个温度传感器，用于测量井口温度，把该处的温度控制在设定的温度范围（比如 2～5℃）。热风通过热交换器加热空气而成，当热交换器进口水温低于 15℃时，停止送风机运行，并给出报警信号；当换热器进口水温高于 25℃时，方可启动送风机。4 台送风机的运行状态取决于气温和井口温度。当气温较高时，运行 1 台送风机即可满足要求。随着气温的降低，井口温度下降到低于 2℃时，自动启动第 2 台送风机，如果井口温度仍然低于 2℃，则启动第 3 台送风机。如果井口温度高于上限值 5℃，在多台送风机运行的情况下，逐台停止送风机。送风机的运行状态同时受气温的影响，当气温低于 1℃时，送风机组开始工作，高于 3℃时停止运行。循环水泵把加热设备加热后的热水输送到热风机组的热交换器。循环水泵有 2 台，为 1 用 1 备，电机功率为 15kW。补水泵用于补充热交换器和热水循环管路内的水，确保水压保持在设定值。补水泵电机功率为 1.5kW。

控制系统设计要求如下。

（1）为了把矿井井口温度控制在较小的范围内且节约用电，要求热风机组采用变频调速控制。为了提高设备的运行可靠性和环境适应性，要求采用 PLC 对机组送风机台数的增减进行自动控制。一旦自动控制出现问题，可以通过手动操作启停按钮控制每台送风机的运行与停止。

（2）制订出设计方案，画出控制系统图。

（3）设计出满足控制要求的热风机组电气控制线路。

（4）设计出矿井井口温度、气温、热交换器进水和出水温度显示电路，选择出相应的温度传感器和显示仪表，设置相关参数，并设计出相关报警电路。

（5）循环水泵要求既可手动控制工频运行又可自动变频运行。

变频运行的情况：当气温高于-15℃、不高于-10℃时，变频器输出 45Hz 的交流电；当气温高于-10℃、不高于-5℃时，变频器输出 40Hz 的交流电；当气温高于-5℃、不高于 0℃时，变频器输出 35Hz 的交流电；当气温在 0℃之上时，变频器输出 30Hz 的交流电。

工频运行的情况：当气温不高于-15℃时，以及变频器故障时。

设计出循环泵电气控制线路，选择出相应的电器和相关电气材料，并设置相关参数。

（6）补水泵既可手动控制工频运行又可自动变频运行，正常情况下通过变频器供电，变频器故障时可切换到手动操作工频运行模式。自动运行时变频器输出频率根据所设定的压力值或压力范围自动调节补水泵转速，进而调节出水量。设计出补水泵电气控制线路，选择出相应的电器和相关电气材料、压力传感器，并设置相关参数。

（7）选择出合适的PLC，画出输入输出线路图，编制满足要求的程序。

（8）选择出机组电气控制线路中电器的型号，设置变频器的相关参数。

（9）选择出合适的导电体、电气柜体。

4.2　井口温度电气控制线路设计方案

按照控制要求，制定如下方案。

（1）确定热风机组的控制方式为以矿井井口温度为被控制量的闭环控制方式。以矿井井口温度为被控制量，控制4台送风机（其中1台为备用）的运行。4台送风机的电气控制线路有多种方案，综合考虑可靠性、成本、环境适应性等多种因素，最终确定1种方案。因电机功率较小，可以采用直接启动方式。

（2）在多种电气控制主电路中选择出合适的电气控制线路。确定4台送风电机的启动方式，画出相应的电气控制线路，并选择出合适的电器。下面列出了几种主电路，可供选择。

1）4台送风机均采用直接启动方式，如图4.2所示。该种电气控制线路的送风机只能全速运行，通过控制送风机的台数来满足矿井井口温度的要求，温度控制精度低，送风机启动较频繁，电路简单，成本低廉。

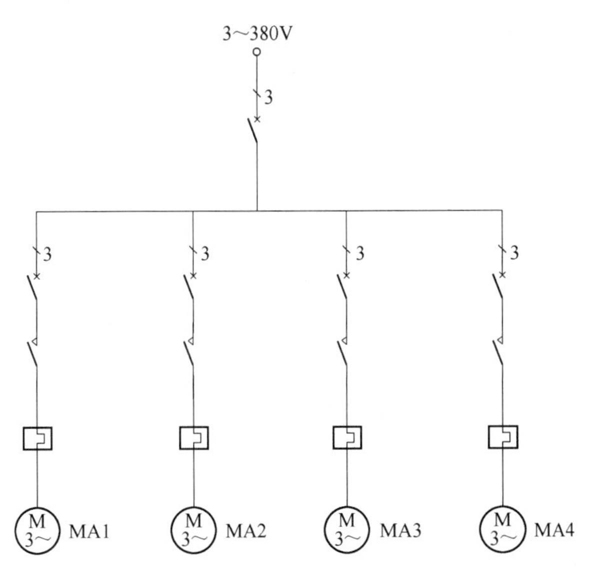

图4.2　4台送风机均采用直接启动方式

2）通过1台变频器和接触器的组合控制4台送风机的运行。其中MA1和MA2互为备用，当MA1运行时MA2备用，当MA2运行时MA1备用，二者不同时运行。依靠控制1台送风机的速度和另外2台送风机的台数来满足矿井井口温度的要求。当MA1运行能够满足要求时，通过调节变频器输出频率使矿井井口温度控制在设定的范围。当 MA1 全速运行难以满足要求时，自动启动 MA3。如果 MA1 和 MA3 同时运行不能使井口温度满足要求，则自动启动 MA4。反之，如果 3 台送风机同时运行使得井口温度超出了设定值，则自动停止 1 台送风机。电气控制主电路如图 4.3 所示。

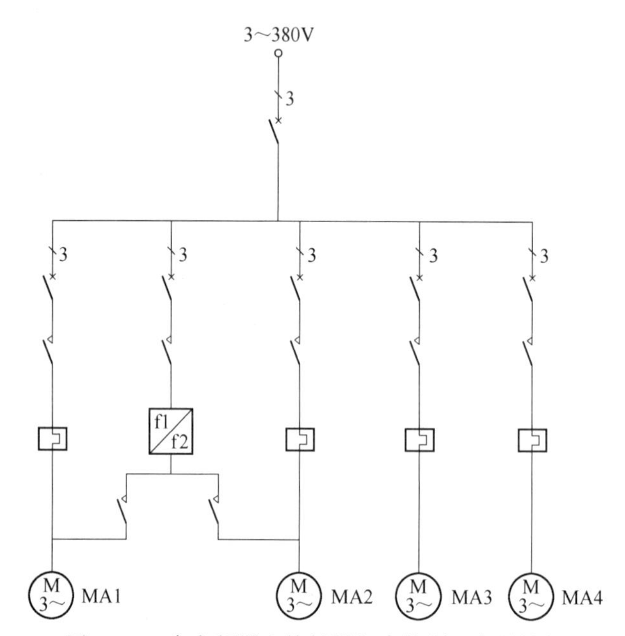

图 4.3　1 台变频器和接触器组合控制 4 台送风机

这种电路可以把井口温度控制在设定值，控制精度较高，节能效果较好，但在变频器故障时只能采用工频运行方式，相对于第 1）种方式，初投资较高，对技术人员的要求高。

3）每 2 台送风机通过变频器采用 1 控 2 的方式进行控制，4 台送风机共 2 组。可以对 2 组中的任 1 组选择其中 1 台变频运行另 1 台不运行，另 1 组的 2 台机器根据矿井井口温度控制其运行状态。电气控制主电路如图 4.4 所示。

由于该电路采用了 2 台变频器，即使其中 1 台变频器发生故障，剩下的 3 台设备仍可把井口温度控制在设定值，性能更优，具有第 2）种控制电路的优点，相对于第 2）种电路，由于增加了 1 台变频器，增大了初投资。

4）通过 2 台变频器分别控制 2 台送风机，二者互为备用，另 2 台送风机则采用直接启动方式。电气控制主电路如图 4.5 所示。

相较于第 3）种电路，电路简单，所用电器减少，成本有所降低，但控制的灵活性较差；相较于第 2）种电路，性能较优，但成本较高。

5）通过 3 台变频器进行控制，其中 2 台送风机单独由变频器供电，另 2 台送风机采用 1 控 2 的变频调速方式，如图 4.6 所示。

该电路可以使每台设备都通过变频器进行启动，启动过程平稳，无冲击电流，并能够把井口温度控制在设定值，性能优，对电动机的保护功能完善，但因变频器数量多，成本很高。

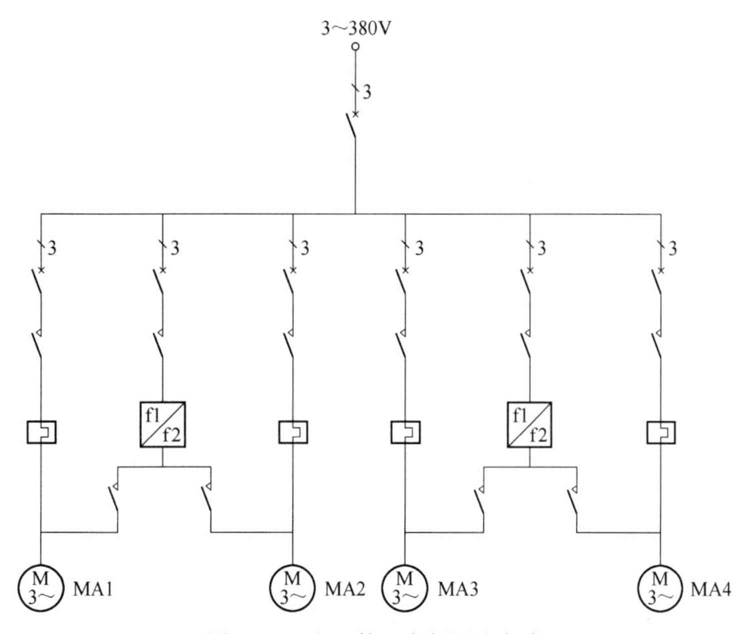

图 4.4　2 组 1 控 2 变频调速方式

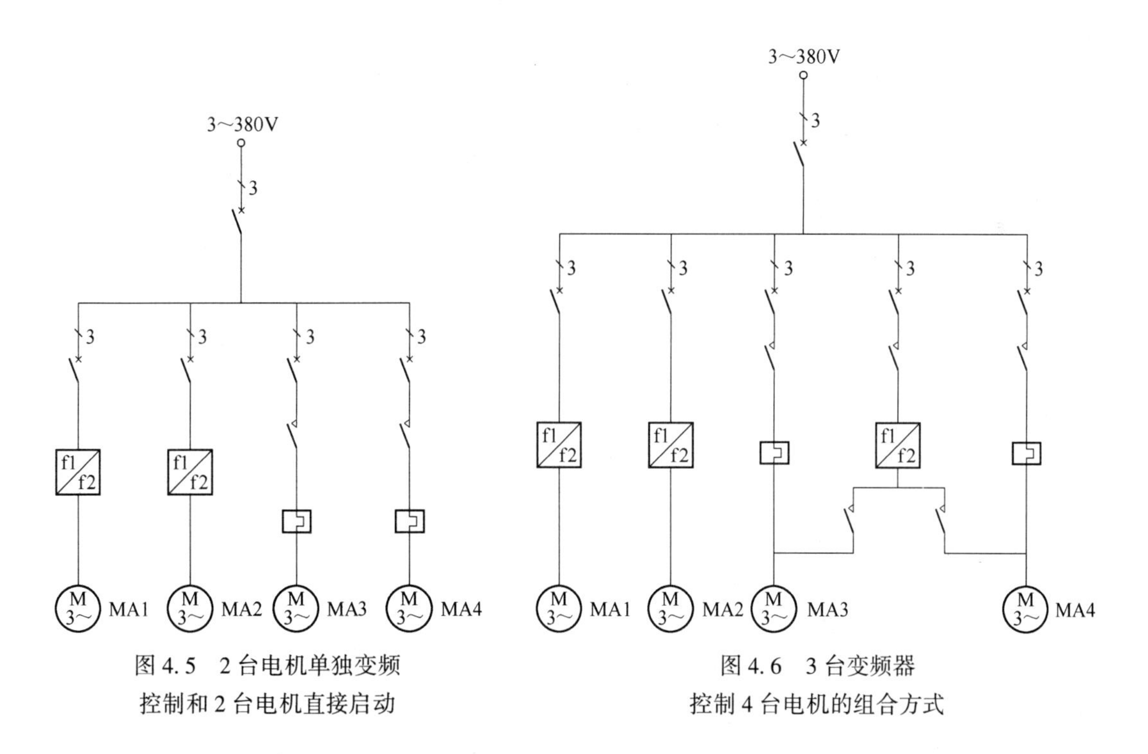

图 4.5　2 台电机单独变频控制和 2 台电机直接启动

图 4.6　3 台变频器控制 4 台电机的组合方式

6）通过 1 台变频器与接触器组合采用 1 控 4 的组合方式进行控制，电气控制主电路如图 4.7 所示。

该电路可以使每台设备都通过变频器进行启动，启动过程平稳，无冲击电流，相较于第 5）种电路结构，成本低，初投资少；相较于第 2）种电路结构，成本增加不多，但控

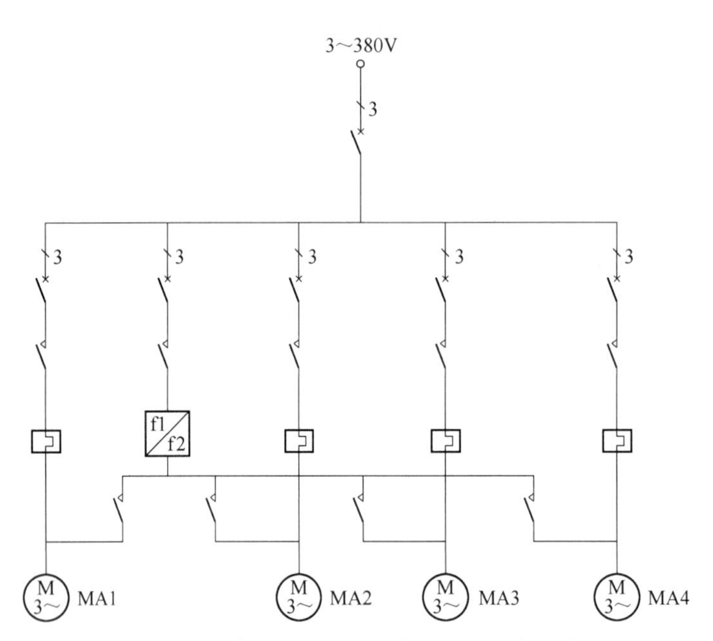

图 4.7 1 台变频器控制 4 台电机的组合方式

制略显复杂。当变频器发生故障时，每台设备只能工频运行。

除以上组合方式的电路外，还可以有多种组合方式，这里不再给出。

上述 6 种电气控制线路中，综合性能、成本、现场维护等多种因素，最终确定采用第 2 种组合方式的电气线路，即图 4.3 所示的电气控制主电路。

(3) 循环泵电动机功率为 15kW，2 台电动机的启动方式随供电变压器的容量而异，可以在以下几种方式中选择。

1) 变压器容量足够大，当循环泵工频运行时，可以采用直接启动方式。电气控制主电路如图 4.8 所示。当气温较低时，循环泵全速运行，此时，可以不通过变频器送电，电能消耗更低。

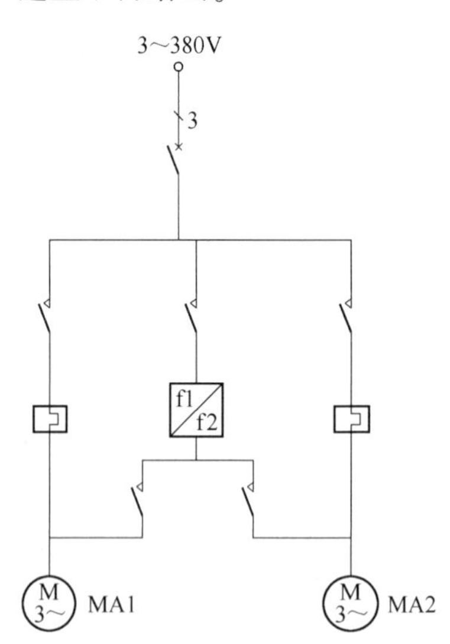

图 4.8 循环泵工频运行的启动方式为直接启动

相对而言，该方案的电气控制线路简单、成本低，因本设计中电动机功率不够大，可以作为优选方案。

2) 变压器容量不够大，当循环泵工频运行时，采用自耦变压器降压启动方式。电气控制主电路如图 4.9 所示。图中，2 台循环泵均可通过变频器送电，也可以通过自耦变压器进行降压启动后工频运行。

该方案的电气控制线路较为复杂，成本高于第 1) 种方案。

3) 变压器容量较小，当循环泵工频运行时，采用电动机软启动器进行启动。电气控制主电路如图 4.10 所示。

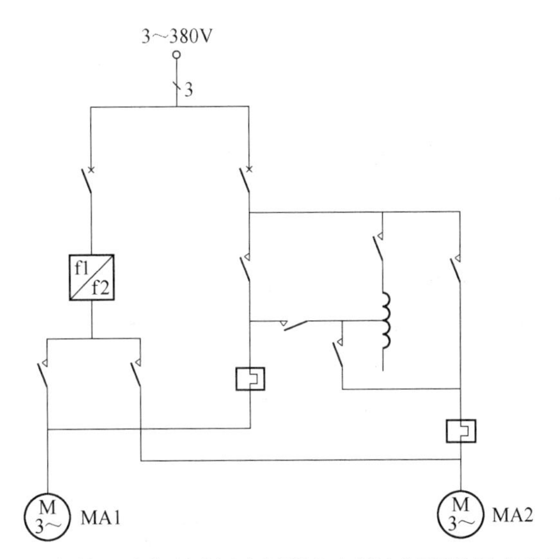

图 4.9 2 台循环泵分别采用变频器和自耦变压器进行启动的方式

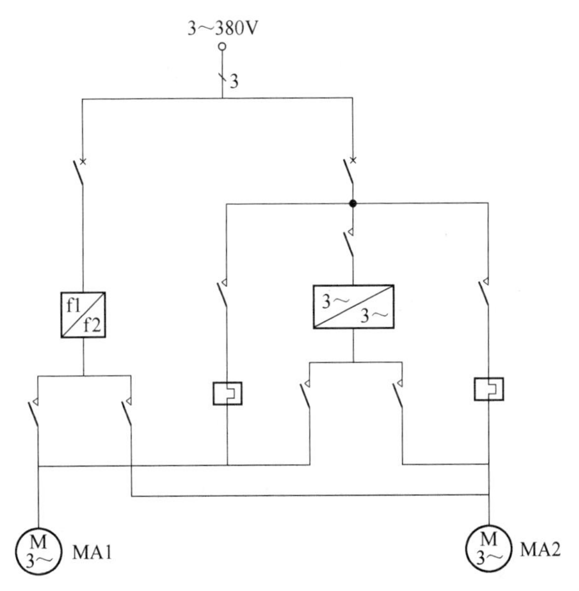

图 4.10 2 台循环泵分别采用变频器和软启动器进行启动的方式

该方案的电气控制线路较复杂，启动性能优于第 2）种方案，成本高于前两者，除非工艺有特殊要求，不建议采用。

4）变压器容量小，当循环泵工频运行难以启动时，2 台电动机均采用变频器送电。电气控制主电路如图 4.11 所示。

该方案电路结构简单，但成本最高。

综合上述几种方案，结合现场的实际情况，采用方案 1）。

（4）补水泵的电气控制线路采用循环泵电气控制线路方案1）。

（5）电器的选择原则以质量可靠、性价比高、故障率低、环境适应性强、售后服务及时、电器更换方便快捷、用户备品备件多、用户使用习惯等多种因素为基础。具体可参考表2.3中所列出的电器品牌。

（6）传感器、仪表的选型在满足设计要求的情况下，基于可靠性高、现场调节简单方便、经济耐用的原则。

（7）PLC的选型在充分考虑现场环境、气候等条件的情况下，结合成本等因素，选择适合用户的产品。自动控制依靠PLC实现，手动操作尽量避免与自动控制采用同一个控制器。

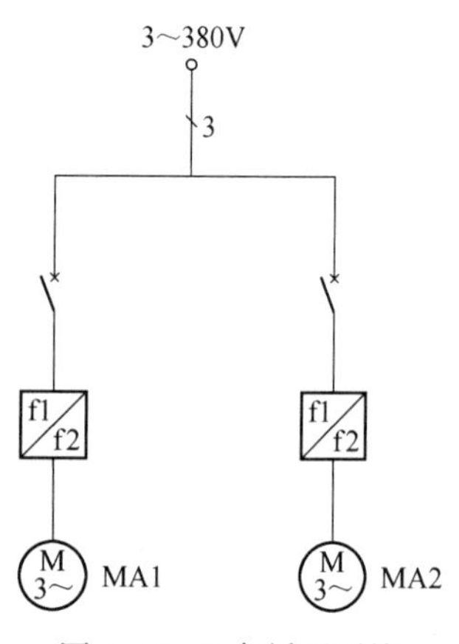

图4.11　2台循环泵均采用变频器供电

4.3　井口温度控制方案

控制方案针对热风机组、循环泵、补水泵3个控制系统。

4.3.1　热风机组控制方案

热风机组的被控制量为井口温度，被控对象为4台送风机（其中1台备用）。控制系统框图如图4.12所示。

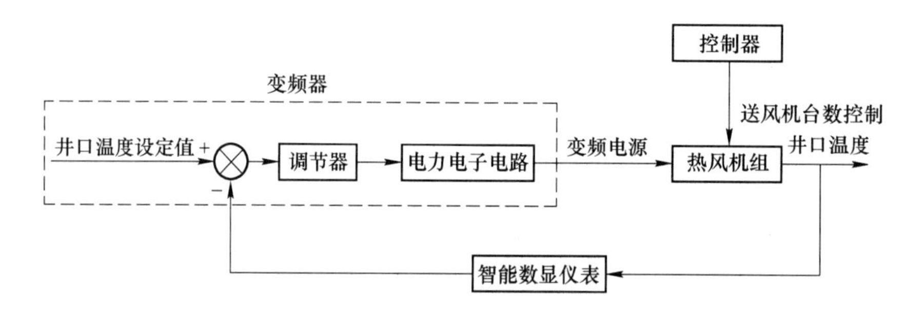

图4.12　热风机组控制系统框图

矿井井口温度的控制方法有两种：一种采用高低温度控制，把井口温度控制在所设定的2个温度之间；另一种是把井口温度控制在某一设定值。

对于第一种控制方法，通过热电阻测量矿井井口温度，并把信号送入智能数显仪表，数显仪表在显示井口温度的同时，通过其2路开关量输出点控制变频器的输出频率，使井口温度控制在设定的范围之内。2路开关量输出点分别对应所设定的井口温度上下限值（可在仪表上设定），利用变频器内部的闭环调节功能改变变频器输出频率。当变频器输出频率达到所设定的上限值之后，把开关量信号送到控制器的输入端，控制器控制另一台送风机的启动。如果是多台送风机在运行，当变频器输出频率达到所设定的下限值之后，把这一信号输入控制器，控制器给出某一台送风机的停止信号。这样，通过其中1台送风机风量的调节和另 2 台台数的控制，实现了井口温度的控制。采用井口温度上下限控制方式可靠性高，调节方便，但精度较低。

第二种控制方法是利用变频器内部的 PID 调节功能进行控制，把热电阻所测量的温度信号通过智能数显仪表转化为标准的模拟量信号，该信号作为 PID 调节器的反馈值，在变频器内部进行调节，使井口温度控制在设定值。与第一种方法相比，精度较高，但调试过程不如第一种方法方便。

送风机运行台数的控制器由 PLC 实现，PLC 的选型取决于多种因素。

4.3.2　循环泵控制方案

循环泵既可工频运行又可变频运行。按照控制要求，随着气温的变化，自动切换工频和变频运行状态，并且在变频运行时，变频器输出频率也随气温的变化而变，变频器采用多段速控制。控制系统原理框图如图 4.13 所示。

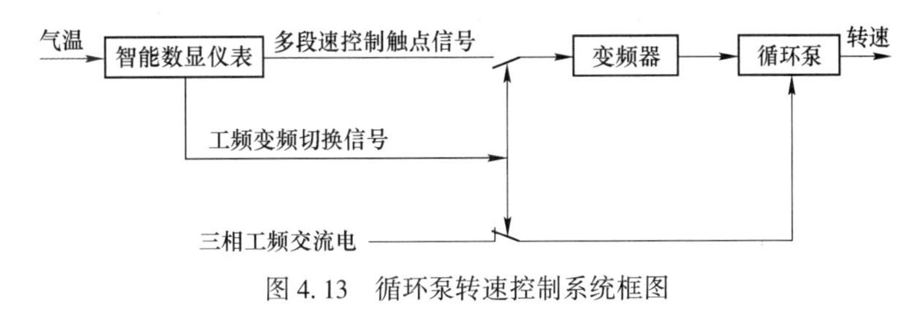

图 4.13　循环泵转速控制系统框图

4.3.3　补水泵控制方案

补水泵以热水循环管网压力为被控量，确保管网压力控制在要求的值，避免管网内充气而影响热水循环。通常由变频器为补水泵电动机送电，通过调节补水泵的速度来调节补水量。补水泵控制系统原理框图如图 4.14 所示。

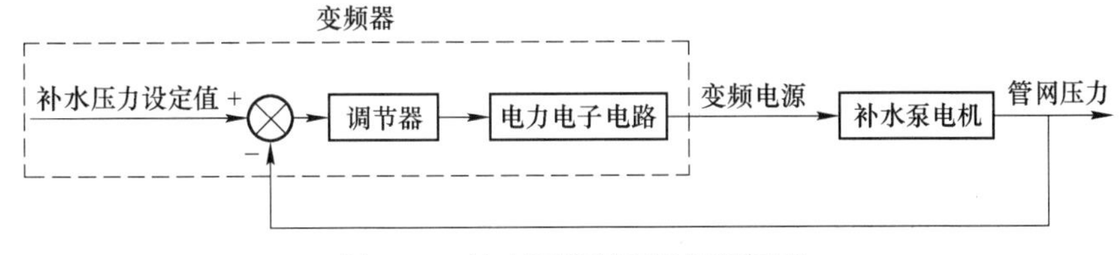

图 4.14　补水泵控制系统原理框图

变频器内部控制器可以采用 PID 调节器，也可以采用开关量输入模拟调节器的方式。当采用 PID 调节功能时，管网压力的测量可以选用压力变送器或电阻远传压力表；当采用开关量输入信号模拟调节器功能时，管网压力的测量可以选用电接点压力表。

4.4　热风供应设备电气控制线路

按照前述内容所选定的设计方案，设计出相关设备的电气控制线路。

4.4.1 热风机组电气控制线路

4.4.1.1 热风机组电气控制主电路

根据前面所选定的图 4.3 所示电路，设计了如图 4.15 所示的热风机组电气控制主电路。图中，QA0 为电源总开关，QA1～QA5 为各台电动机工频和变频运行电路的电源开关，QA6～QA12 为控制各台设备工频和变频运行的接触器，BB1～BB4 为各台电动机工频运行时进行保护的热继电器，电流互感器 BE 和电流表 PG1 用于显示运行电流，电压表 PG2 用于显示供电电源线电压。

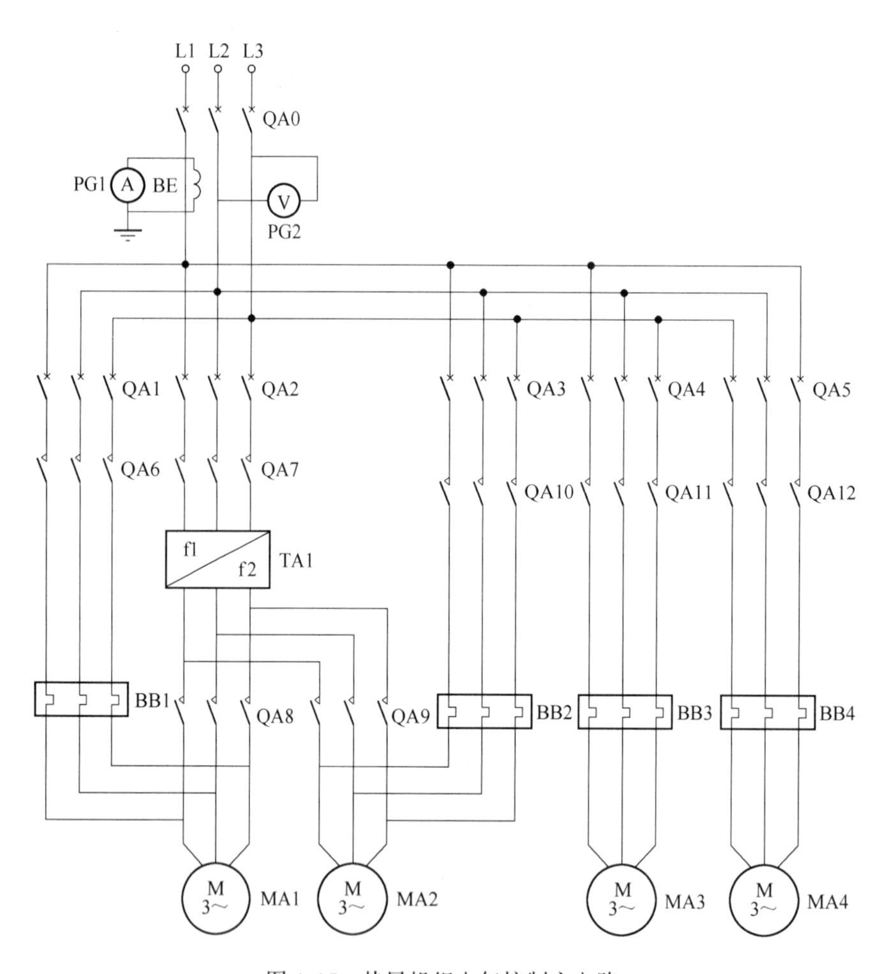

图 4.15 热风机组电气控制主电路

4.4.1.2 热风机组控制电路

按照设计要求，热风机组既可手动控制又可根据井口温度自动调节，因此，硬件设计应兼顾二者。变频器和 PLC 的品牌、型号影响着硬件电路的设计，故在电路设计之前应加以确定。本设计中根据用户的要求，PLC 采用西门子产品，变频器可以在西门子、ABB、施耐德 3 种品牌中选择。表 4.1 中列出了变频器的部分品牌系列产品。

表 4.1 几种品牌的变频器产品

产 品 系 列	类 型	特 点
西门子 SINAMICS V20	紧凑型基本性能变频器	适用于水泵、风机、压缩机和传送带等，特点是简单易用、高效节能、调试时间短，最大功率 30kW
西门子 SINAMICS G120XA	风机水泵类负载变频器	内置风机和水泵行业应用功能，可以轻松驱动风机、水泵及压缩机等负载，高效节能，可靠稳定，简单快捷。最大功率 560kW，可在恶劣环境条件下使用
西门子 SINAMICS G120C	紧凑型多用途变频器	设计极为紧凑，而且具有集成安全功能和适合各种应用的广泛功能。覆盖了 0.55～132kW 功率范围。适用于泵、风机和压缩机的应用，可用于简单以及高动态传送带和堆垛起重机
西门子 SINAMICS G120	模块化标准型变频器	适合完成多样化任务的多功能变频器，组件采用模块化设计，功率范围宽：0.55～250kW，可确保始终能够组合出一种满足要求的理想变频器。该系列变频器提供有三种电压型号，可连接 200V、400V 和 690V 电网
西门子 SINAMICS G120X	风机泵专用矢量型变频器	集成典型实用的风机泵功能，支持多样直观的调试面板，产品使用高效简单，可在恶劣环境条件下使用。产品完善，支持多样的供电电压，最大功率范围为 630kW
ABB ACS510	平方转矩应用	特别适合风机水泵传动，功率范围为 1.1～160kW。有 2 种防护等级——IP21、IP54，可根据使用环境选择
ABB ACS550	一般应用和重载应用	应用于通用型生产机械时功率范围为 1.1～160kW，应用于重载时电机功率小一个规格
ABB ACS880	直接转矩控制型	可应用于轻负载（平方转矩类）、重负载类生产机械，前者电机功率比后者大一个规格
施耐德 ATV71 系列	恒转矩负载	适用于起重、物料输送、泵控制等，是高性能矢量型变频器，可用于各种复杂场合
施耐德 ATV61 系列	风机泵类负载型	性能优越，功能先进，高性能可变转矩。具有欠载保护、过载保护、流体缺失检测保护等功能
施耐德 ATV312 系列	通用机械型	可应用于纺织机械、印刷包装机械、物流输送、机床、木工机械、自动化流水线等

对表 4.1 中产品的性能、市场价格及市场占有率、技术咨询以及售前售后服务等多种因素进行综合比较后，最终选用 ABB ACS510 系列产品。

PLC 可以在 LOGO!、S7-200、S7-200SMART、S7-1200、S7-300、S7-1500、S7-400 中选型。因热风机组控制系统的输入输出信号量少，采用微型机 PLC 即可满足控制要求。西门子的微型 PLC 产品 LOGO! 输入输出点数少，主要进行开关量的逻辑控制，也可以进行少量的模拟量检测和控制、联网控制，能够在主机上直接编写简单的程序。抗震性能和电磁兼容性很强，适合于各种气候条件，且价格低廉，经济性好。因此本控制系统选用 LOGO! 进行自动控制。

选定了变频器和 PLC 后，可以设计出电气控制电路。图 4.16 所示为手动操作的电气控制电路部分。

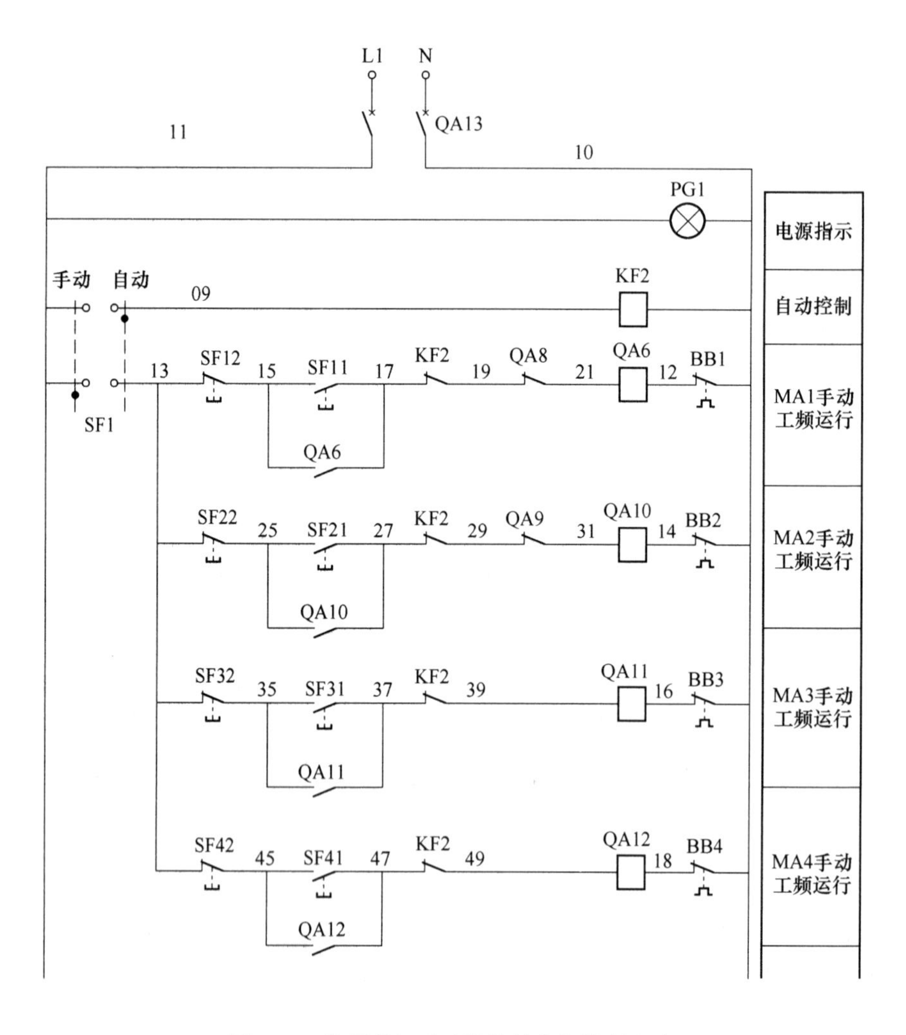

图 4.16 热风机组手动操作的电气控制电路

采用 LOGO! 控制时，应先统计并安排输入输出，如表 4.2 所示。

表 4.2 热风机组控制器 LOGO! 输入输出安排表

输入	含　义	说　明	输出	含　义	说　明
I1	选择 MA1 变频运行	旋钮 SF21 向左	Q1	控制接触器 QA8	MA1 变频运行
I2	选择 MA2 变频运行	旋钮 SF21 向右	Q2	控制接触器 QA9	MA2 变频运行
I3	MA3、MA4 先后运行	旋钮 SF22 向左	Q3	控制接触器 QA6	MA1 工频运行
I4	MA4、MA3 先后运行	旋钮 SF22 向右	Q4	控制接触器 QA10	MA2 工频运行
I5	MA1 变频运行信号	QA8 常开点	Q5	控制接触器 QA11	MA3 工频运行
I6	MA2 变频运行信号	QA9 常开点	Q6	控制接触器 QA12	MA4 工频运行
I7	机组进口水温低于 15℃	机组进水温度仪表常开触点 1 闭合	Q7	控制接触器 QA7	控制变频器进线电源
I8	机组进口水温高于 25℃	机组进水温度仪表常开触点 2 闭合	Q8	变频器运行信号	控制变频器运行
I9	气温低于 1℃	气温仪表常开触点 1 闭合	Q9	接蜂鸣器 1	MA1 故障报警
I10	气温高于 3℃	气温仪表常开触点 2 闭合	Q10	接蜂鸣器 2	MA2 故障报警
I11	变频器输出频率升到上限值	再启动 1 台电机	Q11	接蜂鸣器 3	MA3 故障报警
I12	变频器输出频率降为下限值	停止 1 台工频运行电机	Q12	接蜂鸣器 4	MA4 故障报警
I13	变频器故障信号	通过 Q8 输出			
I14	MA1 工频运行信号	QA6 常开点			
I15	MA2 工频运行信号	QA10 常开点			
I16	MA3 运行信号	接 QA11 常开点			
I17	MA4 运行信号	接 QA12 常开点			
I18	MA1 工频故障信号	接 BB1 常开点			
I19	MA2 工频故障信号	接 BB2 常开点			
I20	MA3 故障信号	接 BB3 常开点			
I21	MA4 故障信号	接 BB4 常开点			

根据统计的输入输出量，配置主机 LOGO! 230RCE、2 个 8 路数字量输入 4 路数字量输出的扩展模块 LOGO! DM8 230R。LOGO! 的输入输出电路如图 4.17 所示。

图 4.17 中 MA1 和 MA2 的运行信号包括工频运行和变频运行信号（QA6 与 QA8 相并联为 MA1 的运行信号，QA9 与 QA10 相并联为 MA2 的运行信号），而 MA3 和 MA4 的运行信号只有工频运行信号，如图 4.18 所示。MA1 和 MA2 的故障信号包括工频运行时热继电器触点信号和变频器故障信号（变频器故障信号与 QA8 相串联为 MA1 变频运行故障信号，变频器故障信号与 QA9 相串联为 MA2 变频运行故障信号，二者分别并联 BB1 常开触点与 BB2 常开触点则为 MA1 和 MA2 的故障信号）。

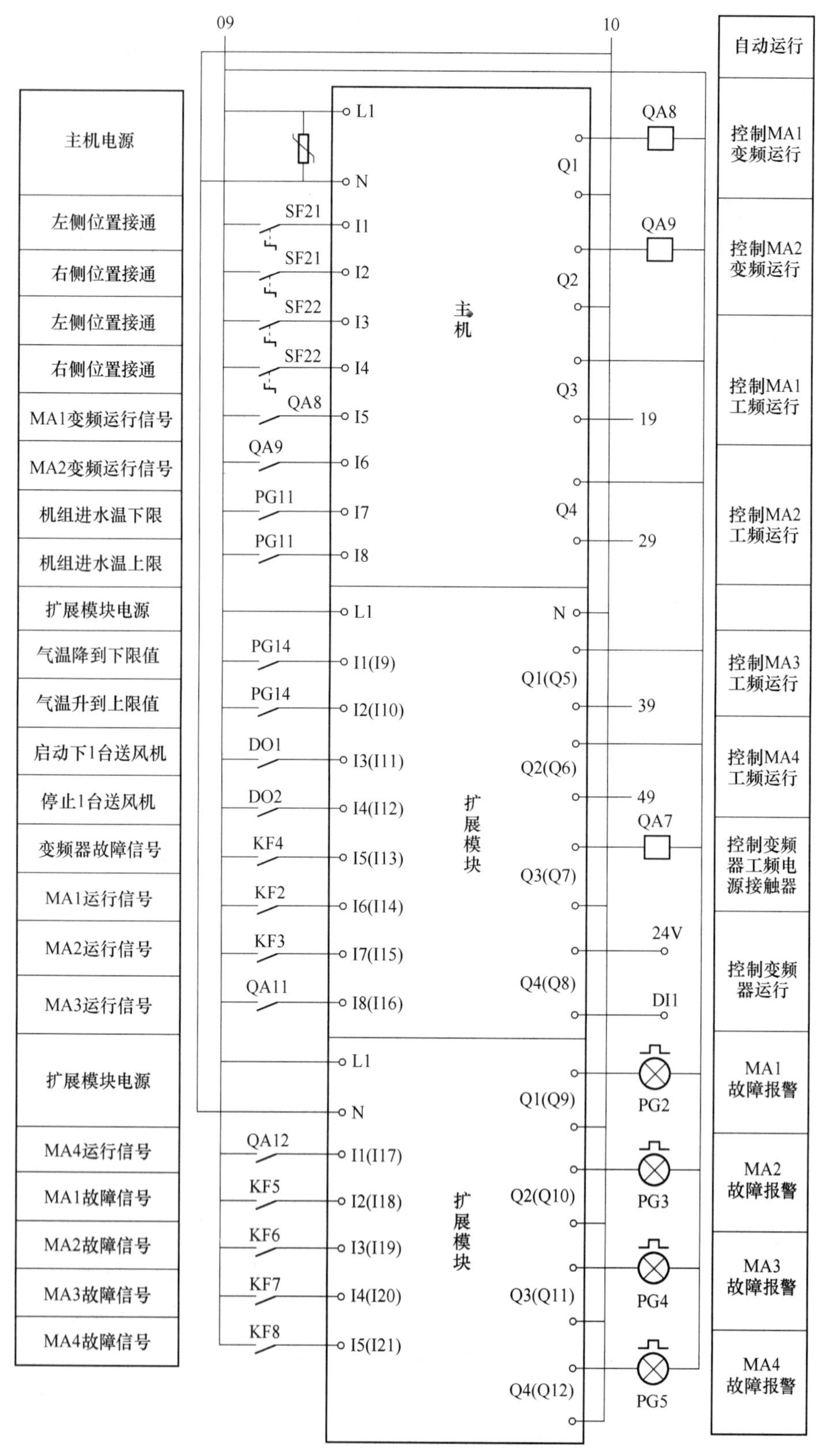

图 4.17　LOGO！输入输出电路图

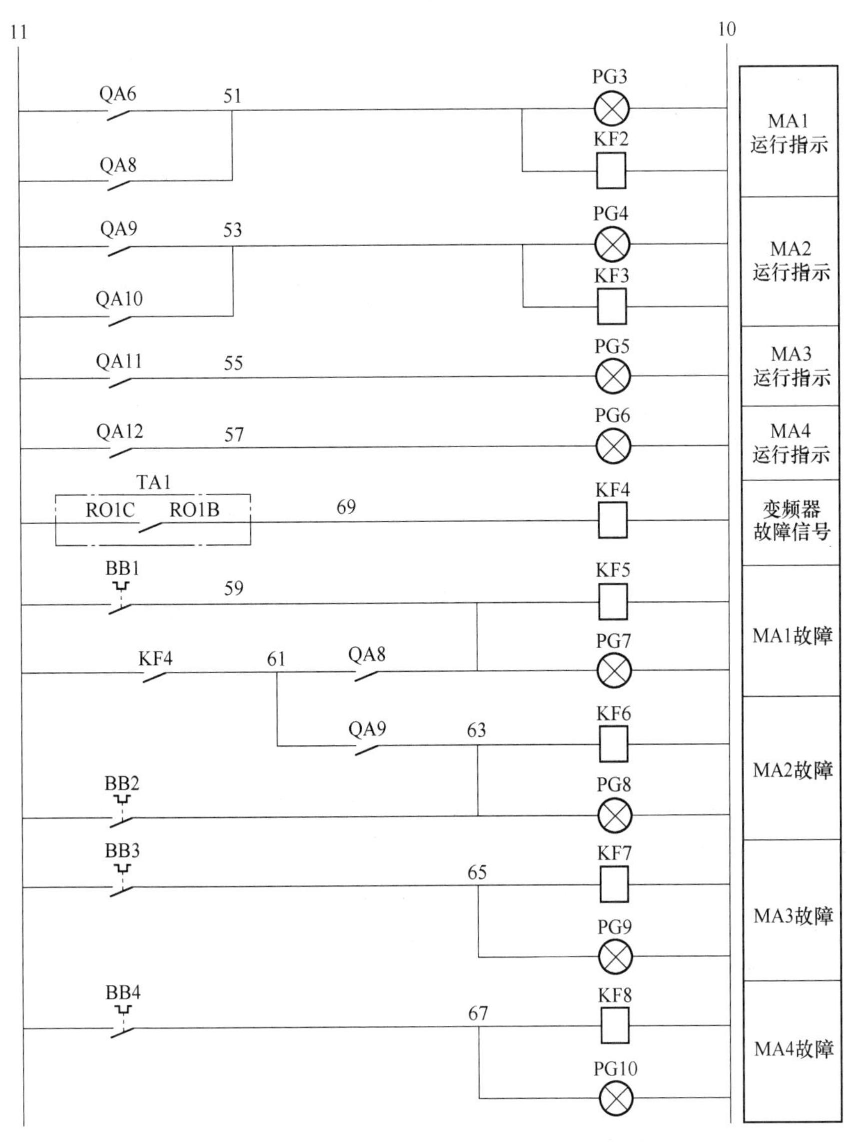

图 4.18　运行和故障显示电路

4.4.1.3　变频器控制电路

根据所选择的 ACS510 系列变频器，设计了如图 4.19 所示的变频器控制电路。图中，U1、V1、W1 接三相工频交流电，U2、V2、W2 为变频器输出的三相变频交流电，通过接触器与电动机 MA1 或 MA2 相连。变频器的 3 路继电器输出信号连接到 LOGO！第 1 个扩展模块的 I3（I11）、I4（I12）、I5（I13）端，分别为下一台送风机的启动信号、1 台工频运行送风机的停止信号、变频器故障报警信号。来自 LOGO！第 2 个扩展模块的输出端 Q4（Q8）控制变频器的运行。KF9 和 KF10 为井口温度显示仪表电路的继电器输出信号，参见图 4.20（b）所示的矿井井口温度及气温测量和显示电路。

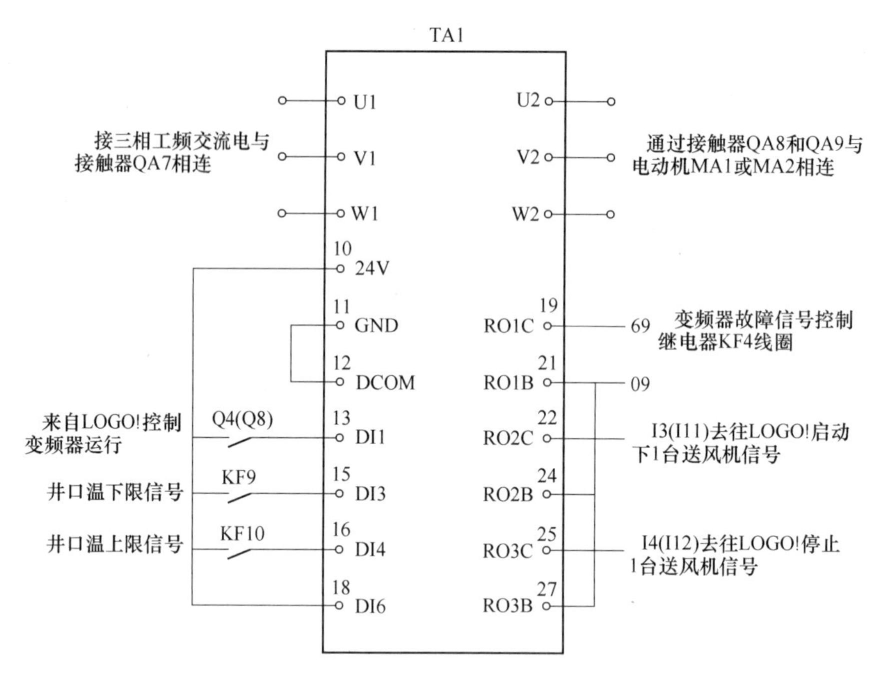

图 4.19　变频器输入输出电路

4.4.1.4　温度显示电路

热交换器进水和出水温度、矿井井口温度、气温通过智能数显仪表显示，并把相应的信号送往变频器和LOGO!。在设计数显仪表输入输出电路之前，需要确定所选用的仪表和传感器。因相关温度信号均在100℃之内，故采用热电阻进行测温。仪表和传感器生产厂家众多，本设计选用Cu50和XWP-C70系列数字显示仪表。相应的测量和显示电路如图4.20所示，其中图4.20（a）为热交换器进水和出水温度显示仪表，图4.20（b）为矿井井口温度和气温显示仪表。

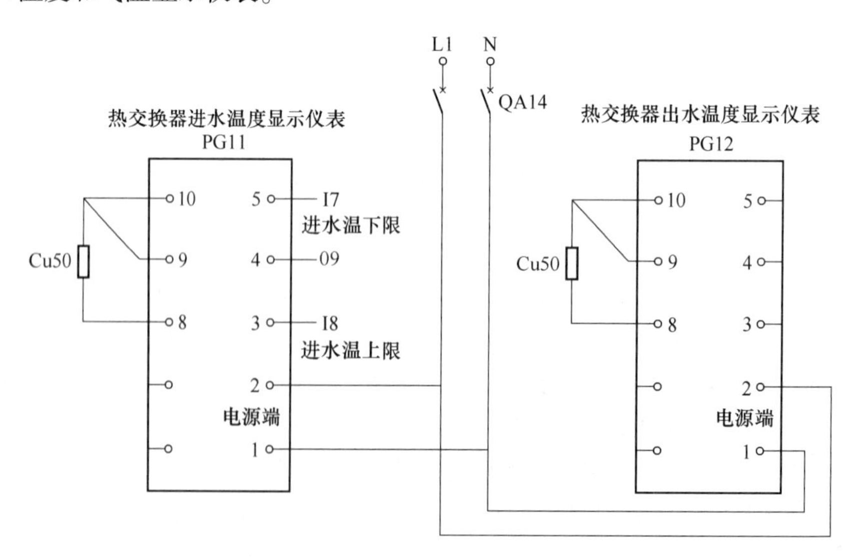

(a)

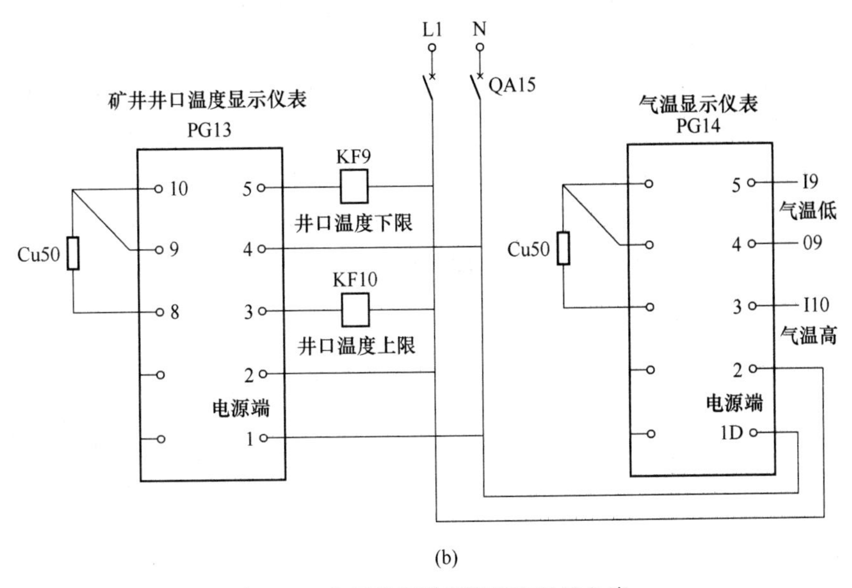

(b)

图 4.20　热风机组温度测量和显示电路

（a）热交换器进出水温度测量和显示电路；（b）矿井井口温度及气温测量和显示电路

4.4.2　循环泵电气控制线路

参照图 4.8 所示的主电路方案，画出如图 4.21 所示的循环泵电气控制主电路。

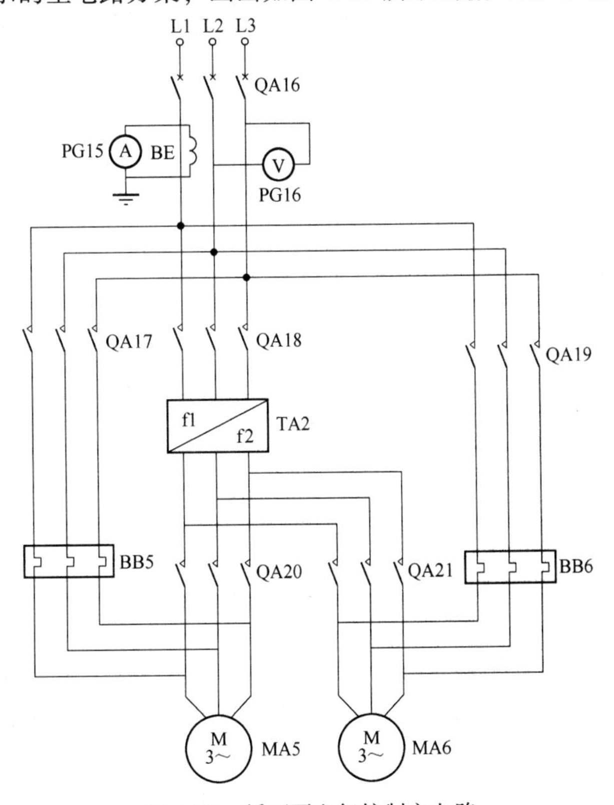

图 4.21　循环泵电气控制主电路

控制电路与变频器和仪表的选型有关，本设计选用 ABB ACS510 系列变频器和 XWP-C80 系列智能数字显示仪表。图 4.22 所示为循环泵电气控制电路。通过转换开关 SF2 进行循环泵的工频运行状态和变频运行状态的切换，转换开关 SF3 则在 MA5 或 MA6 中选择其中 1 台进行变频运行。电路中设置了相应的互锁，以确保电路的安全。工频运行时，通过操作相应的按钮分别控制 2 台循环泵的启停。变频运行时，根据气温的变化，按照智能数显仪表的开关量输出信号和变频器所设置的参数，自动改变变频器输出频率，从而改变循环泵的转速，把井口温度控制在要求的范围。

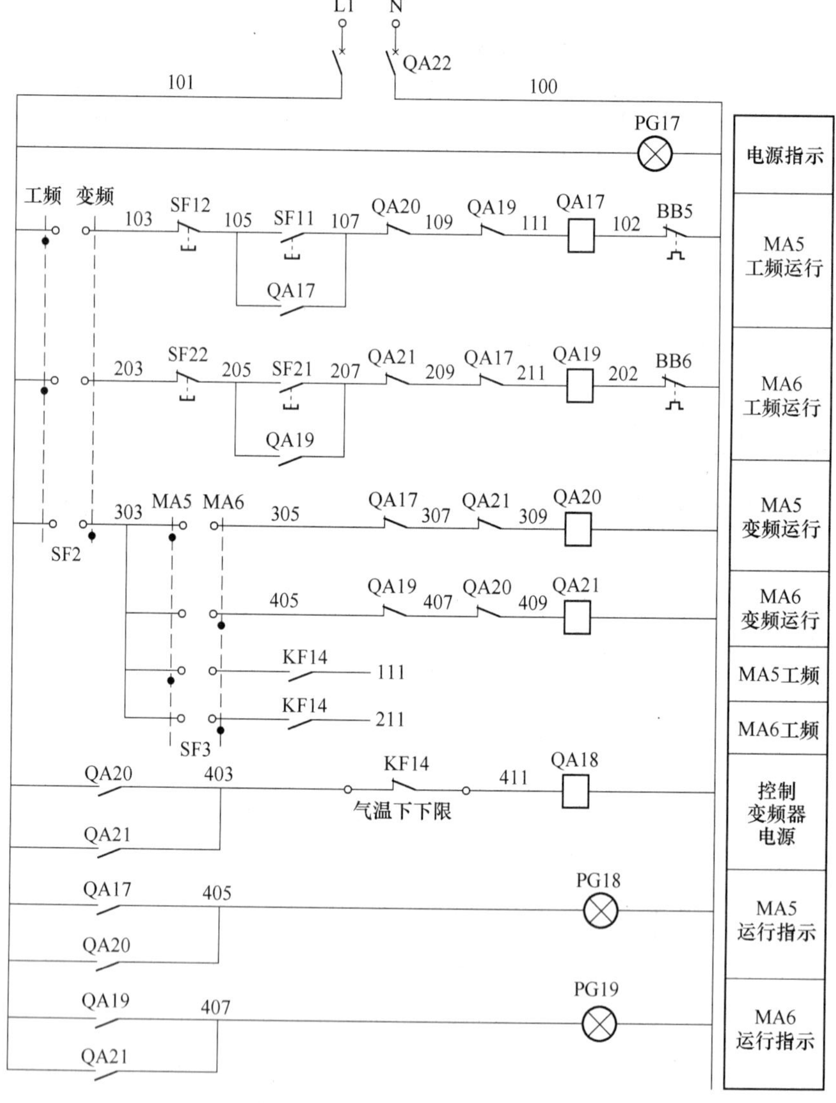

图 4.22　循环泵电气控制电路

气温显示仪表仍采用 XWP-C80 系列产品，输入输出电路如图 4.23 所示。温度传感器选用 Cu50，仪表的 1 和 2 端为电源端，3、4、5、19、20 和 21 为仪表的继电器输出端，分别对应被测量的上限（AH）、下限（AL）、上上限（AHH）、下下限（ALL），各触点分别接入变频器的 DI1、DI2、DI3 端和循环泵电气控制电路，如图 4.24 和图 4.22 所示。

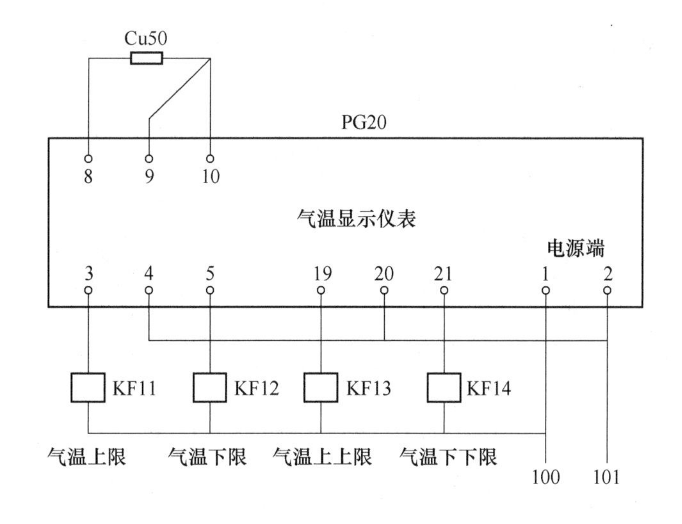

图 4.23　气温显示仪表输入输出电路

循环泵变频器输入输出电路如图 4.24 所示。来自气温显示仪表的开关量信号使变频器输出频率随气温的变化而自动改变。

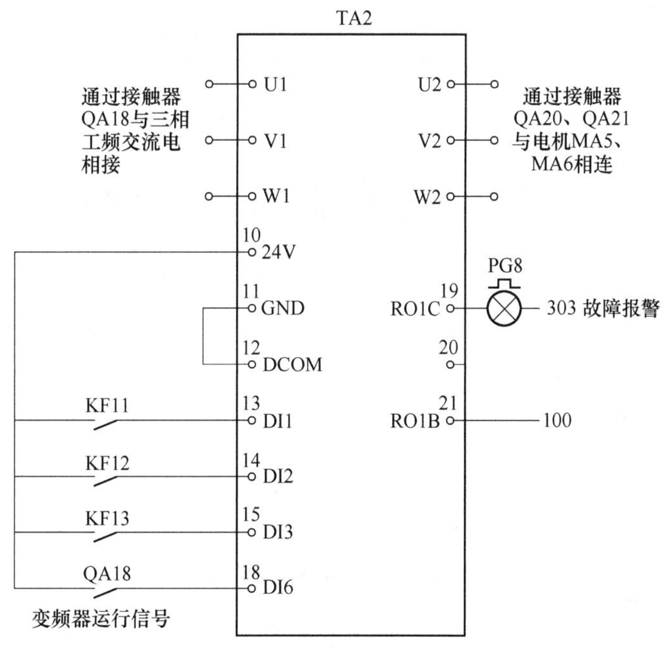

图 4.24　循环泵变频器输入输出电路

4.4.3　补水泵电气控制线路

补水泵的被控量为出水压力，电气控制线路与循环泵相同，参考图 4.21 和图 4.22，但控制方式不同。水压的控制采用闭环控制方式，利用变频器内部的 PID 功能进行调节。

变频器选用 ABB ACS510 系列产品，压力传感器选用市场占有率很高的电阻远传压力表，省掉智能数显仪表。图 4.25 所示为补水泵变频器输入输出电路。AI1 与 AGND 之间接压力反馈信号，压力给定值通过内部参数设定，DI1 端为变频器运行信号端。

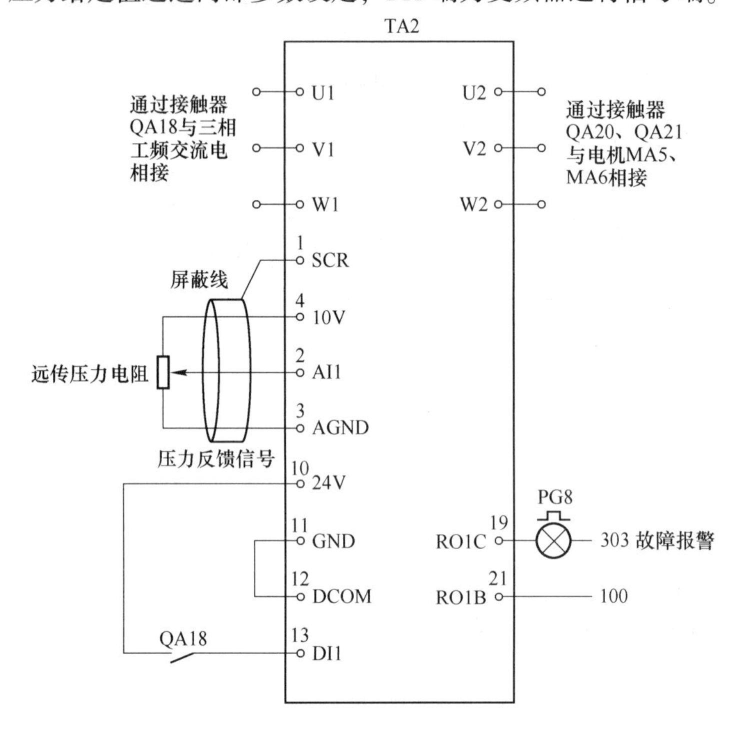

图 4.25 补水泵变频器输入输出电路

4.5 温控系统电器选型及相关参数设置

在电气控制线路的基础上，根据电动机功率、设备使用环境、用户的要求、市场占有率、价格等多方面因素，选择出合适的电器。对于变频器、电动机软启动器、智能仪表，根据控制要求，设置出满足控制要求的参数。

4.5.1 温控系统电器及电气柜体选型

电器的选型可以在品牌及其系列产品中综合多方面因素做出，表 4.3 列出了部分品牌的系列产品。

表 4.3 部分品牌系列产品

电器	品牌	系列产品
断路器	西门子	3VA 系列、3VM 系列、3VT8 系列、5SP 系列、5SY 系列、5SJ 系列
	ABB	SH200 系列、FORMULA 系列、XT 系列、Tmax 系列
	施耐德	NSX 系列、CVS 系列、NSC 系列、OSMC 系列
	富士	BW 系列、BC63 系列、G-TWIN 系列、EW 系列
	三菱	NF 系列

续表 4.3

电　器	品　牌	系 列 产 品
接触器	西门子	3TD 系列、3TF 系列、3TX 系列、3TB 系列
	ABB	A/AF 系列、AX 系列
	施耐德	LC1D 系列、LC1K 系列、SDLC1 系列
	富士	SC 系列
	三菱	S-N 系列、S-T 系列
热继电器	西门子	3UA 系列、3RU 系列、3TH 系列
	ABB	TA 系列
	施耐德	LRE 系列、LRD 系列、GV 系列
	富士	TK 系列
	三菱	TH-N 系列、TH-V 系列
变频器	西门子	SINAMICS V20、G120XA、G120C、G120X 系列
	ABB	ACS510 系列、ACS550 系列、ACS800 系列
	施耐德	ATV71 系列、ATV61 系列、ATV312 系列
	富士	FRENIC-5000G11S/P11S、MEGA（G1S）、VP（F1S）、Newmini（C2S）
	三菱	E740 系列、D740 系列、F740 系列、A800 系列
中间继电器	西门子	3RH 系列、3RQ 系列、APT 小型通用中间继电器
	ABB	NL 系列、NSL 系列、NFZ 系列、CR-MX 系列、KC6 系列
	施耐德	RXM 系列
	富士	HH 系列、MYJ 系列
	欧姆龙	MY/LY 系列

4.5.1.1 热风机组电气控制线路电器选型

图 4.15~图 4.18 所示的电气控制线路中电器的选型如表 4.4 所示。

表 4.4 热风机组电气控制线路电器选型

电器及辅材	品　牌	型号规格	数量
断路器	西门子	5SY63407CC	1
断路器	西门子	5SY63017CC	5
断路器	西门子	5SY62047CC	1
电压表	正泰	6L2-450V	1
电流表	正泰	6L2-30A	1
电流互感器	正泰	BH-0. 66I-30/5	1
变频器	ABB	ACS510-01-09A4-4+B055	1

续表 4.4

电器及辅材	品　牌	型号规格	数量
接触器	西门子	3TD4102-0XM0 12A 线圈电压 AC 220V	7
热继电器	西门子	3UA5040-1K 8~12.5A	4
中间继电器	欧姆龙	MY4N-J、4 开 4 闭、线圈电压 AC 220V	10
PLC 主机	西门子	LOGO！230RCE	1
PLC 扩展模块	西门子	LOGO！DM8 230R	2
温度显示仪表	温州新乐	XWP-C70	4
热电阻 Cu50	上海自动化仪表三厂	WZCK-123（-50~100℃）	4
旋钮	正泰	NP2（2 位 4 常开）	3
按钮	正泰	NP2-BA31（红、绿各 4 个）	8
指示灯	正泰	ND16（4 绿 5 红）	9
蜂鸣器	正泰	ND16-22FS	1
总开关主电路导线		BVR-16mm^2	
单台电机主电路导线		BVR-2.5mm^2	

4.5.1.2 循环泵电气控制线路电器选型

图 4.21~图 4.24 所示的电气控制线路中电器的选型如表 4.5 所示。

表 4.5 循环泵电气控制线路电器选型

电器及辅材	品　牌	型号规格	数量
断路器	西门子	5SY63507CC	1
断路器	西门子	5SY62047CC	1
电压表	正泰	6L2-450V	1
电流表	正泰	6L2-50A	1
电流互感器	正泰	BH-0.66I-50/5	1
变频器	ABB	ACS510-01-031A-4+B055	1
接触器	西门子	3TD4502-0XM0 38A 线圈电压 AC 220V	5
热继电器	西门子	3UA5540-2Q 25~36A	2
智能数显仪表	温州新乐	XWP-C70 显示温度	1
中间继电器	欧姆龙	MY4N-J、4 开 4 闭、线圈电压 AC 220V	4
热电阻 Cu50	上海自动化仪表三厂	WZCK-123（-50~100℃）	1

续表 4.5

电器及辅材	品　牌	型号规格	数量
旋钮	正泰	NP2（2 位 4 常开）	2
按钮	正泰	NP2-BA31（红、绿各 2 个）	4
指示灯	正泰	ND16（2 绿 1 红）	3
蜂鸣器	正泰	ND16-22FS	1
主电路导线		BVR-25mm^2	

4.5.1.3　补水泵电气控制线路电器选型

图 4.21、图 4.22 和图 4.25 所示的电气控制线路中电器的选型如表 4.6 所示。因补水泵电机功率小，采用直通电流表直接串入主电路中测量电流，省掉了电流互感器。

表 4.6　补水泵电气控制线路电器选型

电器及辅材	品　牌	型号规格	数量
断路器	西门子	5SY63107CC	1
断路器	西门子	5SY62047CC	1
电压表	正泰	6L2-450V	1
电流表	正泰	6L2-10A 直通电流表	1
变频器	ABB	ACS510-01-04A1-4+B055	1
接触器	西门子	3TD4002-0XM0 9A 线圈电压 AC 220V	5
热继电器	西门子	3UA5040-1G 4~6. 3A	2
旋钮	正泰	NP2（2 位 4 常开）	2
按钮	正泰	NP2-BA31（红、绿各 2 个）	4
指示灯	正泰	ND16（2 绿 1 红）	3
蜂鸣器	正泰	ND16-22FS	1
远传压力表	上海红旗仪表	YTZ-150（量程 0~0. 6MPa）	1
主电路导线		BVR-1. 5mm^2	

4.5.1.4　电气柜体设计

通常热风机组电气控制柜放置于矿井井口处的机组旁，而循环泵和补水泵在热源处，距离井口较远，电气控制柜应就地放置，既节省材料，又方便操作。由于循环泵和补水泵电机功率不大，电气控制柜内的电器和材料体积较小，因此，可以合二为一，把 2 种水泵的电气控制器件和材料放置于 1 个柜体内。这样，可以省掉补水泵电气控制线路中的电压表。

4kW 和 1. 5kW 变频器的外形尺寸为：宽 125mm、高 369mm、深 212mm；15kW 变频

器的外形尺寸为：宽 203mm、高 583mm、深 231mm。结合其他电器的体积和数量，机组电气控制柜外形尺寸为：宽 800mm、高 1600mm、深 450mm；循环泵补水泵电气控制柜外形尺寸为：宽 800mm、高 1700mm、深 450mm。二者的开孔分别如图 4.26（a）和（b）所示，开孔尺寸根据所选择的仪表、按钮和指示灯的型号决定。

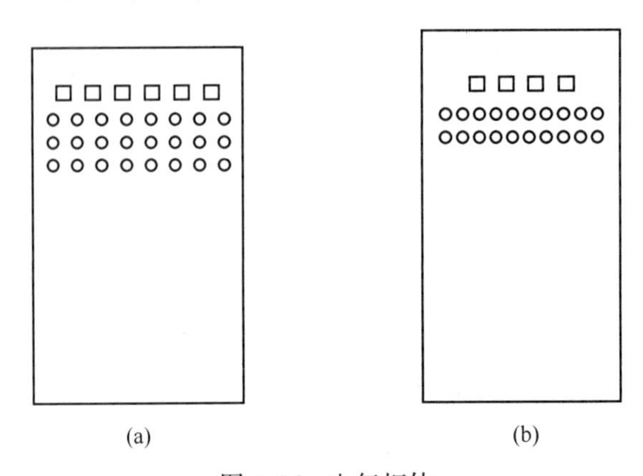

图 4.26　电气柜体
（a）热风机组电气柜体；（b）循环泵补水泵电气柜体

4.5.2　数显仪表和变频器参数设置

热风机组、循环泵和补水泵的控制方式不同，数显仪表和变频器的参数设置也不同。

4.5.2.1　热风机组数显仪表和送风机变频器参数设置

（1）热风机组仪表参数设置。图 4.20 中，数显仪表 PG11 和 PG12 显示热交换器的进水温度和出水温度，前者有输入信号的上限和下限输出触点信号，后者无。数显仪表 PG13 和 PG14 显示矿井井口温度和气温，二者都有上下限报警输出信号。需要设置的参数如下：

1）一级参数：

AH 上限报警值：25（热交换器进水温）、5（矿井井口温）、3（气温）。

AL 下限报警值：15（热交换器出水温）、2（矿井井口温）、1（气温）。

PASS 密码参数项：设置密码。

2）二级参数：

Sn 输入信号类型：50（Cu50 热电阻）。

dOK 小数点：1（dOK=0，无小数点；dOK=1，小数点在十位；dOK=2，小数点在百位；dOK=3，小数点在千位）。

PUL 显示量程下限：-50（测量范围-50~150℃）。

PUH 显示量程上限：150（测量范围-50~150℃）。

（2）送风机变频器参数设置。在 4.3 节中热风机组控制的 2 种控制方案中，采用控制方案 1。

变频器参数的设置可以根据实际情况逐项进行，也可选择应用宏，这里采用电动电位器宏，应用宏之外的有关参数单独设置。

电动电位器宏用数字信号改变变频器的输出频率，使被控量控制在设定的范围之内，通过设置参数9902的值为4来调用。DI1有输入信号时，变频器运行；DI3有输入信号时，变频器输出频率上升；DI4有输入信号时，变频器输出频率下降；DI3和DI4同时得电或同时断开时，变频器输出频率保持不变；变频器输出频率DI6有输入信号时，允许变频器运行。其他参数根据具体情况进行设置。

1）Group 99：启动数据，用于设置变频器，输入电机数据。

9901 选择所显示的语言：1，中文。

9902 应用宏：4，电动电位器宏。

9905 电机额定电压：380V。

9906 电机额定电流：9A（按照电动机铭牌设置）。

9907 电机额定频率：50Hz。

9908 电机额定转速：按照电动机铭牌设置。

9909 电机额定功率：4kW。

2）Group 12：恒速运行。

1201 恒速选择：0，未选择，恒速功能无效。

3）Group 14：继电器输出，定义了每个输出继电器动作的条件。

1401 继电器输出1：16，有报警信号时或设备故障时继电器动作。

1402 继电器输出2：8，当监控器设定的参数（3201）超过限幅值（3203）时，继电器动作。

1403 继电器输出3：9，当监控器设定的参数（3201）低于限幅值（3202）时，继电器动作。

1404 继电器1接通延时：继电器1闭合延时时间，设为5s。

1405 继电器1分断延时：继电器1断开延时时间，设为3s。

1406 继电器2接通延时：继电器2闭合延时时间，设为5min。

1407 继电器2分断延时：继电器2断开延时时间，设为2min。

1408 继电器3接通延时：继电器3闭合延时时间，设为3min。

1409 继电器3分断延时：继电器3断开延时时间，设为1min。

4）Group 20：限幅，这组参数对电机的频率、电流等做出最大和最小限定。

2003 最大输出电流：9A。

2005 过压调节器：1，过压调节器工作。

2006 欠压调节器：0，欠压调节器不工作。

2007 最小频率：30，定义了变频器输出频率的最小限幅值。

2008 最大频率：50，定义了变频器输出频率的最大限幅值。

5）Group 22：加速/减速。

2201 加减速曲线选择：0，选择未使能，使用第1组斜坡曲线参数。

2202 加速时间1：50s。

2203 减速时间1：50s。

6）Group 32：监控器。

3204 监控器 2 参数：选择第 2 个监控器参数为输出频率，低值≤高值，情况为 A，被监控信号高于设定值，继电器 2 输出保持吸合，直到监控值下降到低限以下。

3202 监控器 2 低限：设定第 2 个监控参数的低限为 48Hz。

3203 监控器 2 高限：设定第 2 个监控参数的高限为 50Hz。

3204 监控器 3 参数：选择第 3 个监控器参数为输出频率，低值≤高值，情况为 B，被监控信号低于设定值，继电器 3 输出保持吸合，直到监控值上升到高限以上。

3205 监控器 3 低限：设定第 3 个监控参数的低限为 30Hz。

3206 监控器 3 高限：设定第 3 个监控参数的高限为 32Hz。

4.5.2.2 循环泵控制数显仪表和变频器参数设置

（1）循环泵控制数显仪表参数设置。图 4.23 中，数显仪表 PG20 用于显示气温，有 4 路报警输出信号。需要设置的参数如下：

1）一级参数：

AH 上限报警值：-5℃。

AL 下限报警值：-10℃。

AHH 上上限报警值：0℃。

ALL 下下限报警值：-15℃。

PASS 密码参数项：设置密码。

2）二级参数的设置参考热风机组仪表参数设置。

（2）循环泵变频器参数设置。在 4.3 节的循环泵控制方案中，变频器采用多段速控制方式。

按照设计要求，变频器需输出 4 个频率，采用交变宏只输出 3 个固定频率，因此选择 ABB 标准宏。下面给出了所设置的参数。

1）Group 99：启动数据，用于设置变频器，输入电机数据。

9901 选择所显示的语言：1，中文。

9902 应用宏：1，ABB 标准宏。

9905 电机额定电压：380V。

9906 电机额定电流：30A（按照电动机铭牌设置）。

9907 电机额定频率：50Hz。

9908 电机额定转速：按照电动机铭牌设置。

9909 电机额定功率：15kW。

2）Group 10：输入指令，定义用于控制启停、方向的外部控制源以及电机方向锁定或允许电机正反转。

1001 外部 1 命令：6，DI6 控制启停，得电启动，断电停止。

1002 外部 2 命令：0，没有外部命令源控制启动、停止和方向。

1003 定义电机转向：1，方向固定为正转。

3）Group 12：恒速运行。

1201 恒速选择：-12（当气温介于上下限之间时，输入信号都为 0，为无恒速状态，因此不能设置为 12），7 个恒速由 DI1、DI2、DI3 的状态决定。各个状态对应的频率和气温范围如表 4.7 所示。

表 4.7 多段速状态表

DI1	DI2	DI3	功能	说　明
1	1	1	无恒速	
0	1	1	恒速 1（40Hz）	来自仪表的信号异常
1	0	1	恒速 2（40Hz）	来自仪表的信号异常
0	0	1	恒速 3（30Hz）	气温在 0℃之上
1	1	0	恒速 4（40Hz）	来自仪表的信号异常
0	1	0	恒速 5（45Hz）	气温高于-15℃、不高于-10℃
1	0	0	恒速 6（35Hz）	气温高于-5℃、不高于 0℃
0	0	0	恒速 7（40Hz）	气温高于-10℃、不高于-5℃

1202 设定恒速 1：40Hz。

1203 设定恒速 2：40Hz。

1204 设定恒速 3：30Hz。

1205 设定恒速 4：40Hz。

1206 设定恒速 5：45Hz。

1207 设定恒速 6：35Hz。

1208 设定恒速 7：40Hz。

4）Group 14：继电器输出，定义了每个输出继电器动作的条件。

1401 继电器输出 1：16，有报警信号时或设备故障时继电器动作。

1404 继电器 1 通延时：继电器 1 闭合延时时间，设为 3s。

1405 继电器 1 断延时：继电器 1 断开延时时间，设为 2s。

5）Group 16：系统控制，定义了系列系统控制参数。

1601 运行允许：6，定义 DI6 作为允许运行信号。

6）Group 20：限幅，这组参数对电机的频率、电流等做出最大和最小限定。

2003 最大输出电流：31A。

2005 过压调节器：1，过压调节器工作。

2006 欠压调节器：0，欠压调节器不工作。

2007 最小频率：30，定义了变频器输出频率的最小限幅值。

2008 最大频率：50，定义了变频器输出频率的最大限幅值。

7）Group 22：加速/减速。

2201 加减速曲线选择：0，选择未使能，使用第 1 组斜坡曲线参数。

2202 加速时间 1：15s。

2203 减速时间 1：15s。

4.5.2.3 补水泵变频器参数设置

在 4.4.3 节的控制方案中，补水泵出水压力采用闭环控制方式，调节器利用变频器内部的 PID 调节功能。下面为所设置的变频器参数。

（1）Group 99：启动数据，用于设置变频器，输入电机数据。

9901 选择所显示的语言：1，中文。

9905 电机额定电压：380V。

9906 电机额定电流：4A（按照电动机铭牌设置）。

9907 电机额定频率：50Hz。

9908 电机额定转速：按照电动机铭牌设置。

9909 电机额定功率：1.5kW。

（2）Group 10：输入指令，定义用于控制启停、方向的外部控制源以及电机方向锁定或允许电机正反转。

1001 外部 1 命令：1，DI1 控制启停，得电启动，断电停止。

1002 外部 2 命令：0，没有外部命令源控制启动、停止和方向。

1003 定义电机转向：1，方向固定为正转。

（3）Group 11：给定选择，定义变频器如何选择控制源以及给定 1 和给定 2 的来源和性质。

1102 外部 1/外部 2 选择：7，选择外部 2。

1106 给定 2 选择：19，给定来自 PID1 的输出，使用 PID 调节器时这个参数必须为 19。

（4）Group 12：恒速运行。

1201 恒速选择：0，未选择，恒速功能无效。

（5）Group 13：模拟输入，定义了模拟输入的限幅值和滤波时间。

1301 设置 AI2 低限：0，以模拟信号满量程的百分比形式定义该值。

1305 设置 AI2 高限：100%。

（6）Group 14：继电器输出，定义了每个输出继电器动作的条件。

1401 继电器输出 1：16，有报警信号时或设备故障时继电器动作。

1404 继电器 1 通延时：继电器 1 闭合延时时间，设为 3s。

1405 继电器 1 断延时：继电器 1 断开延时时间，设为 2s。

（7）Group 16：系统控制，定义了系列系统控制参数。

1601 运行允许：1，定义 DI1 作为允许运行信号。

（8）Group 20：限幅，这组参数对电机的频率、电流等做出最大和最小限定。

2003 最大输出电流：4.4A。

2005 过压调节器：1，过压调节器工作。

2006 欠压调节器：0，欠压调节器不工作。

2007 最小频率：30，定义了变频器输出频率的最小限幅值。

2008 最大频率：50，定义了变频器输出频率的最大限幅值。

（9）Group 22：加速/减速。

2201 加减速曲线选择：1，得电选择积分曲线 2。

2202 加速时间 1：10s。

2203 减速时间 1：10s。

（10）Group 40：过程 PID 设置 1，这组参数定义了过程 PID 调节器（PID1）的 1 套参数设置。

4001 增益：该参数定义 PID 增益，可调范围为 0.1~100，如果增益值取 0.1，PID 调节器输出变化为 0.1 倍的偏差值。如果增益值取 100，PID 调节器输出变化为 100 倍的偏差值。较低的比例增益和较长的积分时间会使系统更稳定，但是响应迟缓。过大的比例增益或过短的积分时间有可能使系统变得不稳定。最初设置增益为 0.5。

4002 积分时间：PID 调节器积分时间常数，其定义为偏差引起输出增长的时间。在偏差恒定为 100%、增益为 1、积分时间设为 1s 的时候，则输出变化 100%所需时间为 1s，设定范围为 0.1~3600s。设定为 0.0 时，关闭积分部分。本例中最初值设为 20s。

4003 微分时间：PID 调节器微分时间常数，设定范围为 0.1~10.0。设定为 0.0 时，关闭调节器的微分部分。本例中设为 0.0。

4005 偏差值取反：选择反馈信号和变频器速度之间是正常还是取反关系。0 为正常，反馈信号减小时引起电机转速上升。1 为取反，反馈信号减小时引起电机转速下降。本例中设为 0。

4010 给定值选择：19，给定值是恒定的，由参数 4011 内部给定值设定。

4011 内部给定：为 PID 调节器设置一个恒定的给定值。

4012 给定最小值：设定给定信号的最小值。

4013 给定最大值：设定给定信号的最大值。

4014 反馈值选择：1，选择实际值 ACT1 为反馈信号，信号源由参数 4016 定义。

4016 ACT1 输入：1，取 AI1 为 ACT1。

4022 睡眠选择：7，睡眠状态由输出频率、给定值和实际值来控制，参看参数 4023（睡眠频率）和 4025（唤醒偏差）。

4023 睡眠频率：设定启动 PID 睡眠功能的频率，低于这个值后，经过参数 4024（睡眠延时）规定的时间，变频器开始睡眠（变频器输出为 0）。

4024 睡眠延时：设定 PID 睡眠功能延时时间，经过这段时间，变频器开始睡眠。本例中设为 2min。

4025 唤醒偏差：当对应给定值的唤醒偏差超过这个参数定义的值后，经过参数 4026（唤醒延时）定义的延时时间，PID 调节器重新启动。

4026 唤醒延时：当对应给定值的唤醒偏差超过参数 4025 定义的值后，经过这个参数定义的延时时间，PID 调节器重新启动。本例中设为 1min。

4027 PID1 参数组选择：0，使用 PID 参数组 1（参数 4001~4026）。

4.6 编程及仿真

在控制方案和 LOGO！硬件电路的基础上，根据设备的动作要求，利用编程软件 LOGO！Soft Comfort V8.2，编写了满足要求的程序，并进行了仿真。

4.6.1 编写程序

按照设计要求，依据表 4.2 和图 4.17，编写了如图 4.27 所示的热风机组自动运行功能块图。

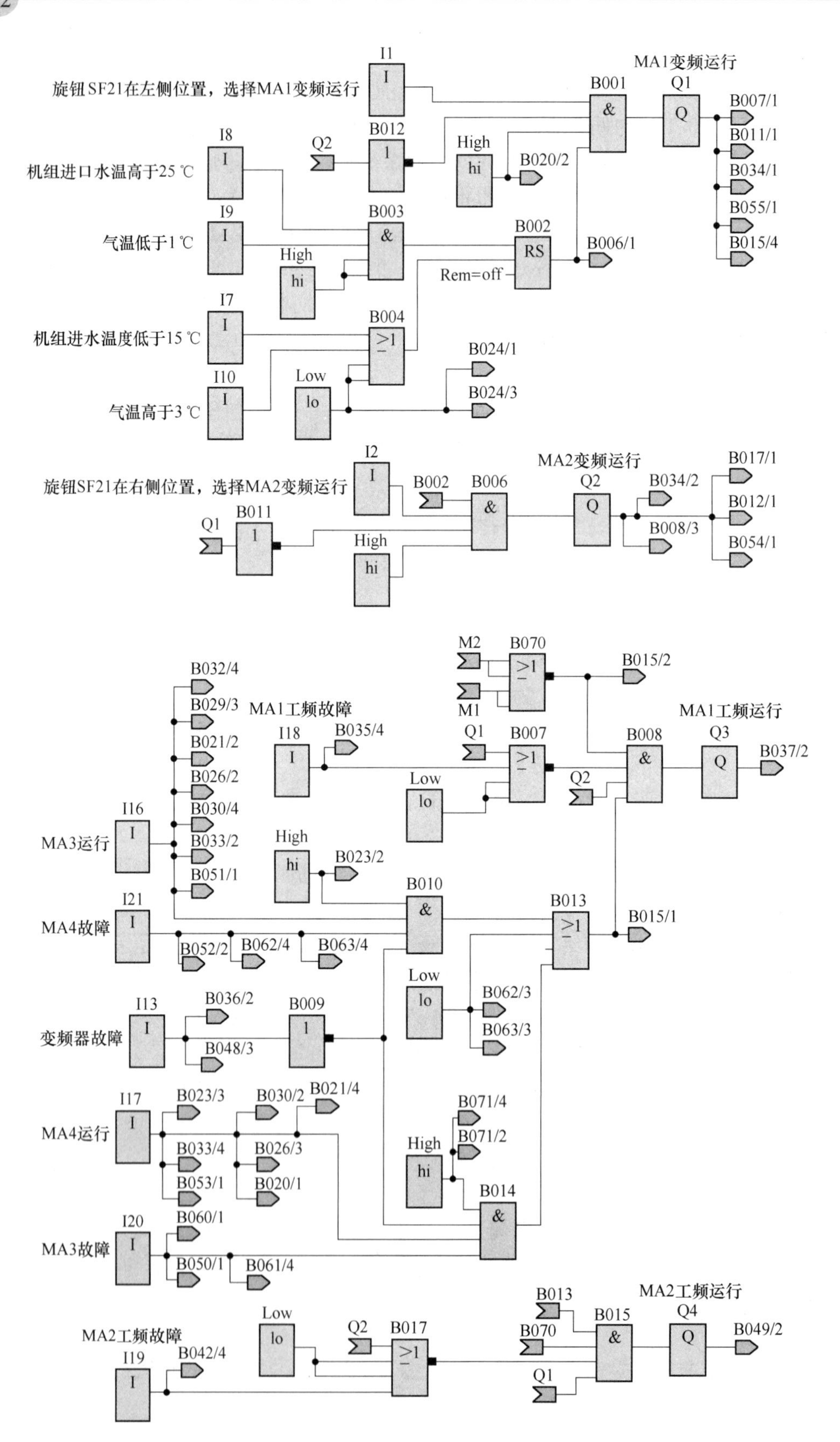

旋钮SF21在左侧位置，选择MA1变频运行
机组进口水温高于25 ℃
气温低于1 ℃
机组进水温度低于15 ℃
气温高于3 ℃
MA1变频运行
I1
I8
I9
I7
I10
Q2
B012
B003
B004
B001
B002
RS
Rem=off
High
hi
Low
lo
Q1
B007/1
B011/1
B034/1
B055/1
B015/4
B020/2
B006/1
B024/1
B024/3
旋钮SF21在右侧位置，选择MA2变频运行
MA2变频运行
I2
B002
B006
B011
Q2
B034/2
B008/3
B017/1
B012/1
B054/1
MA1工频故障
MA1工频运行
MA3运行
MA4故障
变频器故障
MA4运行
MA3故障
M2
M1
B070
B015/2
B032/4
B029/3
B021/2
B026/2
B030/4
B033/2
B051/1
I18
B035/4
B007
B008
Q3
B037/2
I16
B023/2
B010
B013
B015/1
I21
B052/2
B062/4
B063/4
B062/3
B063/3
I13
B036/2
B048/3
B009
I17
B023/3
B030/2
B021/4
B033/4
B026/3
B053/1
B020/1
B071/4
B071/2
B014
I20
B060/1
B050/1
B061/4
MA2工频故障
MA2工频运行
I19
B042/4
B017
B013
B070
B015
Q4
B049/2

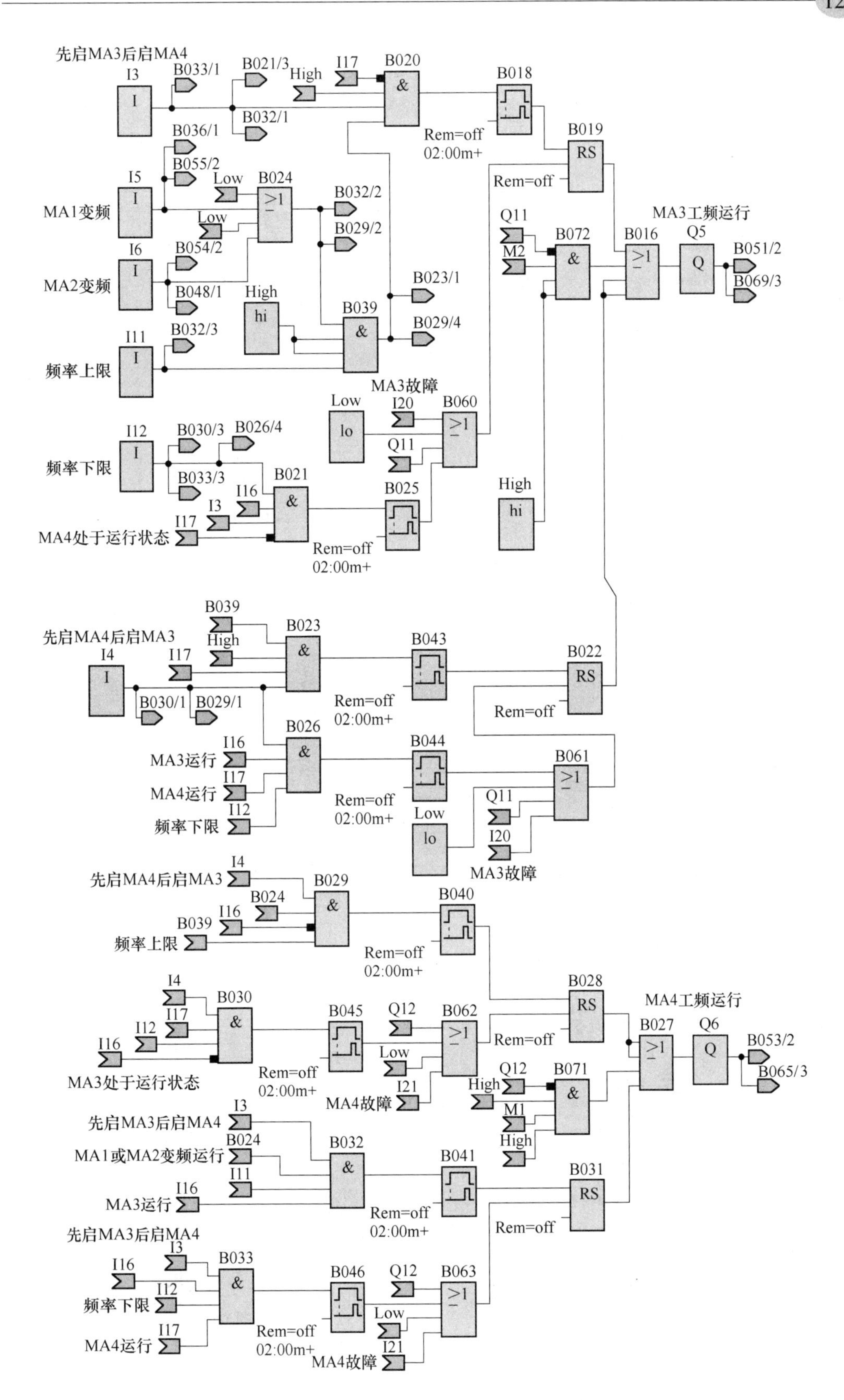
先启MA3后启MA4
MA1变频
MA2变频
频率上限
频率下限
MA4处于运行状态
MA3故障
MA3工频运行
先启MA4后启MA3
MA3运行
MA4运行
MA4工频运行
MA3处于运行状态
MA4故障
MA1或MA2变频运行
Rem=off
02:00m+

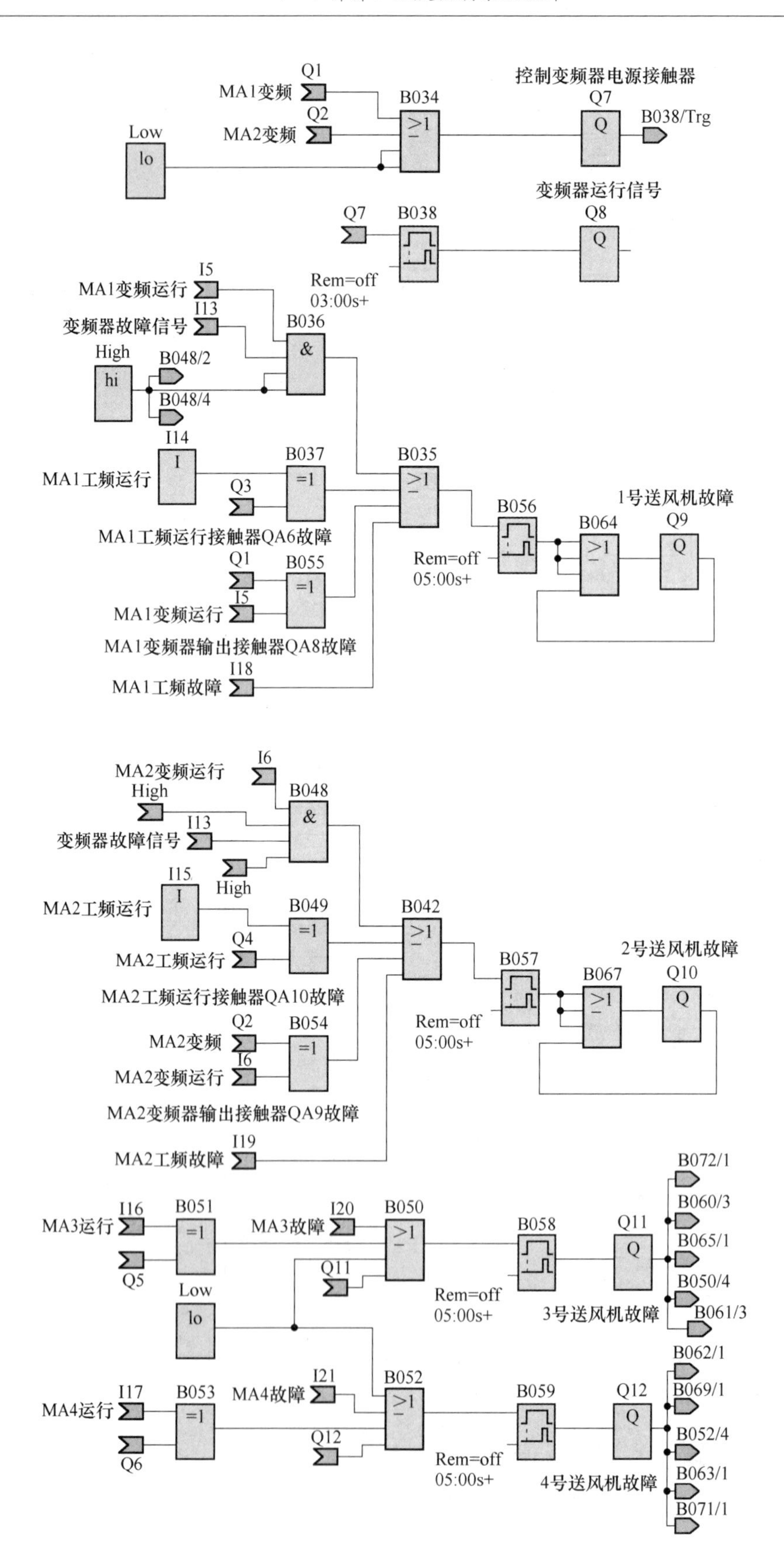
控制变频器电源接触器
Q1
MA1变频
Q2
MA2变频
Low
lo
B034
≥1
Q7
Q
B038/Trg
变频器运行信号
Q7
B038
Q8
Q
Rem=off
03:00s+
I5
MA1变频运行
I13
变频器故障信号
B036
&
High
hi
B048/2
B048/4
I14
I
MA1工频运行
B037
=1
Q3
B035
≥1
MA1工频运行接触器QA6故障
B056
1号送风机故障
B064
≥1
Q9
Q
Rem=off
05:00s+
Q1
B055
=1
I5
MA1变频运行
MA1变频器输出接触器QA8故障
I18
MA1工频故障
MA2变频运行
I6
High
B048
&
I13
变频器故障信号
High
I15
I
MA2工频运行
B049
=1
Q4
MA2工频运行
B042
≥1
B057
2号送风机故障
B067
≥1
Q10
Q
MA2工频运行接触器QA10故障
Rem=off
05:00s+
Q2
MA2变频
B054
=1
I6
MA2变频运行
MA2变频器输出接触器QA9故障
I19
MA2工频故障
B072/1
B060/3
MA3运行
I16
B051
=1
MA3故障
I20
B050
≥1
B058
Q11
Q
B065/1
Q5
Q11
Low
lo
Rem=off
05:00s+
3号送风机故障
B050/4
B061/3
B062/1
B069/1
MA4运行
I17
B053
=1
MA4故障
I21
B052
≥1
B059
Q12
Q
Q12
Q6
B052/4
Rem=off
05:00s+
4号送风机故障
B063/1
B071/1

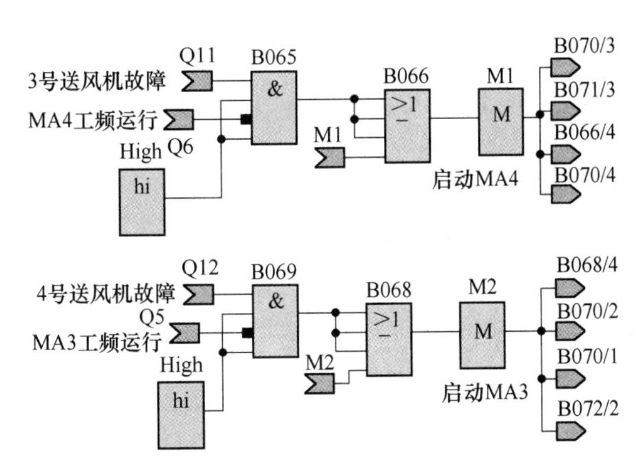

图 4.27 热风机组自动运行功能块图

4.6.2 程序仿真

利用 LOGO! Soft Comfort V8.2 编程软件对图 4.27 所示的功能块图进行仿真。

按下仿真键 F3，或点击仿真符号，进入仿真界面，界面下方出现如图 4.28 所示的输入输出信号，所有信号的状态均为 0。

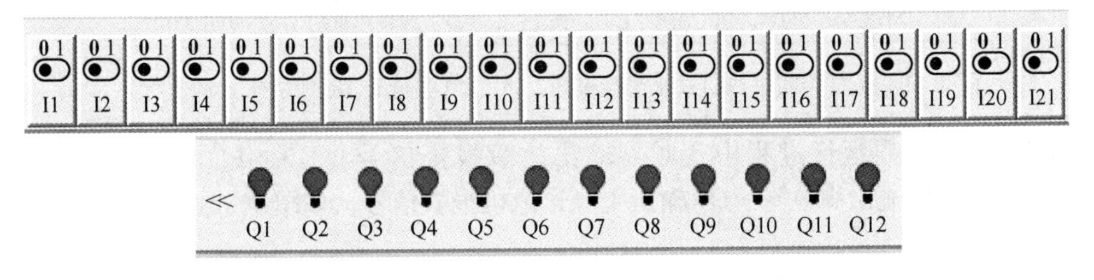

图 4.28 进入仿真界面的初始输入输出状态

4.6.2.1 启动顺序为 MA1、MA3、MA4

当气温高于 3℃时（I10=1），机组进水温度高于 25℃（I8=1），在选择了 MA1 变频运行（旋钮 SF21 位于左侧位置、I1=1、I2=0）、按照 MA1、MA3、MA4 的顺序进行启动（I3=1、I4=0）的情况下，B002 的复位端为 1 状态，其输出为 0，进而使 Q1 和 Q2 端为 0 状态，如图 4.29 所示。

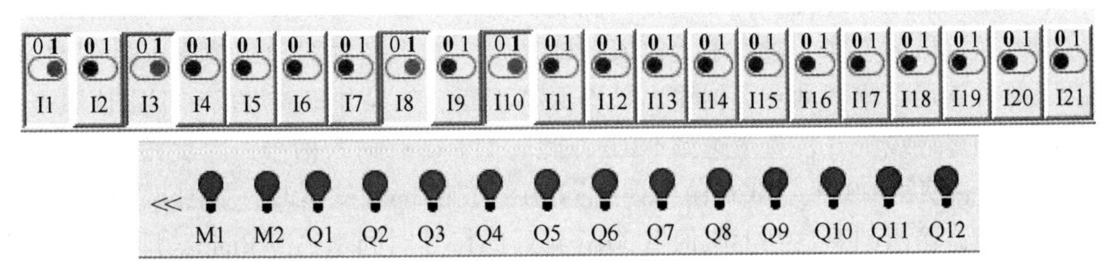

图 4.29 仿真界面中气温高于 3℃时的输入输出状态

当机组进水温度低于 15℃时（I7=1），即使气温低于 1℃（I9=1），B002 的输出仍为 0，输出端 Q1 和 Q2 为 0 状态，如图 4.30 所示。

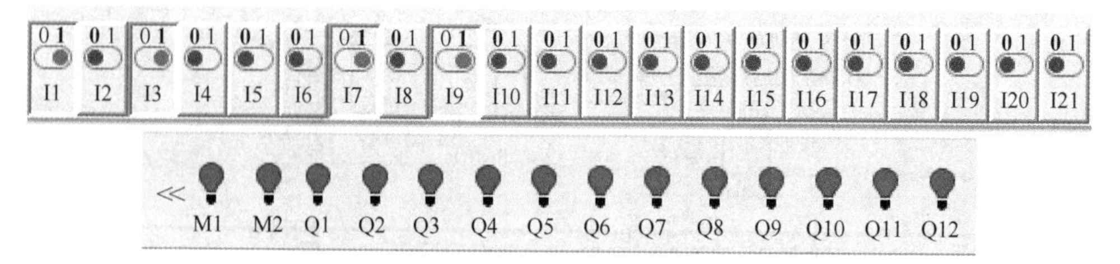

图 4.30　仿真界面中机组进水温度低于 15℃时的输入输出状态

当机组进水温度高于 25℃（I8=1）、气温低于 1℃（I9=1）时，B003、B002、B001、B034 均输出 1 状态，B038 经 3s 延时后输出为 1，使得 Q1、Q7 和 Q8 有输出，变频器电源接触器 QA7 和 MA1 变频运行接触器 QA8 随之吸合，使得 I5 端有输入，如图 4.31 所示。

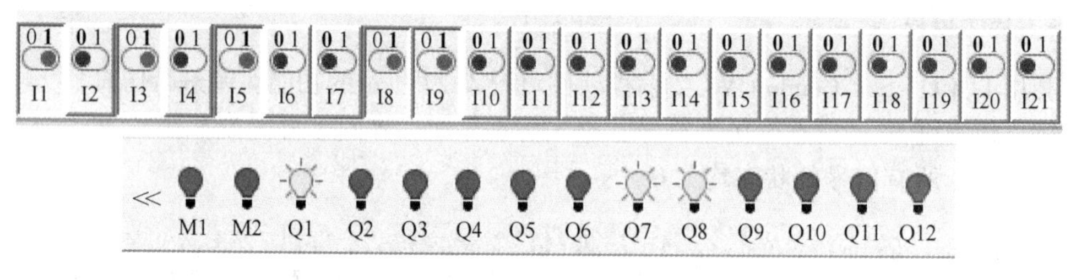

图 4.31　仿真界面中机组进水温度高于 25℃、气温低于 1℃时的输入输出状态

如果 MA1 变频运行过程中变频器输出故障报警信号（I13=1），则 B036、B035、B056、B064 相继输出高电平，Q9 输出 1 号送风机报警信号，如图 4.32 所示。

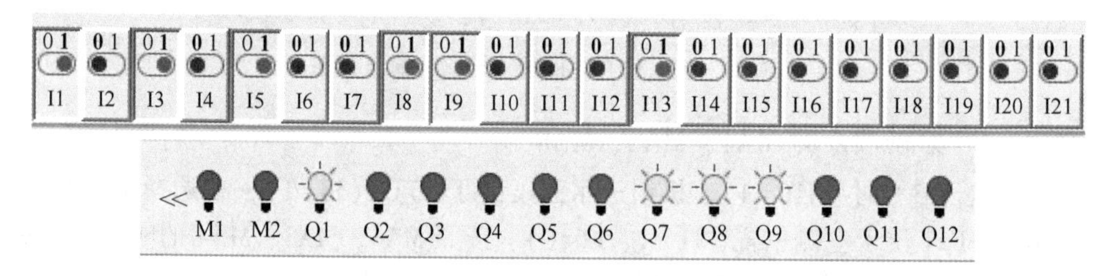

图 4.32　仿真界面中 MA1 变频运行过程中 Q9 输出故障报警信号

在 1 号送风机运行过程中，如果井口温度较低，未能达到要求，则变频器输出频率会上升，增大送风机的速度，进而增大热风的输送量。如果变频器输出频率未达到 50Hz 时井口温度即可满足要求，则变频器输出频率保持不变。如果井口温度仍在下限值以下，则变频器输出频率继续上升，直至达到 50Hz，此时 I11 端有输入信号，因旋钮 SF22 在左侧位置（I3=1），使得 B039、B020 输出为 1，B018 开始 2min 的延时，如图 4.33 所示。

如果变频器输出频率达到上限值（50Hz）后的持续时间未达到 2min，即在 2min 之内变频器输出频率又下降到某一值，则 I11 变为 0，B018 随之停止延时，并复位为 0，MA1 继续以降低后的频率值运行，维持矿井井口温度在设定的范围。

当变频器的输出频率保持在 50Hz 的时间达到了 2min，B018 输出变高，B019、B016 输出都为 1 状态，使得 Q5 有输出，启动 MA3，第 2 台送风机开始运行，如图 4.34 所示。

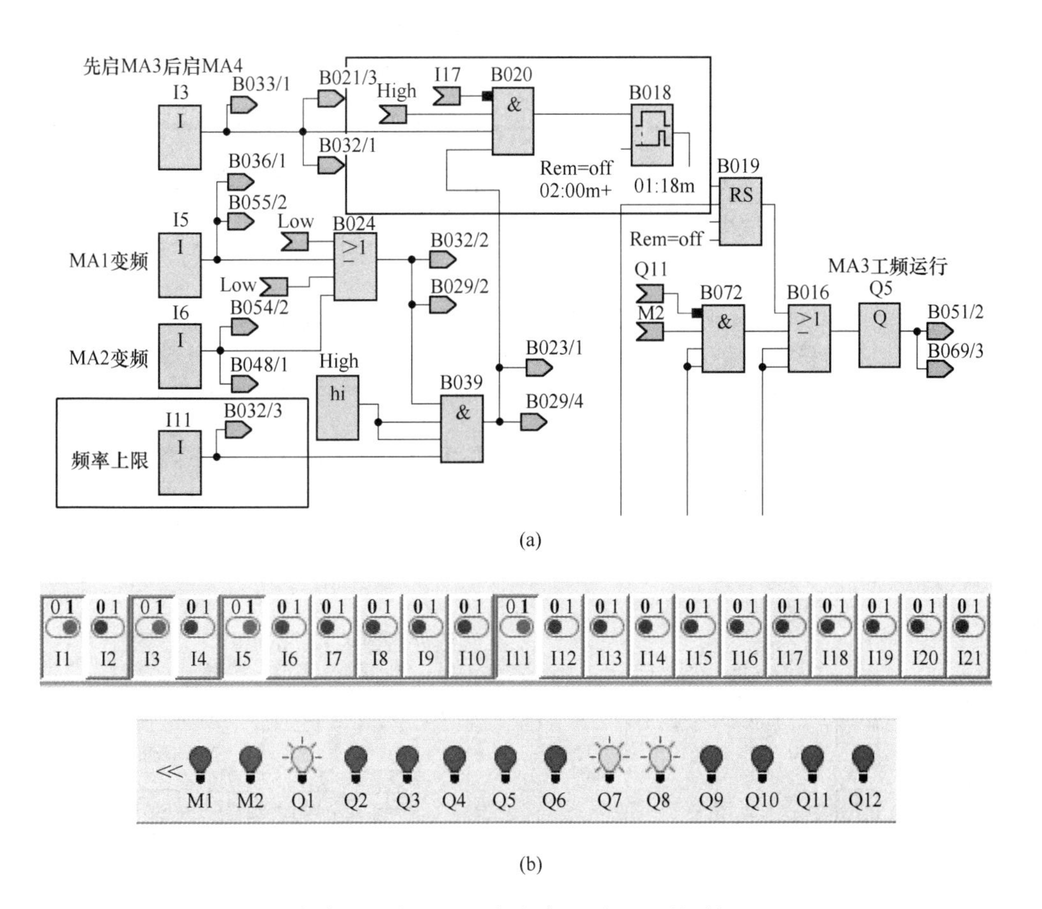

图 4.33 仿真界面中 MA1 运行频率达到 50Hz 的时间不足 2min

(a) 仿真界面中 MA1 运行时变频器输出频率达到上限值 2min 之内的相关功能块状态；
(b) 仿真界面中 MA1 运行时变频器输出频率达到上限值 2min 之内的输入输出状态

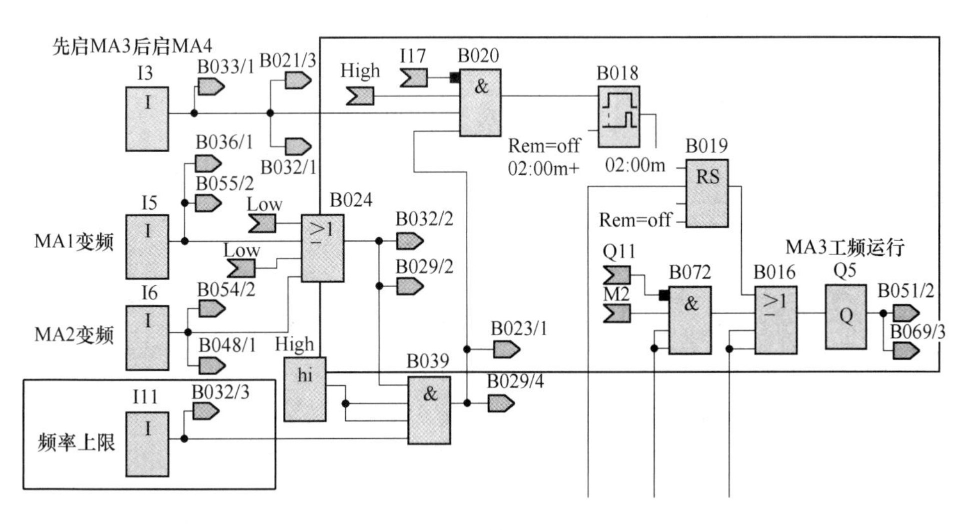

(a)

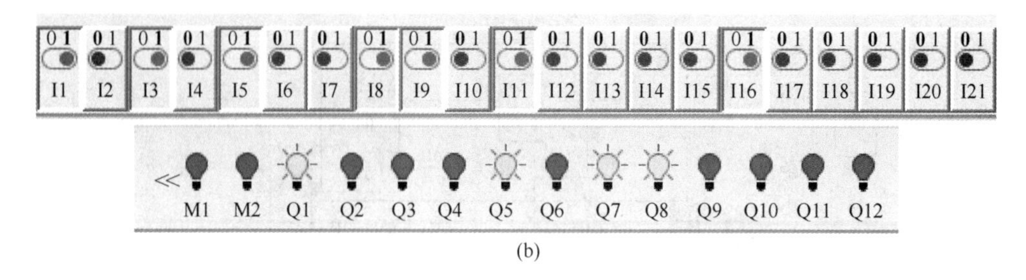

(b)

图 4.34　仿真界面中 MA1 运行频率达到 50Hz 且延时时间达到 2min

（a）仿真界面中 MA1 运行时变频器输出频率达到上限值 2min 之后的相关功能块状态；

（b）仿真界面中 MA1 运行时变频器输出频率达到上限值 2min 之后的输入输出状态

如果 2 台送风机运行使得井口温度升高，进而使变频器输出频率下降到频率下限值（I12=1），B025 开始延时，延时时间未到 2min，B019 复位端为 0，B016 输出端 Q5 一直有输出，如图 4.35 所示。

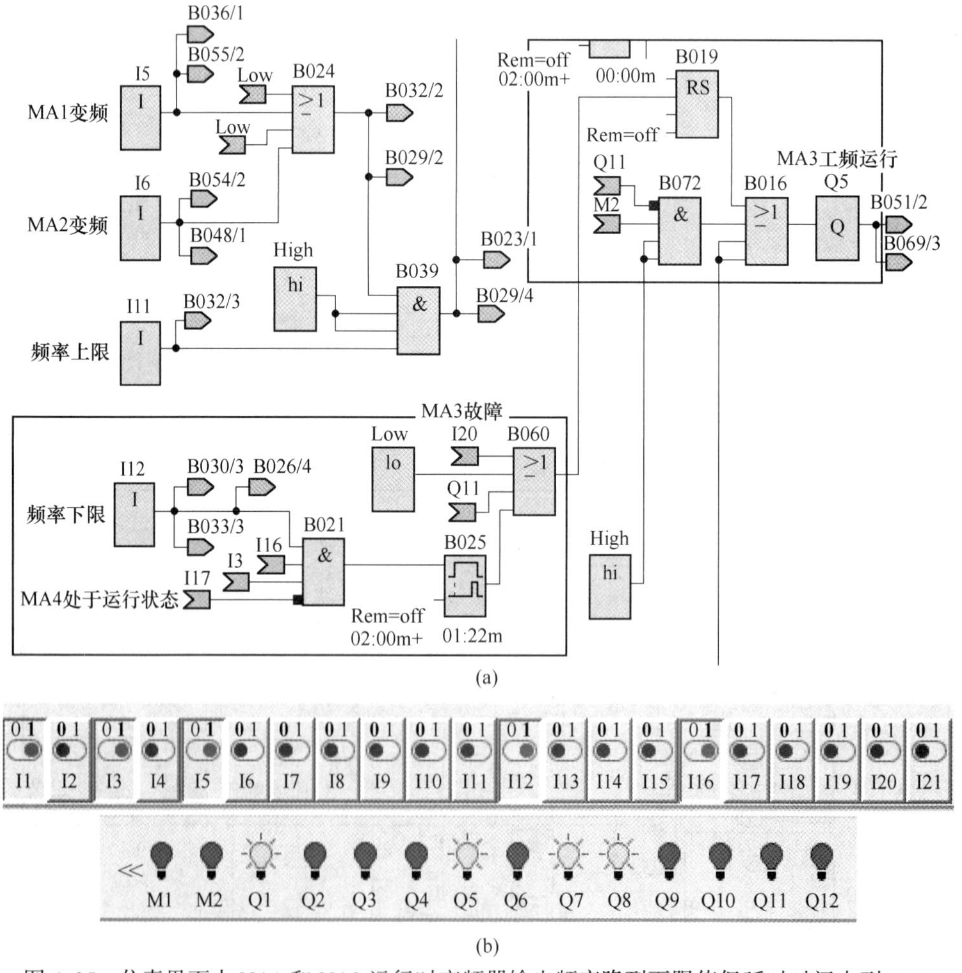

(b)

图 4.35　仿真界面中 MA1 和 MA3 运行时变频器输出频率降到下限值但延时时间未到 2min

（a）仿真界面中 MA1 和 MA3 运行时变频器输出频率降为下限值 2min 内相关功能块的状态；

（b）仿真界面中 MA1 和 MA3 运行时变频器输出频率降为下限值 2min 内的输入输出状态

当 B025 延时时间到达 2min 后，其输出状态为 1，使 B060 输出变高、B019 复位，B016 的输出 Q5 随之变为 0，接触器 QA11 断开，MA3 停止运行，如图 4.36 所示。

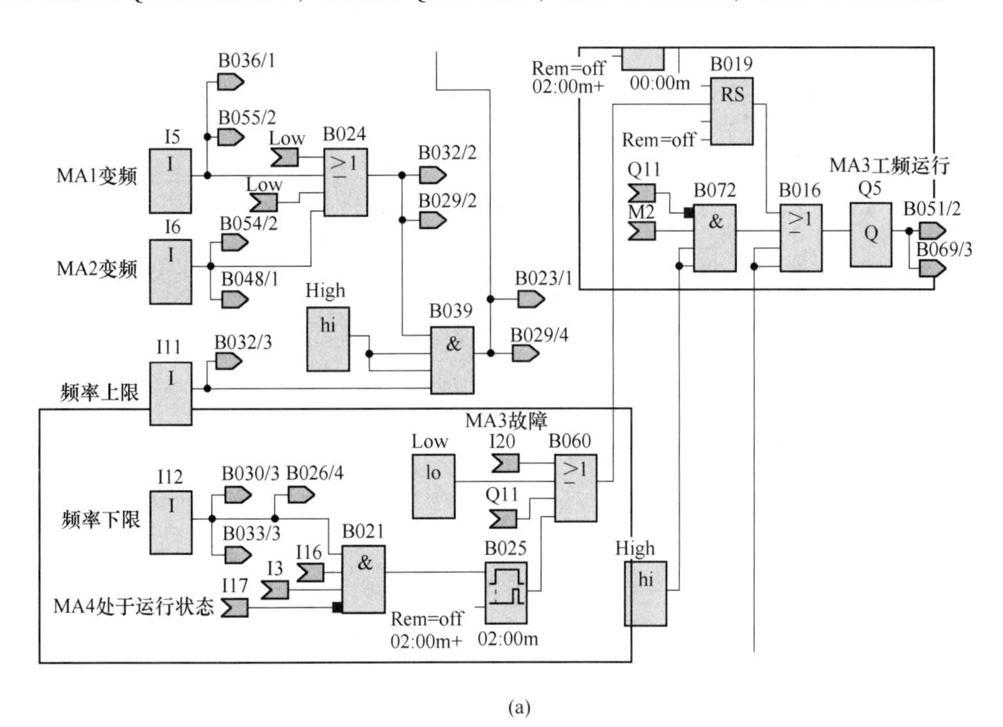

(a)

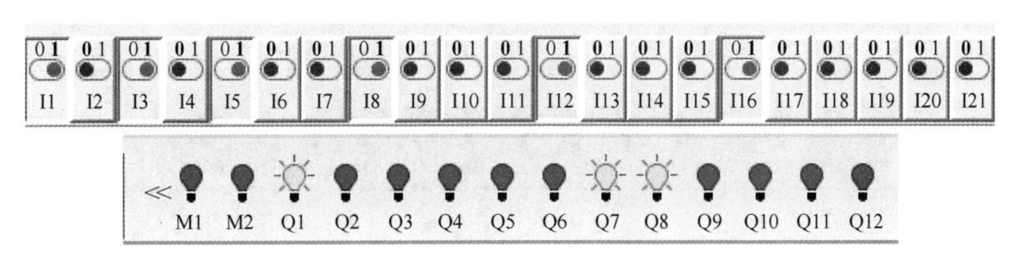

(b)

图 4.36 仿真界面中变频器输出频率降到下限值且延时时间到达 2min 瞬间
（a）仿真界面中 MA1 和 MA3 运行时变频器输出频率降为下限值 2min 时相关功能块的状态；
（b）仿真界面中 MA1 和 MA3 运行时变频器输出频率降为下限值 2min 时的输入输出状态

接触器 QA11 断电后，I16 端信号变为 0，B021、B025、B060 输出为 0，使得 B019 复位端变为低电平，B019、B016 输出仍为 0，Q5 无输出，如图 4.37 所示。

在 MA1、MA3 运行（Q1=1，Q5=1，I5=1，I16=1）期间，变频器输出频率又上升到 50Hz（I11=1）并保持 2min，则 MA4 启动运行（Q6=1，I17=1），启动后的状态如图 4.38 所示。

3 台设备（MA1、MA3 和 MA4）运行过程中，若变频器输出频率下降到下限值，B033 输出 1 状态，B046 开始延时，延时期间 B031、B027 输出状态为 1，Q6 仍有输出，如图 4.39 所示。

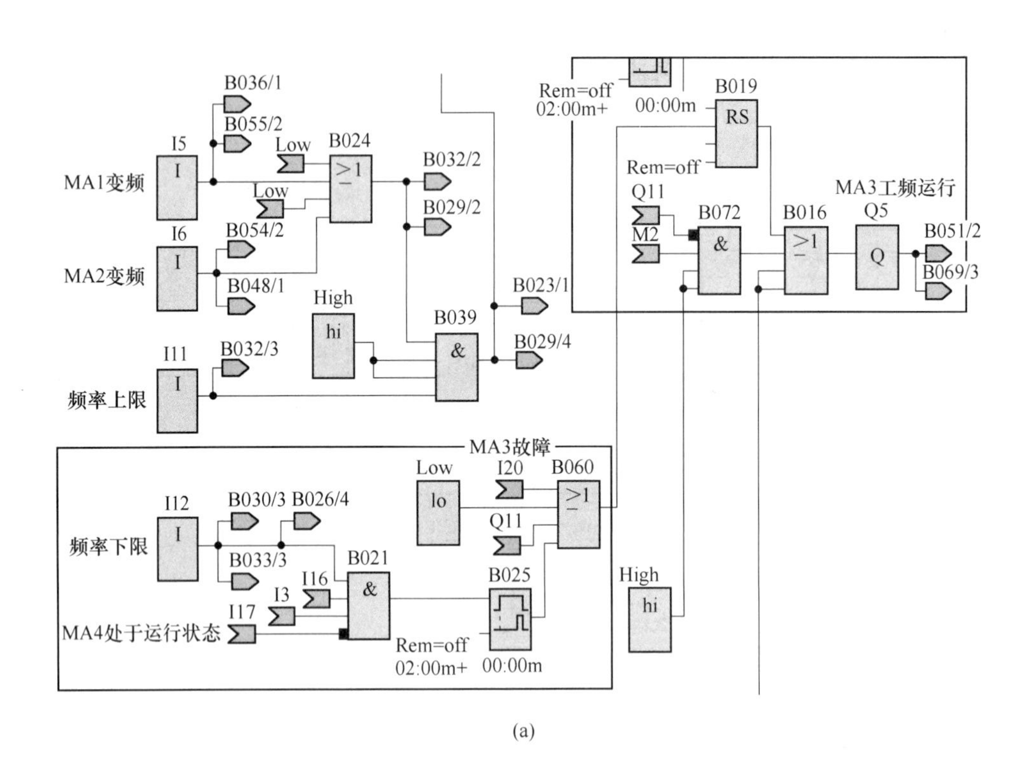

(a)

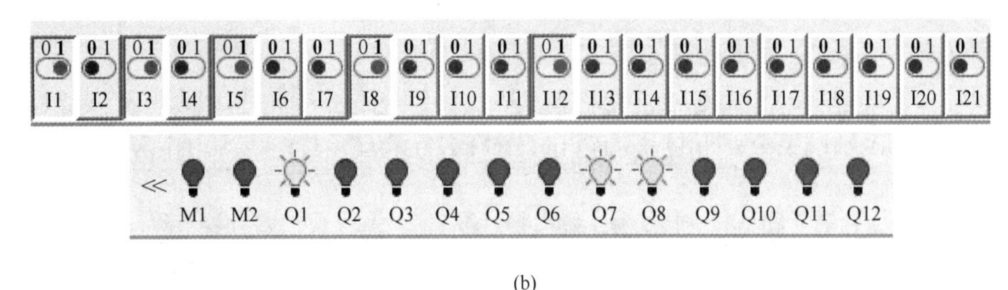

(b)

图 4.37　仿真界面中变频器输出频率降到下限值且延时时间在 2min 之后

（a）仿真界面中 MA1 和 MA3 运行时变频器输出频率降为下限值 2min 时相关功能块的状态；

（b）仿真界面中 MA1 和 MA3 运行时变频器输出频率降为下限值 2min 后的输入输出状态

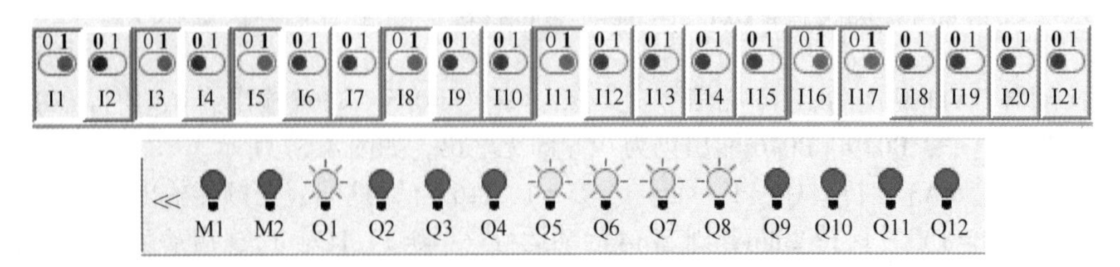

图 4.38　仿真界面中 MA1 和 MA3 处于运行状态且变频器输出频率达到 50Hz 并延时 2min 后

当 B046 的延时时间到达后，其输出为 1，B063 输出随之变高，B031 复位，使得 B027 输出变为 0，Q6 无输出，停止 MA4，如图 4.40 所示。

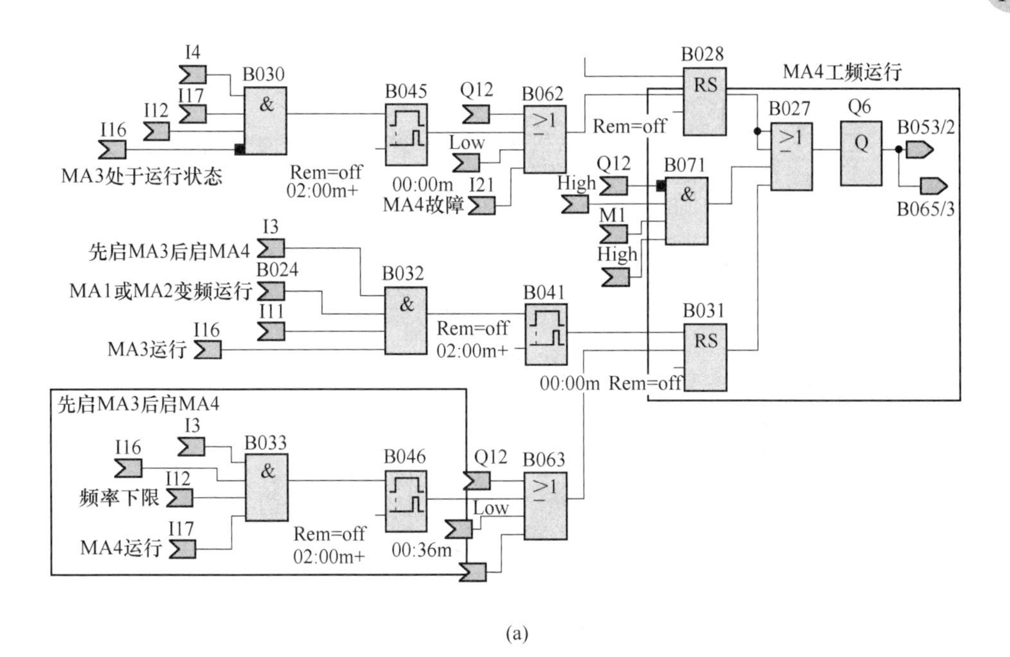

(a)

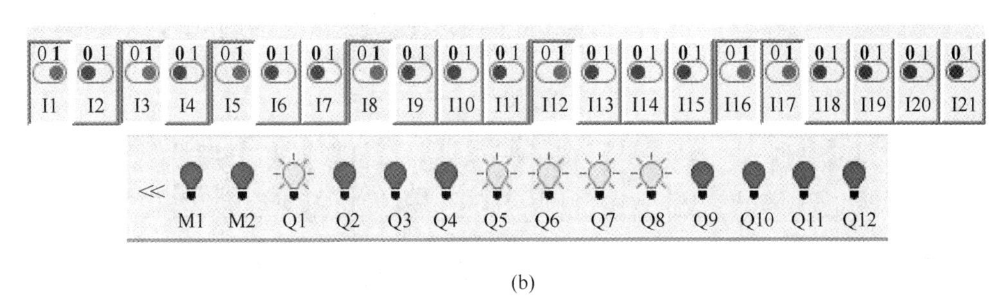

(b)

图 4.39　仿真界面中 MA1、MA3 和 MA4 运行时且变频器输出频率为下限值并在 B046 延时期间

(a) MA1、MA3 和 MA4 运行时变频器输出频率为下限值 2min 内相关功能块的状态；

(b) MA1、MA3 和 MA4 运行时且变频器输出频率为下限值时 2min 内的输入输出状态

如果变频器输出频率继续保持下限值，B021 输出为 1，B025 开始延时，并在到达设定的延时时间后，使 Q5 输出由 1 变为 0，MA3 停止运行。

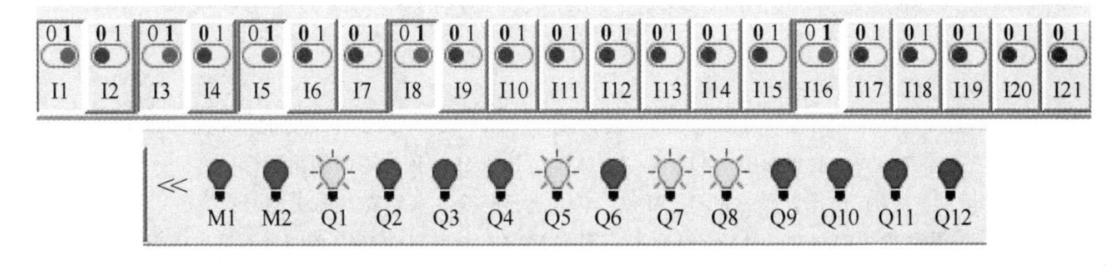

图 4.40　仿真界面中 MA1、MA3、MA4 运行时且变频器输出频率为下限值并延时时间到达后

假设在 MA1、MA3 和 MA4 运行期间，MA4 出故障（I21 = 1），B063 输出变高，B031、B027 随之输出 0 状态，使得 Q6 变为 0，MA4 停止运行，B052、B059（延时 5s 后）输出高电平，通过 Q12 输出故障报警信号，如图 4.41 所示。

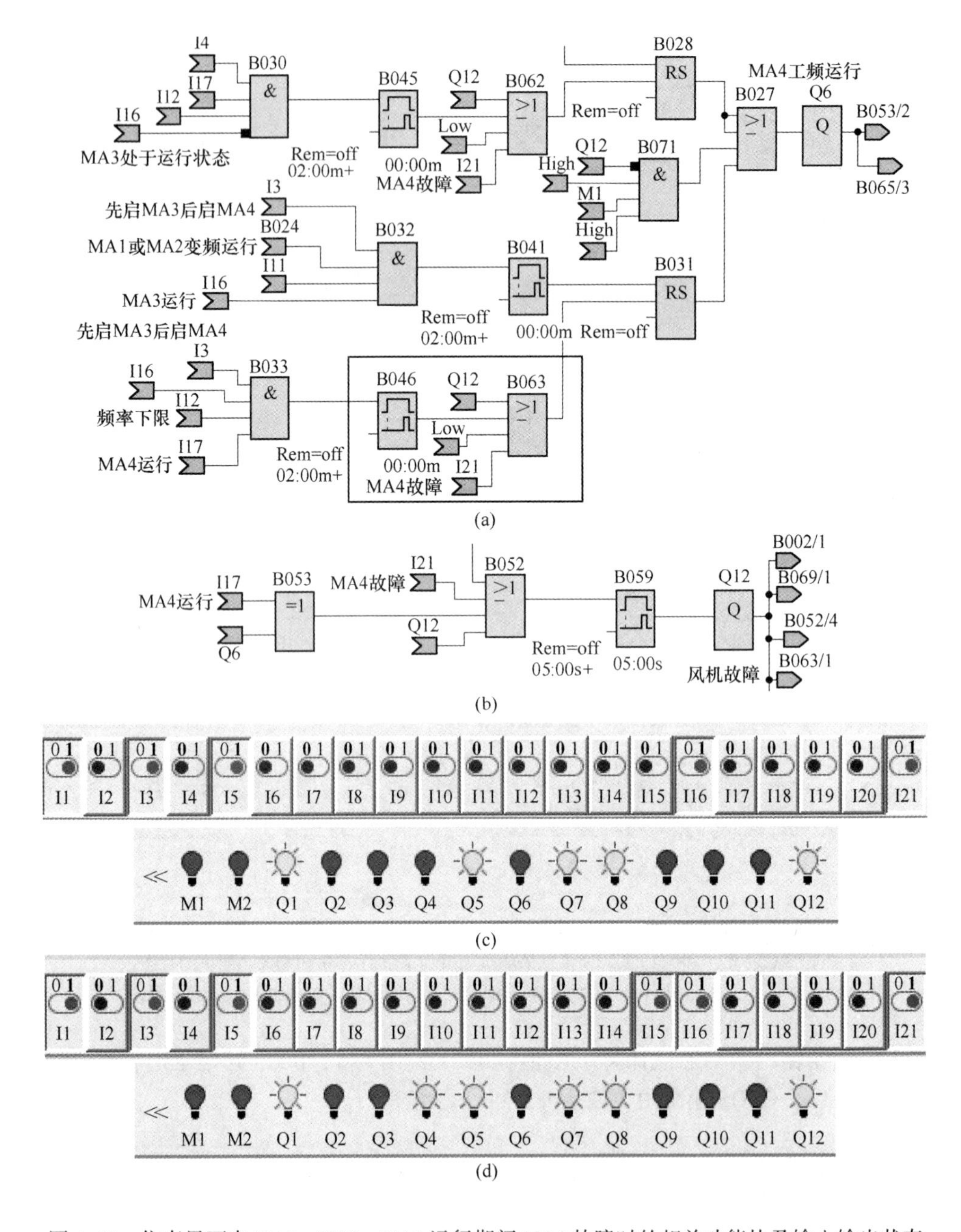

图 4.41 仿真界面中 MA1、MA3、MA4 运行期间 MA4 故障时的相关功能块及输入输出状态

（a）仿真界面中 MA1、MA3、MA4 运行时 MA4 因故障而停止运行；

（b）仿真界面中 MA1、MA3、MA4 运行时输出 MA4 故障报警信号；

（c）仿真界面中 MA1、MA3、MA4 运行期间 MA4 故障时启动 MA2 前的输入输出状态；

（d）仿真界面中 MA1、MA3、MA4 运行期间 MA4 故障时启动 MA2 后的输入输出状态

假设在 MA1、MA3 和 MA4 运行期间，MA3 出故障（I20=1），B060 输出为 1，B019、B016 随之输出变为 0，使得 Q5 变为 0，MA3 停止运行，B050、B058（延时 5s 后）输出变高，通过 Q11 输出故障报警信号，输入输出状态如图 4.42（a）所示，B017 和 B015 随

之输出高电平，使 Q4=1，如图 4.42（b）所示。

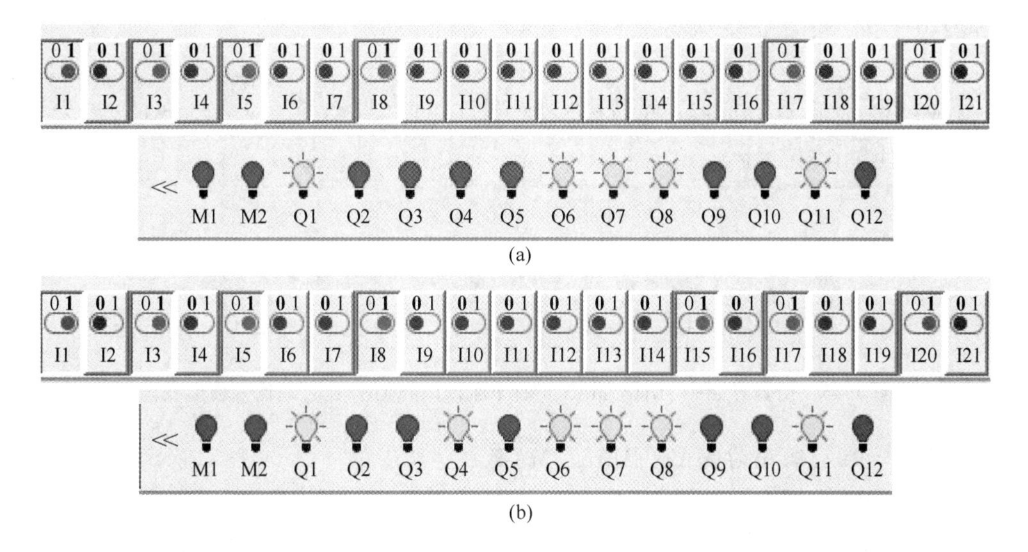

图 4.42　仿真界面中 MA1、MA3、MA4 运行期间 MA3 故障时的输入输出状态
（a）仿真界面中 MA1、MA3、MA4 运行期间 MA3 故障瞬间的相关功能块状态；
（b）仿真界面中 MA1、MA3、MA4 运行期间 MA3 故障、启动 MA2 的相关功能块状态

MA1 变频运行期间，如果输出接触器 QA8 故障不能吸合（I5=0），则在 Q9 端输出报警信号（Q9=1），如图 4.43 所示。

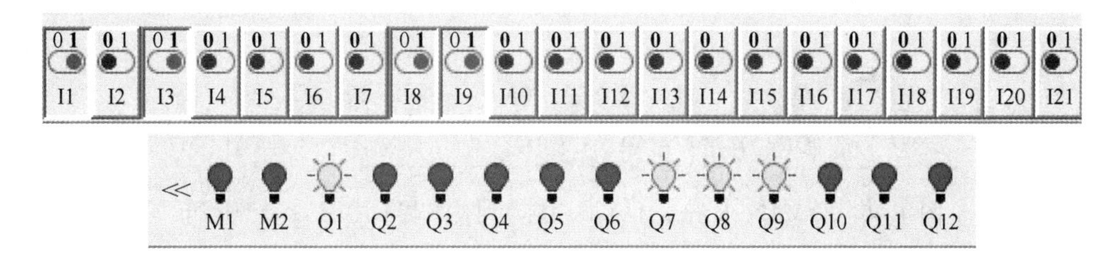

图 4.43　仿真界面中 MA1 变频运行时输出接触器 QA8 不能吸合的输入输出状态

假设在 MA1、MA3 和 MA4 运行期间，MA4 故障（I21=1）使得 MA2 工频启动运行（Q4=1），如果运行过程中 MA2 也故障（I19=1），则 B017、B015 输出变为 0，使 Q4=0，而 B042、B057、B067 的输出随之变高，Q10=1，输出报警信号，如图 4.44 所示。

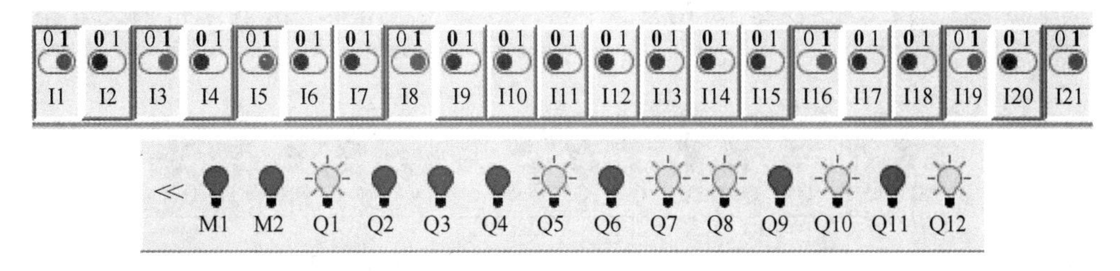

图 4.44　仿真界面中 MA1、MA3、MA4 运行时 MA4 和 MA2 相继故障后的输入输出状态

如果因 MA4 故障（Q12=1）使得 MA1、MA3、MA2 处于运行状态，在运行过程中接

触器 QA10 因故障而释放，致使 MA2 的返回信号消失（I15=0），则输出 MA2 的故障报警信号（Q10=1），如图 4.45 所示。

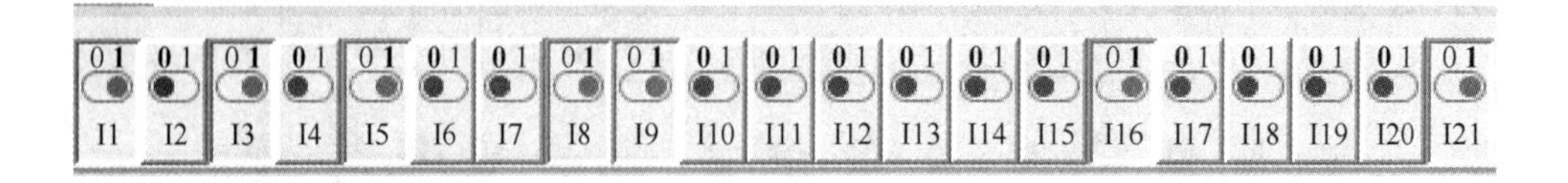

图 4.45　仿真界面中 MA1、MA3、MA2 运行期间 I15=0 时的输入输出状态

4.6.2.2　启动顺序为 MA2、MA3、MA4

当选择了 MA2 变频运行时（旋钮 SF21 位于右侧位置，I1=0，I2=1），在机组进水温度和气温都满足运行条件的情况下，B003、B002、B006、B034、B038 相继输出 1 状态，输出端 Q2、Q7 和 Q8 有信号，MA2 变频运行接触器 QA9 吸合，使得 I6 端有输入，如图 4.46 所示。

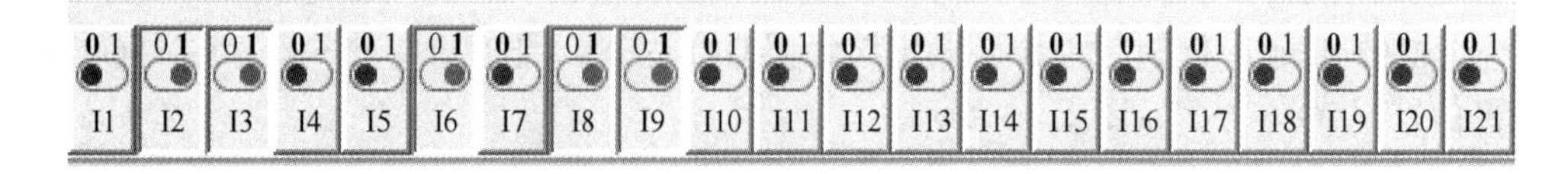

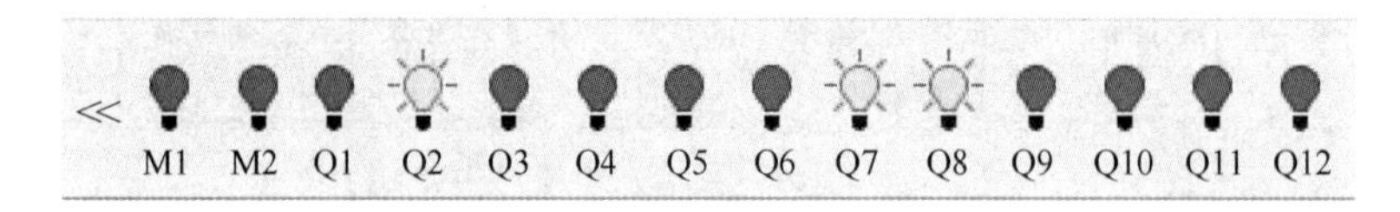

图 4.46　按 MA2、MA3、MA4 顺序启动时仿真界面中 MA2 变频运行

机组运行过程中，如果机组进水温度下降到 25℃以下（I8=0），但仍在 15℃之上（I7=0），B002、B006、B034、B038 输出 1 状态，Q2、Q7 和 Q8 端有输出信号，MA2 仍保持运行状态，如图 4.47 所示。

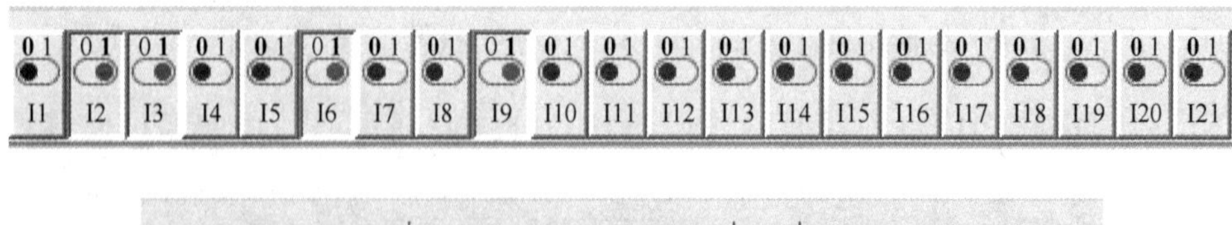

图 4.47　按 MA2、MA3、MA4 顺序启动时机组进水温介于 15℃和 25℃之间 MA2 运行界面

机组运行过程中，如果机组进水温度下降到 15℃和 25℃之间（I8=0），同时气温上升到 1℃和 3℃之间（I9=0），B002、B006、B034、B038 输出状态仍为 1，Q2、Q7 和 Q8

端有输出信号，I6 端随之有输入信号，如图 4.48 所示。

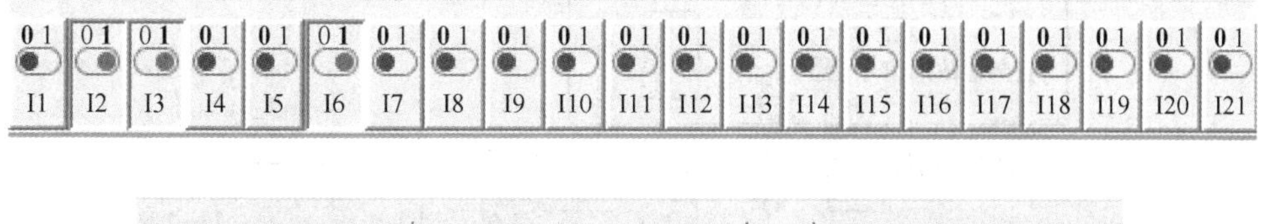

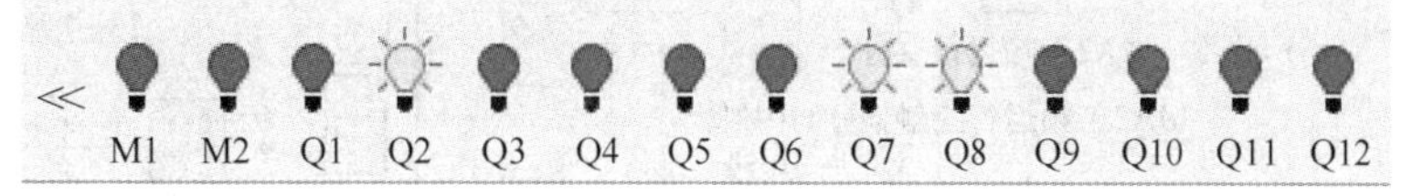

图 4.48 进水温在 15℃和 25℃之间、气温在 1℃和 3℃之间时 MA2 变频运行界面

当机组进水温度满足要求，而气温高于 3℃时，I10 = 1，B004 输出为高电平，B002 复位端为 1，其输出 0 状态，B001、B006 因此输出为 0，Q1 和 Q2 端无输出信号，如图 4.49 所示。

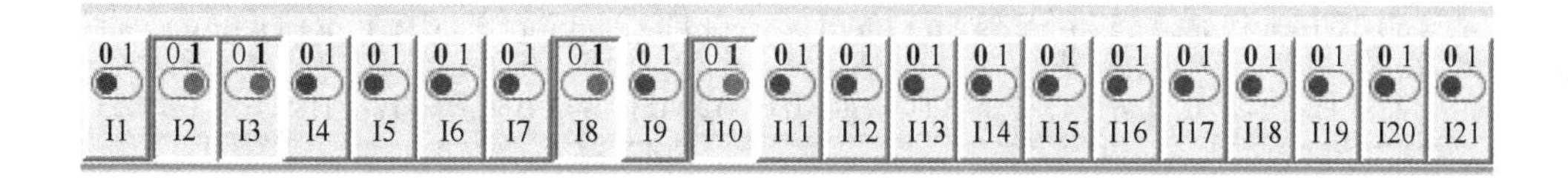

图 4.49 仿真界面中气温高于 3℃时的输入输出状态

在井口温度未达到上限值时，变频器输出频率升为 50Hz 后，B024、B039、B020、B018、B019、B016 以及 B032、B041、B031、B027 输出状态相继延时变高，Q5 和 Q6 随之有输出，MA3 和 MA4 启动，I16 和 I17 端有输入，如图 4.50 所示。

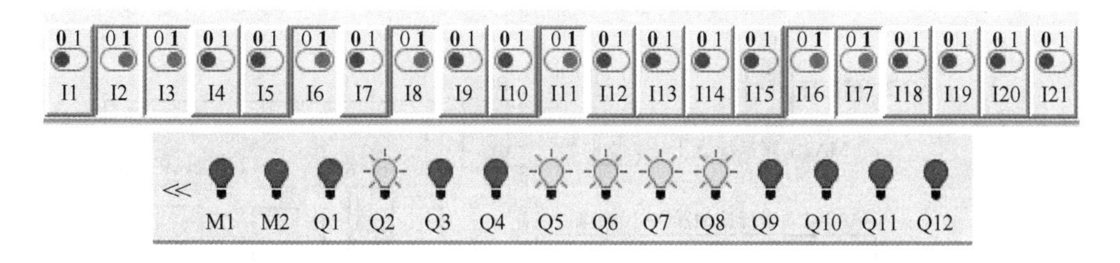

图 4.50 仿真界面中 MA2、MA3、MA4 启动后的输入输出状态

如果在 3 台送风机运行期间变频器故障报警，则 I13 = 1，输出端 Q10 经 5s 延时后输出 2 号送风机的报警信号，如图 4.51 所示。

如果在 3 台送风机运行期间变频器输出端接触器 QA9 断开，使得 I6 = 0，则 B054、B042 输出随之变高，B057、B067 经 5s 的延时后输出变为 1，使 Q10 有输出信号，控制蜂鸣器报警，如图 4.52 所示。

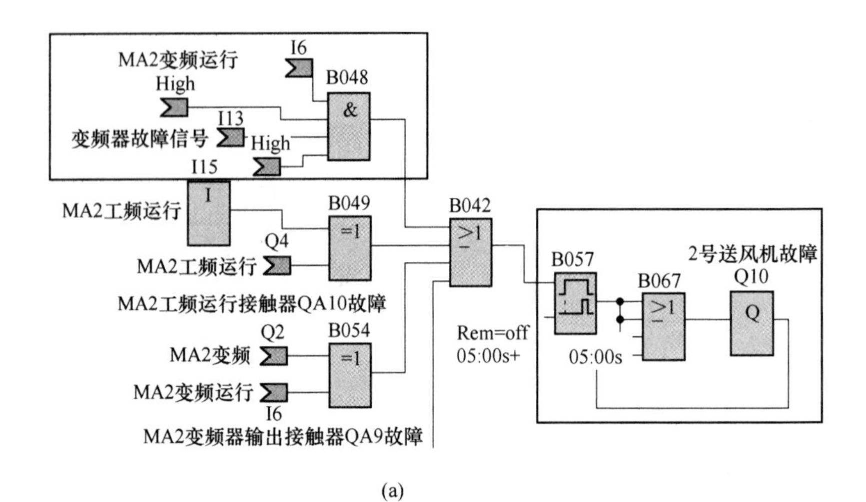

(a)

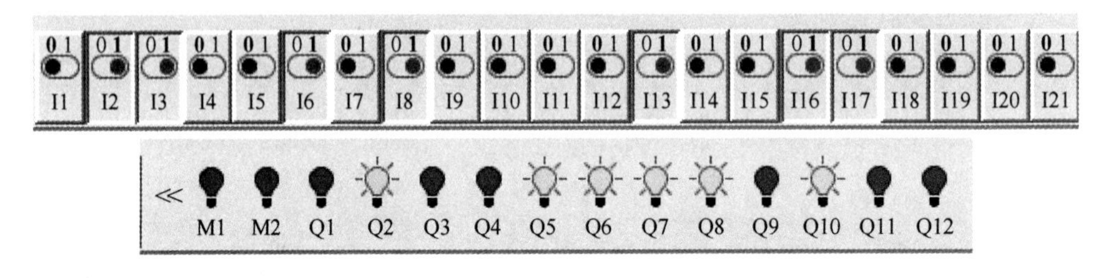

(b)

图 4.51　MA2、MA3、MA4 运行过程中变频器故障报警仿真界面

(a) 变频器故障报警后的功能块图中报警输出；

(b) 仿真界面中 MA2、MA3、MA4 运行过程中变频器故障报警后的输入输出状态

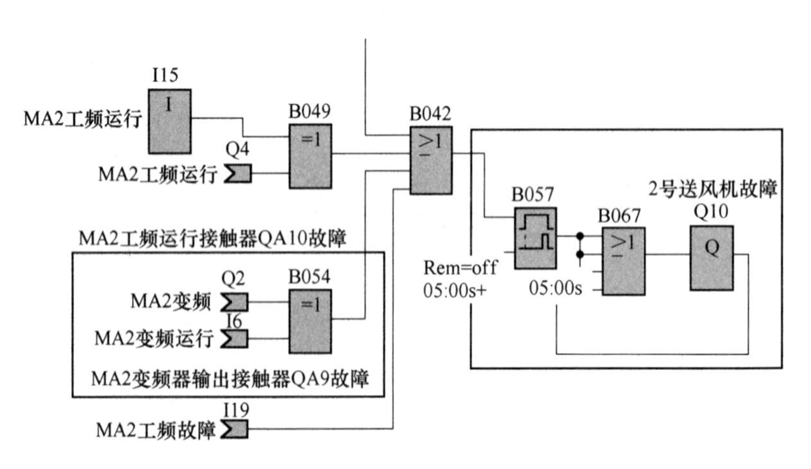

(a)

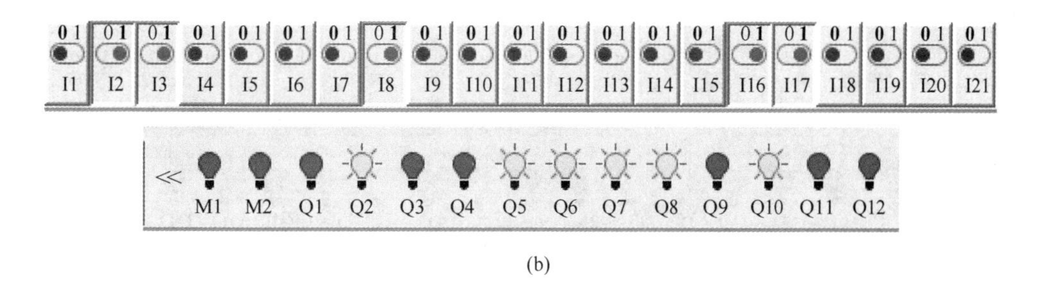

(b)

图 4.52 MA2、MA3、MA4 运行过程中变频器输出接触器故障后的仿真界面
(a) 变频器输出接触器故障后的功能块图；(b) 仿真界面中 MA2、MA3、MA4 运行过程中变频器输出接触器故障后的输入输出状态

如果在 3 台送风机运行期间 MA3 故障（I20＝1），B050 输出变为 1，B058 延时 5s 后输出变高，Q11 输出报警信号，如图 4.53（a）所示。I20 端输入 MA3 故障信号，使得 B014、B013、B008 输出 1 状态，Q3 有输出，使接触器 QA6 吸合，启动 MA1 工频运行，如图 4.53（b）所示。输入输出端的状态如图 4.53（c）所示。

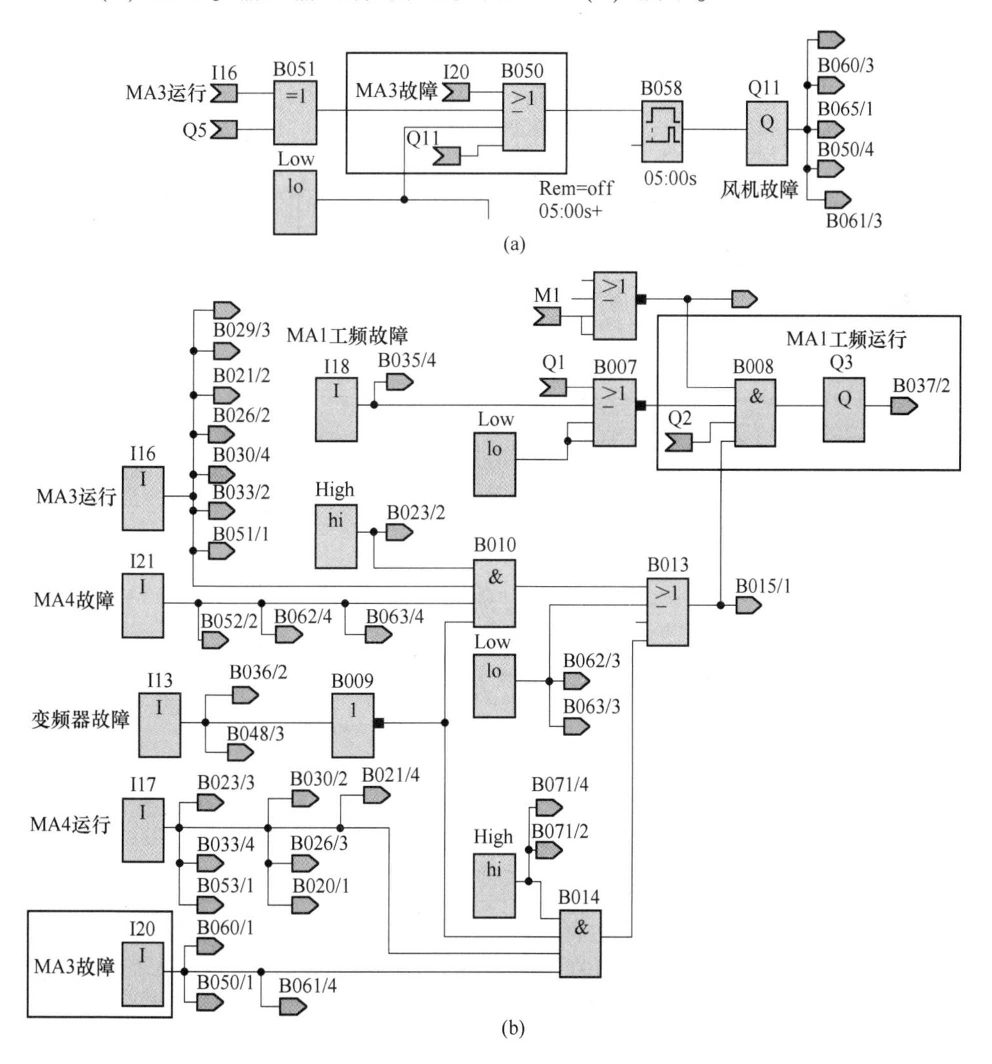

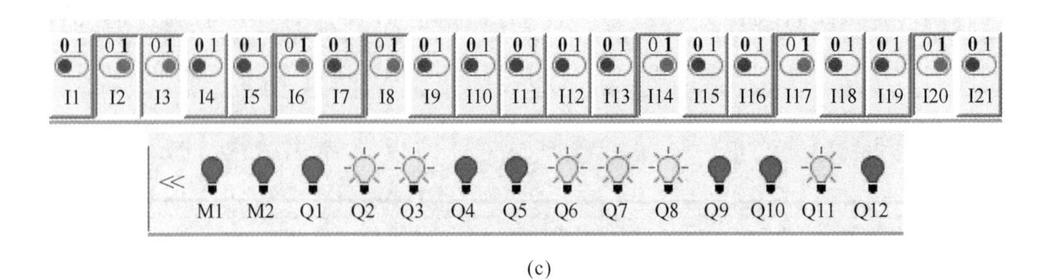

(c)

图 4.53　MA2、MA3、MA4 运行过程中 MA3 故障时 MA1 启动后的仿真界面

（a）MA3 故障时 Q11 输出报警信号；（b）MA3 故障时 Q3 输出 MA1 工频运行信号；

（c）MA2、MA3、MA4 运行过程中 MA3 故障后的输入输出状态仿真界面

在 MA2、MA3、MA4 运行过程中若变频器输出频率降到下限值（I12 = 1），B033 输出为 1，B046 开始延时，如果延时时间在 2min 之内，B046、B063 输出均为 0，B031 复位端为 0 状态，其输出为高电平，B027 输出状态为 1，使 Q6 保持有输出信号，如图 4.54 所示。

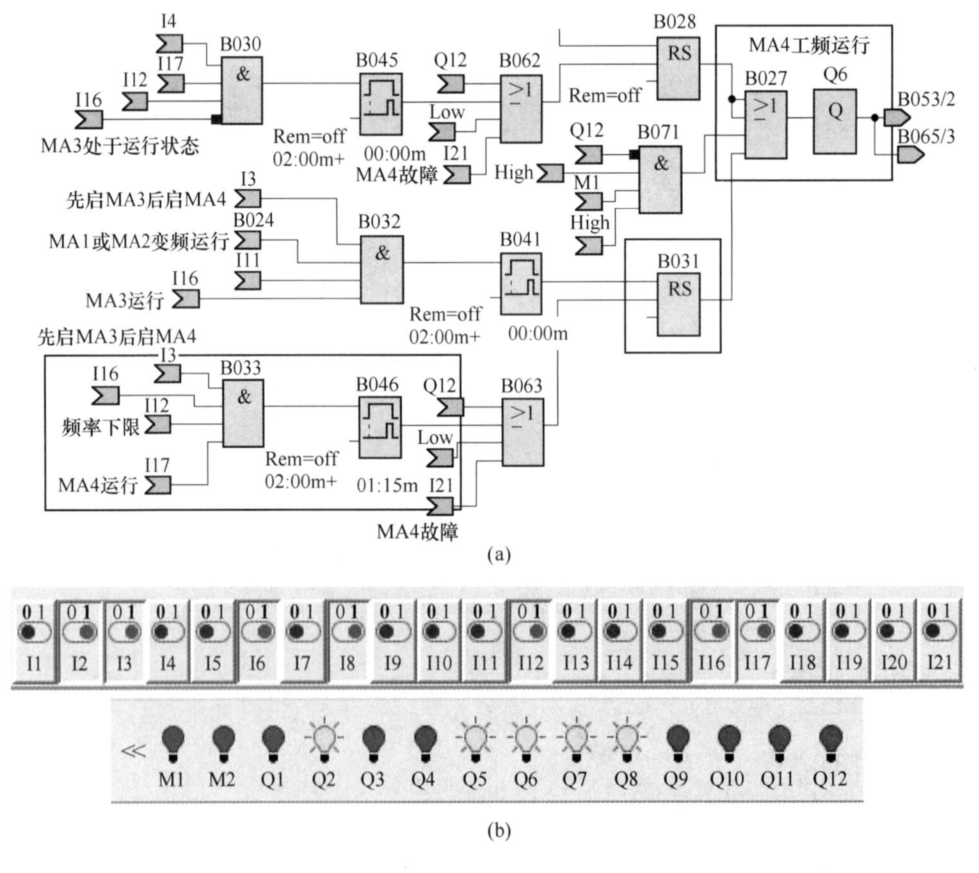

图 4.54　MA2、MA3、MA4 运行过程中变频器输出频率降为下限值延时期间的仿真界面

（a）变频器输出频率降为下限值延时 1.15min 时相关功能块的状态；

（b）变频器输出频率降为下限值延时 1.2min 时的输入输出状态

在 MA2、MA3、MA4 运行过程中若变频器输出频率降到下限值（I12 = 1）并延时达到 2min 后，则 B046、B063 输出变高，B031 复位，B027 输出变低，使 Q6 = 0，MA4 停止运行，I17 随之变为 0 状态，使 B033、B046、B063、B031、B027 输出为 0，Q6 无输出信号，如图 4.55 所示。

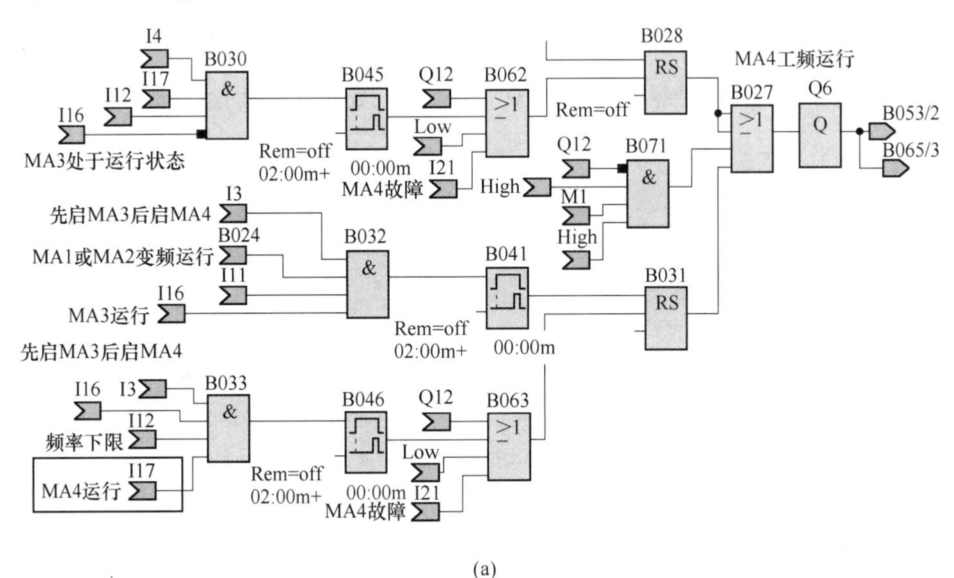

(a)

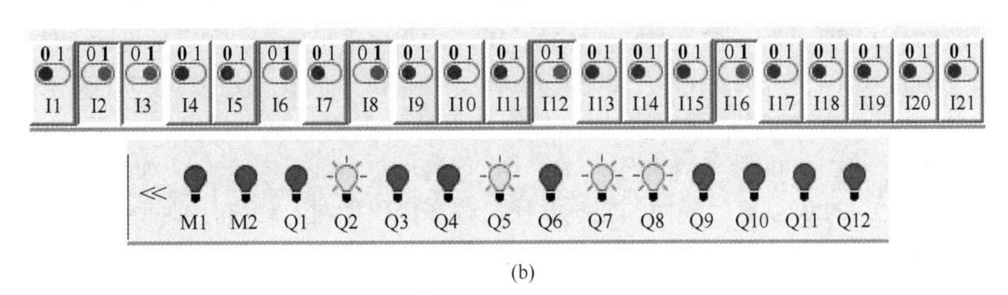

(b)

图 4.55　MA2、MA3、MA4 运行时变频器输出频率降为下限值且延时达到设定值的仿真界面
（a）变频器输出频率降为下限值且到达延时时间设定值时相关功能块的状态；
（b）变频器输出频率降为下限值且到达延时时间设定值的输入输出状态

在 MA2、MA3 运行期间，如果变频器输出频率降到下限值，则会自动停止 MA3。

4.6.2.3　启动顺序为 MA1、MA4、MA3

当旋钮 SF21 位于左侧位置（I1 = 1，I2 = 0）、旋钮 SF22 位于右侧位置（I3 = 0，I4 = 1）时，选择 MA1 变频运行、按照 MA1、MA4、MA3 的顺序进行启动。在满足启动的条件下（I8 = 1，机组进口水温度高于 25℃；I9 = 1，气温低于 1℃），B012、B003、B002、B001、B034、B038 相继输出变为 1，使 Q1、Q7、Q8 有输出信号，MA1 得电运行。当变频器输出频率为上限值的时间达到 2min 后，B029、B040、B028、B027 的输出变为 1，Q6 有输出，MA4 启动运行，如图 4.56 所示。

如果在 MA1、MA4 运行期间 MA4 故障（I21 = 1），则 B063 输出变高，使得 B031 复位，B027 输出随之变为 0，Q6 = 0，MA4 停止。B052、B059 相继输出高电平，Q12 = 1，给出 4 号送风机故障报警信号。B069、B068 输出变高，使 M2 变为 1 并保持，B072、

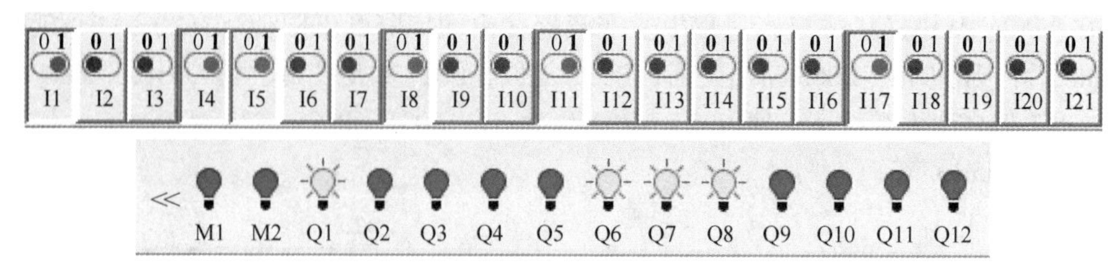

图 4.56 仿真界面中 MA1、MA4 运行时的输入输出状态

B016 输出变为 1，Q5 有输出，启动 MA3。输入输出状态如图 4.57 所示。

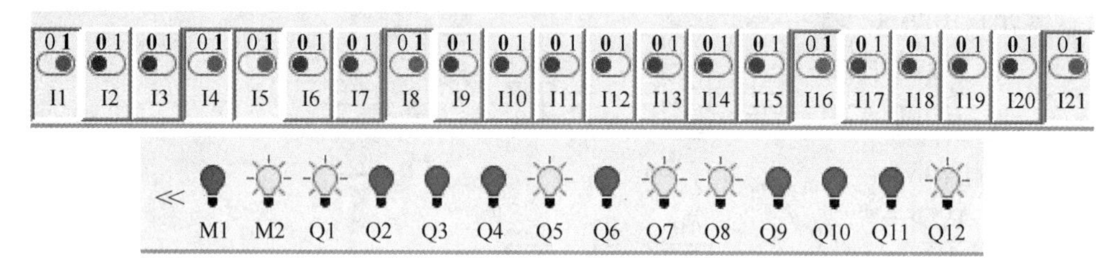

图 4.57 仿真界面中 MA1、MA4 运行期间 MA4 故障时的输入输出状态

4.6.2.4 启动顺序为 MA2、MA4、MA3

当旋钮 SF21 位于右侧位置（I1=0，I2=1）、旋钮 SF22 位于右侧位置（I3=0，I4=1）时，选择 MA2 变频运行、按照 MA2、MA4、MA3 的顺序进行启动。在满足启动条件的情况下，B011、B003、B002、B006、B034、B038 相继输出 1 状态，使 Q2、Q7、Q8 有输出信号，MA2 得电变频运行。在变频器输出频率保持上限值的时间超出 2min 后，B039、B029、B040、B028、B027 输出相继变高，Q6 有输出，MA4 启动运行，如图 4.58（a）所示。在 MA2、MA4 运行过程中，变频器输出频率仍保持在上限值且时间超出了 2min，B039、B023、B043、B022、B016 相继输出 1 状态，Q5 有输出，MA3 启动运行，如图 4.58（b）所示。

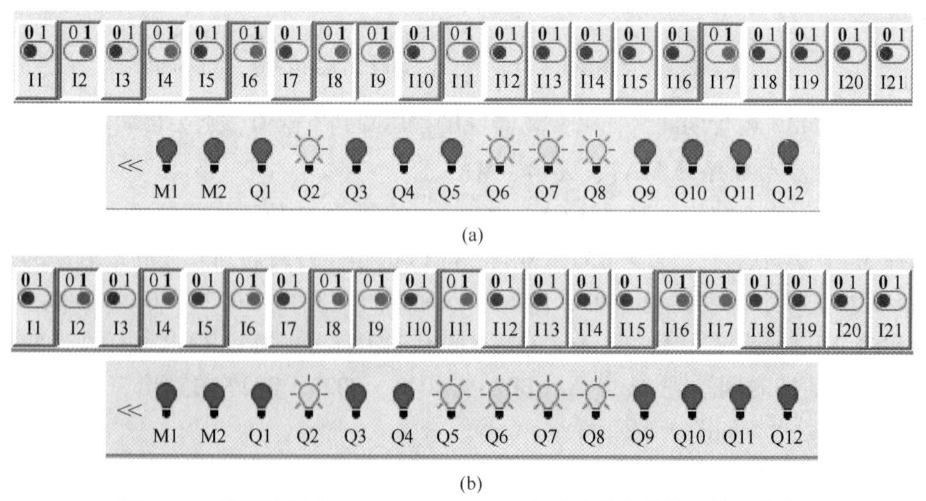

图 4.58 仿真界面中 MA2、MA4、MA3 启动过程中的输入输出状态

（a）MA2 运行过程中满足第 2 台设备启动条件时 MA4 启动后的输入输出状态；
（b）MA2 和 MA4 运行过程中满足第 3 台设备启动条件时 MA3 启动后的输入输出状态

如果在3台送风机运行期间MA3故障（I20=1），则B061输出为1，使B022复位，B016输出变低，Q5=0，MA3停止。同时B050、B058相继输出1状态，Q11=1，发出3号送风机故障报警信号。B014、B013、B008输出变高，Q3=1，启动MA1工频运行。输入输出状态如图4.59所示。

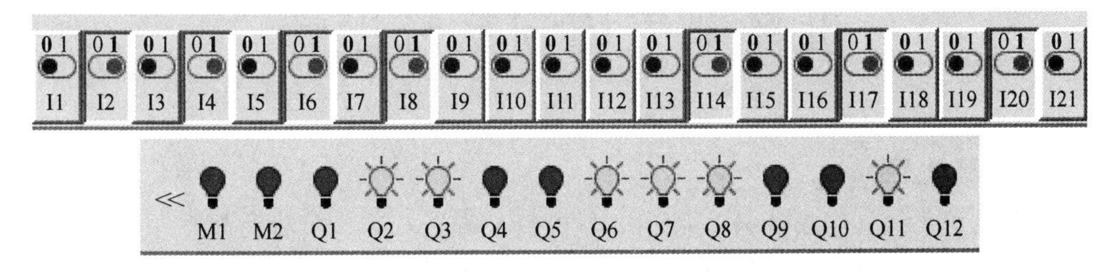

图4.59 仿真界面中MA2、MA4、MA3运行期间MA3故障MA1自动工频运行的输入输出状态

5 高强钢筋生产线精整液压设备电气控制系统设计

思政之窗

新中国成立之初，百废待兴。4亿人口中有八成是文盲，人均受教育年限为1.6年。1949年，我国仅有高等学校205所，高等教育毛入学率仅为0.26%，全部在校生不足12万人，其中工科在校生只有3万人。1953年我国颁布第一个五年计划。“一五计划”实施期间，仅工业、运输业和地质勘探等方面就需要技术人员30万，而已有技术人员包括见习技术员仅14.8万，缺口达15万多。当时的工科院校和工程技术系科每年仅能招收新生1.6万人，整个“一五计划”期间，只能向国家输送不到5万名毕业生，不足当时工业建设实际需要的25%。1952年，教育部根据“以培养工业建设人才和师资为重点，发展专门学院，整顿和加强综合大学”的方针，在全国范围内进行了高等学校院系调整工作。依据当时我国经济建设对专门人才的急需，借鉴苏联发展高等教育为经济建设快速培养对口人才的经验，历时6年调整，到1957年时，全国共有高等学校229所，其中，综合大学17所、工业院校44所、师范院校58所，基本上改变了旧中国高等教育文重工轻、师范缺乏的状况，顺应了中共中央关于高等教育“要很好地配合国民经济发展的需要，特别要配合工业建设的需要”的要求，为国家培养了一大批经济建设所急需的专门人才，对新中国的工业化建设起到了巨大的推动作用。从1966年开始，高等学校停止招生，大批知识青年被送到农村和工厂参加劳动。

1977年，国务院批转教育部《关于一九七七年高等学校招生工作的意见》发布。文件规定，凡是工人、农民、上山下乡或回乡知识青年、复员军人、干部和应届毕业生，符合条件均可报考。招生办法是自愿报名，统一考试。1978年，全国报考青年总数又激增至615万人，共有40.2万名新生考入大学。与此同时，中国教育也敞开了通向世界的大门。1980年，第五届全国人大常委会第十三次会议上，审议通过了《中华人民共和国学位条例》，确定了我国设学士、硕士、博士级学位，并在学位分级、各级学位的学术标准、严格审定学位授予单位等方面作了规定。这一制度的建立，对我国独立培养、选拔专门人才，特别是高层次专门人才起了重要作用。作为为国家经济社会发展输送高素质人才的主渠道，我国大学生在校人数在1998年却只有780万，高等教育毛入学率仅为9.8%，远远不能满足人民群众接受高等教育的需求和国家经济社会发展对人才的需求。1998年全国高校的招生人数为108万，1999年则招生159万人，比1998年增加了51万人；到2002年，我国普通高校招生320万人，高等教育毛入学率达到15%，正式进入大众化阶段。此后，这一数字仍大跨步增长，2010年达到26.5%，2018年达到48.1%，高等教育向普及化阶段快速迈进。

为迎接世界新技术革命和日益激烈的国际竞争，1992年国家提出“要面向21世纪，重点办好一批（100 所）高等院校”（“211 工程”），以带动整个高等教育发展。1998 年 5 月又决定重点支持国内部分高校创建世界一流大学和高水平大学（“985 工程”），推动我国高等教育向世界一流挺进。2000 年，教育部印发《关于实施“新世纪高等教育教学改革工程”的通知》，启动“新世纪高等教育教学改革工程”；2007 年，教育部、财政部印发《关于实施高等学校本科教学质量与教学改革工程的意见》，“高等学校本科教学质量与教学改革工程”启动；2011 年，“本科教学工程”实施意见正式发布。制定人才培养标准、推进专业综合改革、推进优质资源建设共享、强化实践教学、提高教师教学能力等系列提质工程的实施，是我国高等教育由精英教育向大众化教育转型、由外延式发展模式向内涵式发展模式转型、由传统的计划管理向现代的教育治理转型的关键举措，推动了我国高等教育质量大幅跃升。2012 年，十八届中共中央政治局常委与中外记者见面，新当选的中共中央总书记习近平用 10 个“更”诠释人民对美好生活的期盼，10 个“更”中，“教育”居首。“人民期盼更好的教育”，我们的教育改革发展必须回应人民对更高质量、更加公平教育的关切和期待，满足人民日益增长的美好教育需要。2014 年，《国务院关于深化考试招生制度改革的实施意见》发布，吹响了自 1977 年恢复高考以来力度最大的一轮高考改革号角，分类考试、综合评价、多元录取，破除“一考定终身”“唯分数论”，从育分到育人，着眼于人的终身发展。2015 年，国务院印发《统筹推进世界一流大学和一流学科建设总体方案》：到 2020 年，若干所大学和一批学科进入世界一流行列，若干学科进入世界一流学科前列……，到本世纪中叶，一流大学和一流学科的数量和实力进入世界前列，基本建成高等教育强国。2016 年，全国高校思想政治工作会议召开，习近平总书记在会上强调，要坚持把立德树人作为中心环节，把思想政治工作贯穿教育教学全过程，实现全程育人、全方位育人，努力开创我国高等教育事业发展新局面。2017 年，《统筹推进世界一流大学和一流学科建设实施办法（暂行）》发布。2018 年，教育部召开改革开放 40 年来首次全国高等学校本科教育工作会议，吹响了建设一流本科教育的集结号。同年，教育部印发《关于加快建设高水平本科教育　全面提高人才培养能力的意见》，确立了未来 5 年建设高水平本科教育的阶段性目标和到 2035 年的总体目标。未来，中国高等教育将通过大力发展新工科、新医科、新农科、新文科，形成覆盖全部学科门类的中国特色、世界水平的一流本科专业集群。

党的十八大以来，我国高等教育快速发展，成绩斐然。2018 年，全国共有普通高等学校 2663 所，各类高等教育在学总规模达 3833 万人，规模居世界第一。

高等教育承担着人才培养、科学研究、社会服务、文化传承创新的四大职能。人才培养是高校办学之本。高等院校通过承担国家重大项目、校企合作、科技成果转化、人才输送等一系列工作，将科技成果应用于国民生活改善的方方面面，推动我国各行各业全线发展。

5.1　液压系统设备及控制要求

本液压系统用于短尺升降输送辊道、升降移钢小车、成捆升降移送链、抱紧装置的液压缸控制。主要设备有主泵、循环泵、电磁水阀、电加热器、电磁溢流阀。表 5.1 中列出了相关设备及其参数。

表 5.1 液压系统设备及其参数

序号	设备名称	数量	电气参数	备　注
1	主泵	5	$P=75\text{kW}$，$n=1480\text{r/min}$	4 用 1 备
2	循环泵	1	$P=11\text{kW}$，$n=1440\text{r/min}$	
3	电磁水阀	1	DC24V	单电磁铁控制
4	电磁溢流阀	5	DC24V	单电磁铁控制
5	电加热器	6	3kW，AC220V	

（1）主泵的启停控制。5 台主泵为 4 用 1 备，互为备用，正常工作时最多只启动 4 台。既可以手动操作启停按钮，控制 4 台泵的启停过程，又可以通过主控室的 PLC 进行控制。手动操作时按钮和指示灯设置在液压站电气控制柜上。液压站内电气控制柜上设置手动控制和联锁控制转换开关，正常工作时切换到联锁控制方式。

（2）循环泵的启停控制。手动操作液压站电气控制柜上的启停按钮，可直接控制循环泵启停。也可以通过主控室的 PLC 进行控制。

（3）电磁水阀的控制。可手动操作控制按钮，控制电磁水阀的通断。电磁水阀的电磁铁通电时，电磁水阀打开，冷却器工作；电磁铁断电时，电磁水阀关闭，冷却器停止工作。电磁水阀指示灯设置在液压站电气控制柜上。电磁水阀可通过电接点温度计根据油温的高低进行自动控制。当油温升至 45℃时，电磁水阀自动接通电源开始工作；当油温降至 40℃时，电磁水阀自动断电，停止工作。电磁水阀还可以通过 PLC 进行控制。

（4）电加热器的控制。既可手动控制又可自动控制。手动控制时，通过操作按钮控制电加热器的工作状态。自动控制时，电加热器通过仪表和电子温度继电器随温度的变化在设定的温度值动作。在最低液位时，电加热器不能工作。即使在手动控制的情况下，也会受油温的连锁控制而自动停止。

（5）压力控制。通过 2 个压力继电器实现主泵和 5 个电磁溢流阀的控制。

当系统压力降至低点调定值 $0.85p_s$（压力下限，p_s 为压力设定值）时，第 1 个压力继电器动作，使工作泵的电磁溢流阀电磁铁得电，主泵开始打压；当系统压力升至高点调定值 $p_s+1.5\text{MPa}$（压力上限）时，第 1 个压力继电器动作，工作泵电磁溢流阀电磁铁断电。

随着系统压力继续上升，当压力上升至第 2 个压力继电器的调定值 $p_s+3\text{MPa}$ 时，第 2 个压力继电器动作，发出声光报警信号，同时工作泵电机断电停止。表明系统出现超高压故障，通知维修人员处理故障，并手动解除报警信号。当系统发生管路破裂，油压下降到很低的值时，（初步调到 5MPa），第 2 个压力继电器下触点动作发出声光报警信号，并自动停止主泵工作。

该信号在液压站内电气控制柜体上设置。

（6）温度控制。正常情况下，工作油温应控制在 35～40℃之间，可以根据实际情况进行调整。油箱上安装 1 个温度传感器，可以通过仪表显示并设定动作值。当油温降至 35℃时，电加热器自动通电工作；当油温升至 40℃时，电加热器自动断电，停止工作；油温未达到 25℃时，主泵不能启动，并发出油温低声光报警。油温升至 60℃时，发出油温高声光报警。油温升至 70℃时，发出油温超高声光报警，自动停泵。

（7）液位报警。油箱液位报警共3个报警接点，每个接点有1个液位继电器，每个液位继电器（对应每个液位）均设声光报警信号。报警信号在液压站内电气控制柜上设置。油箱的3个液位分别设为最高液位、低液位和最低液位。

当油位达到或超过最高液位时，轻故障，红灯“1”亮，并发出声光报警信号。油位低于最高液位时，红灯“1”灭，声光报警信号灭，同时绿灯亮。当油位降到或低于低液位时，轻故障，红灯“2”亮，并发出声光报警信号。油位高于低液位时，红灯“2”灭，声光报警停止，同时绿灯亮。当油位降到或低于最低液位时，重故障，红灯“3”亮，并发出声光报警信号，同时主工作泵和循环泵自动停止，电加热器也断电停止加热。油位高于最低液位时，红灯“3”灭，停止声光报警。

红灯“1”“2”“3”故障信号灯和声光报警器都设置在液压站内电气控制柜上。声光报警信号可以共用，并可手动解除。但是在故障未得到解决时，相应的红灯保持亮的状态。

（8）设计要求。所有设备的动作既可在电气控制柜体上手动操作，又可通过集中控制室的计算机与电气室内的PLC通过通信传输的信号实现集中控制（不要求设计计算机、PLC等内容）。具体设计内容：

1）设计出主泵、循环泵、电磁水阀、电磁溢流阀和电加热器的电气控制线路。

2）选择电气控制线路中的电器，如果线路中有变频器、软启动器、智能仪表等，设置有关参数。

3）设计出压力、温度、液位控制电路，选择相应的传感器、继电器等。为了增强控制系统的抗干扰能力，模拟量信号应通过信号隔离器与系统相连。

4）选择出合适的导电体、电气柜体。

5）电气控制线路中标明与PLC相关联的开关量、模拟量等输入输出量。

5.2 液压系统设备电气控制主电路方案

按照设计要求，首先确定主泵电机、循环泵电机、单电磁铁（电磁水阀和电磁溢流阀）与电加热器的电气控制主电路。

5.2.1 主泵电机电气控制主电路

主泵有5台，电机功率为75kW，因此不宜采用直接启动的方式。可以在下面的几种方式中选择。

（1）5台电机分别由5台软启动器单独启动，如图5.1所示。

（2）5台电机由3台软启动器启动，其中1台电机由1台软启动器启动，另外4台电机采用1控2的方式，如图5.2所示。

（3）5台电机由2台软启动器启动，分别采用1控2和1控3的启动方式，如图5.3所示。

（4）5台电机由1台变频器和2台软启动器启动，其中变频器只为1台电机供电，另外4台电机采用1控2的方式，如图5.4所示。

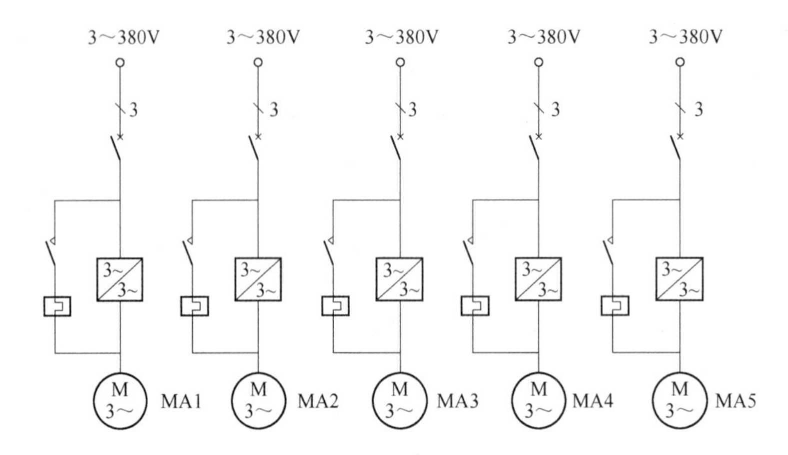

图 5.1 5 台电机分别由 5 台软启动器单独启动

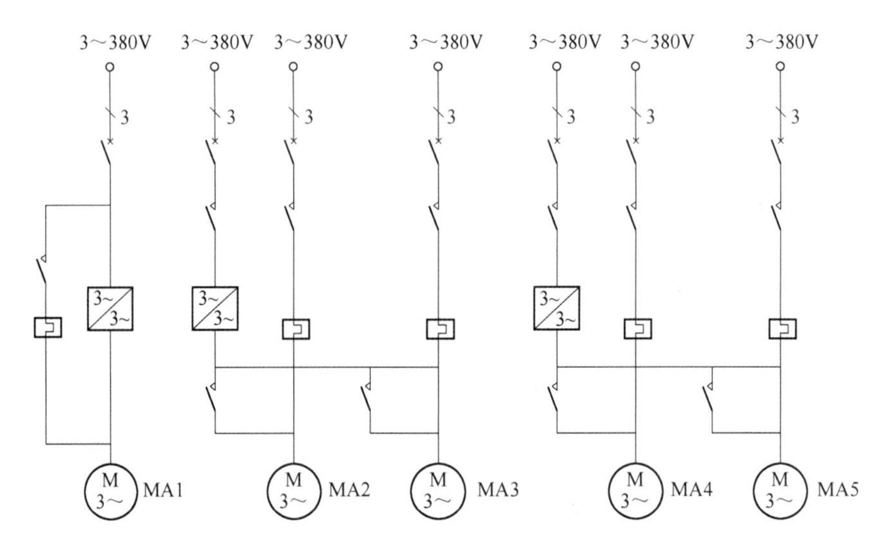

图 5.2 5 台电机由 3 台软启动器启动

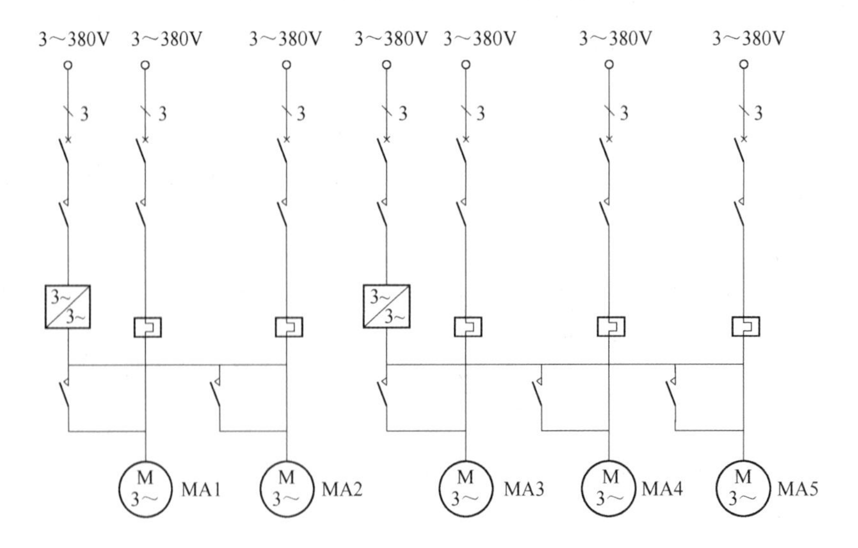

图 5.3 5 台电机由 2 台软启动器启动

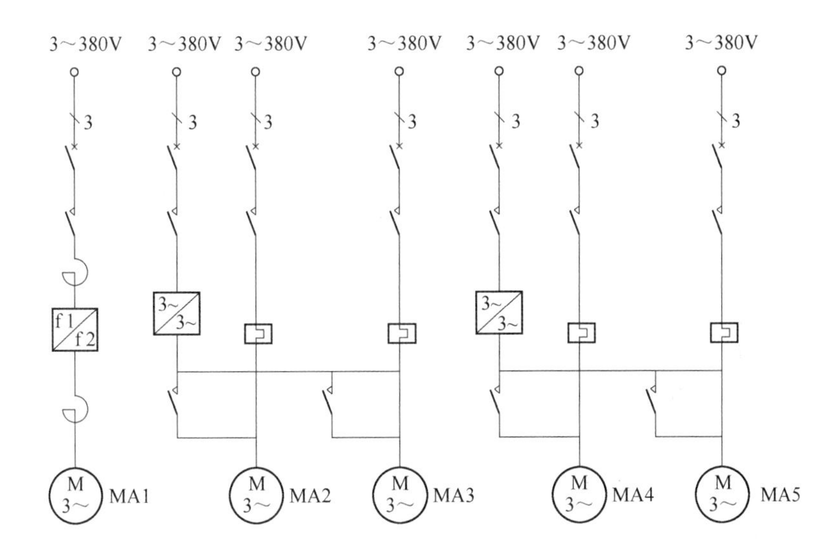

图 5.4 5 台电机由 1 台变频器和 2 台软启动器启动

（5）5 台电机由 1 台变频器 1 控 2 方式和 3 台软启动器启动，其中变频器为 2 台电机分时供电，另外 3 台电机采用 1 控 1 的方式，如图 5.5 所示。

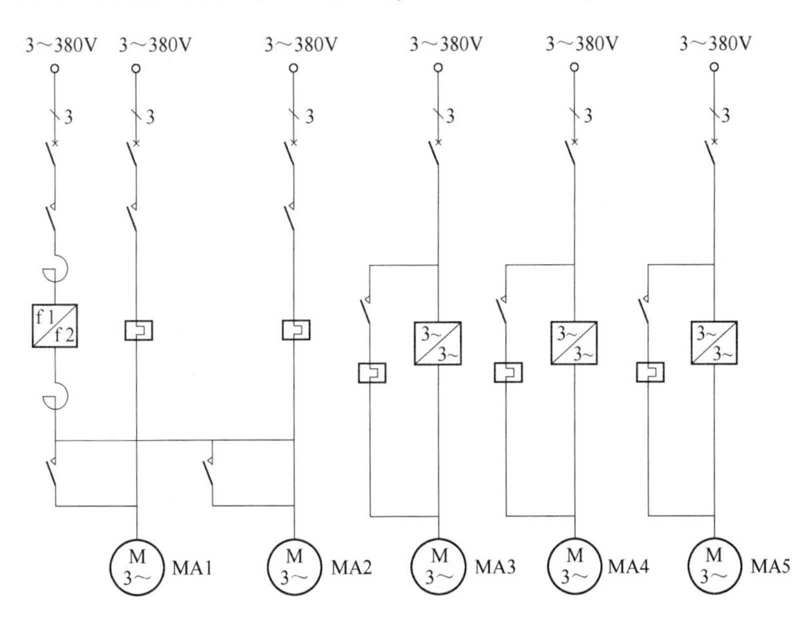

图 5.5 5 台电机由 1 台变频器 1 控 2 方式和 3 台软启动器 1 控 1 方式启动

（6）5 台电机由 1 台变频器和 3 台软启动器启动，其中变频器只为 1 台电机供电，另外 3 台电机采用 1 控 1 和 1 控 2 的方式，如图 5.6 所示。

（7）5 台电机由 2 台变频器和 2 台软启动器启动，采用变频器 1 控 1 方式和软启动器 1 控 1 及 1 控 2 启动方式，如图 5.7 所示。

（8）5 台电机由 2 台变频器分别采用 1 控 1 和 1 控 2 方式以及 1 台软启动器 1 控 2 启动方式，如图 5.8 所示。

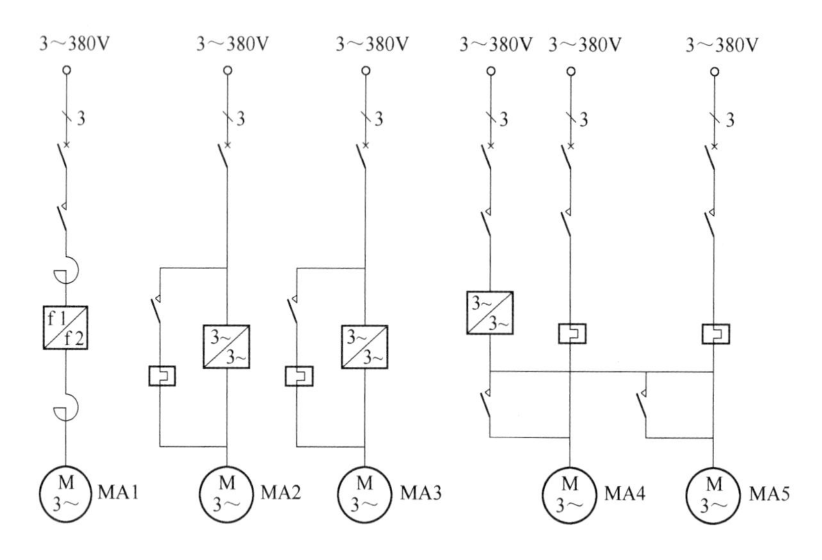

图 5.6　5 台电机由 1 台变频器 1 控 1 方式和 3 台软启动器 1 控 1 和 1 控 2 方式启动

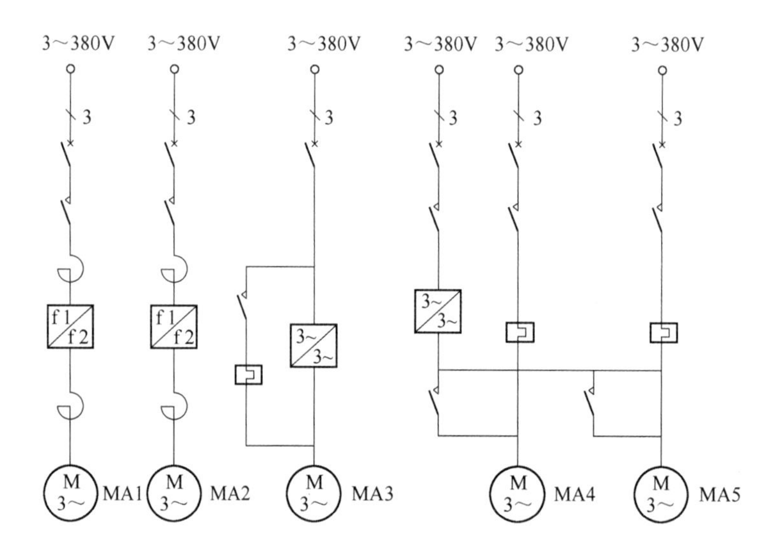

图 5.7　5 台电机采用变频器 1 控 1 方式以及软启动器 1 控 1 和 1 控 2 启动方式

（9）5 台电机由 1 台变频器采用 1 控 1 方式以及 1 台软启动器 1 控 4 启动方式，如图 5.9 所示。

（10）5 台电机由 1 台变频器采用 1 控 1 方式以及 2 台软启动器分别采用 1 控 1 和 1 控 3 启动方式，如图 5.10 所示。

对上述 10 种主电路组合方式，从性能、价格、运行可靠性以及电气控制线路故障时对生产的影响程度进行比较，最终采用第（6）种方式。

5.2.2　循环泵电机电气控制主电路

循环泵电机功率为 11kW，可以采用直接启动方式或通过变频器供电，如图 5.11 所示。其中图 5.11（a）为直接启动电路，图 5.11（b）为变频运行主电路，图 5.11（c）

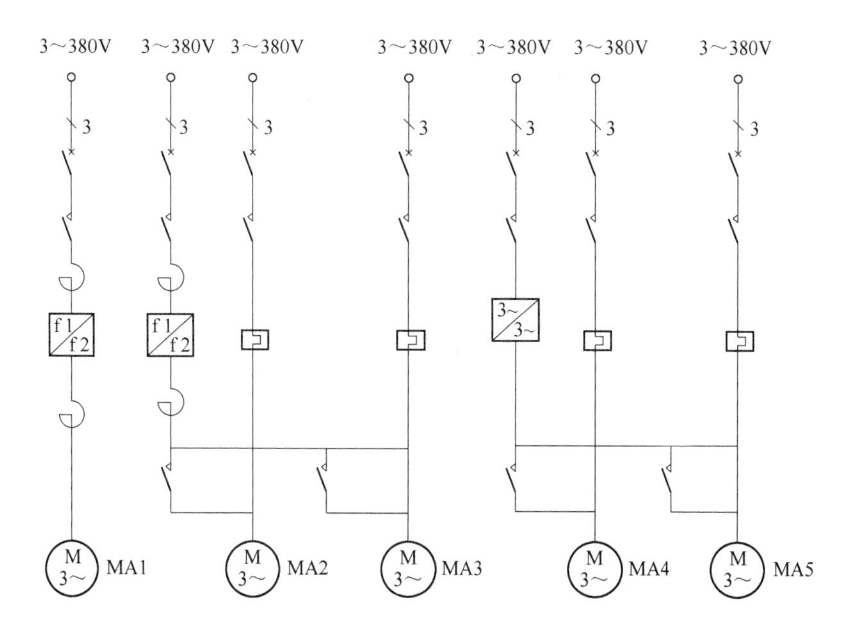

图 5.8　5 台电机采用变频器 1 控 1 和 1 控 2 方式以及软启动器 1 控 2 启动方式

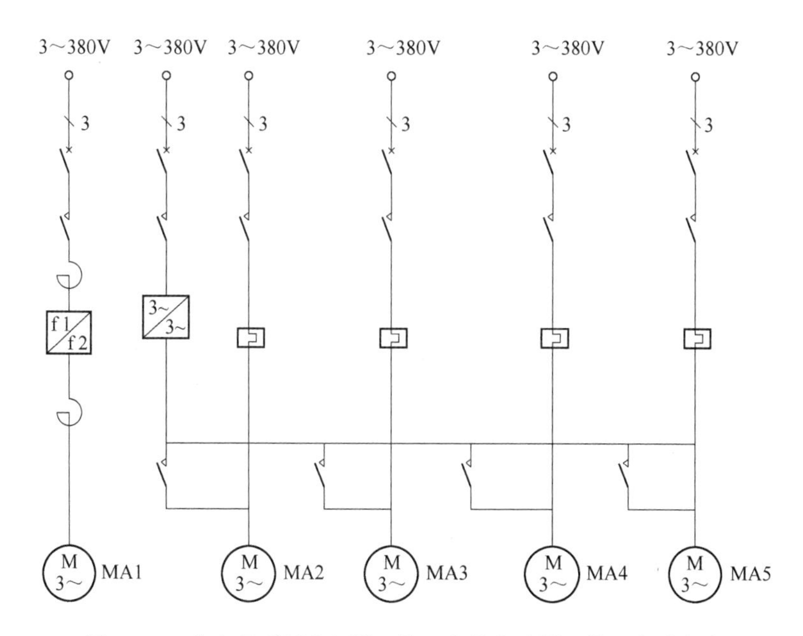

图 5.9　5 台电机采用变频器 1 控 1 和软启动器 1 控 4 启动方式

为既可变频运行又可直接启动的主电路。为了实现精准控制并提高设备的运行可靠性，循环泵电机采用图 5.11（c）所示的主电路。

5.2.3　单电磁铁电气控制主电路

电磁水阀和电磁溢流阀的控制是通过单电磁铁实现的。电磁铁线圈采用直流 24V 电源供电，因此选用 24V 直流开关电源。图 5.12 所示为电磁水阀和电磁溢流阀的电气控制

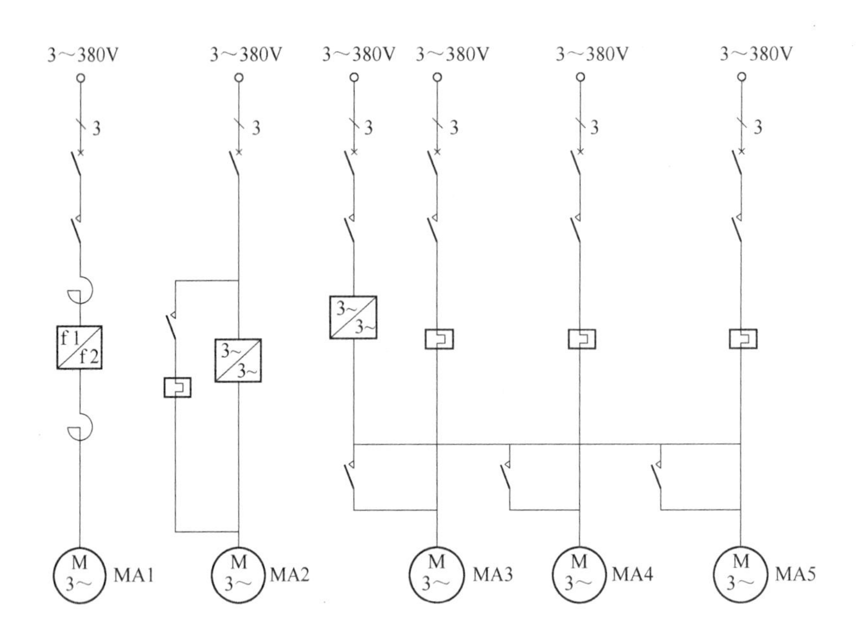

图 5.10　5 台电机采用变频器 1 控 1 方式以及软启动器 1 控 1 和 1 控 3 启动方式

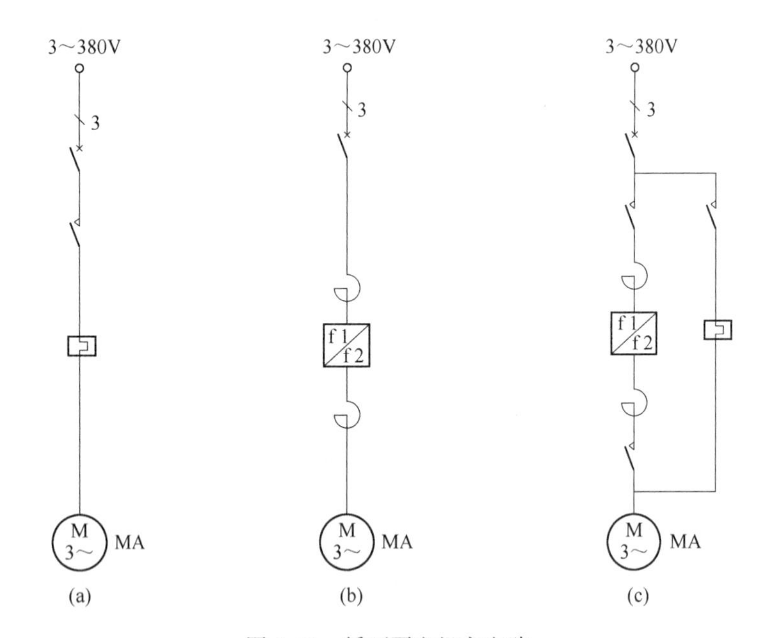

图 5.11　循环泵电机主电路

(a) 直接启动主电路；(b) 变频运行主电路；(c) 变频运行或直接启动的主电路

主电路，其中图 5.12（a）为电磁水阀的电气控制主电路，图 5.12（b）为 5 台电磁溢流阀的电气控制主电路。

5.2.4　电加热器电气控制主电路

在液压系统中，需要把油温控制在一定范围之内。通常通过电加热器的若干组加热电阻的通断电控制，使油温加热到设定范围。本系统中电加热器采用6组加热电阻进行加热，加热电阻电气控制主电路如图5.13所示。

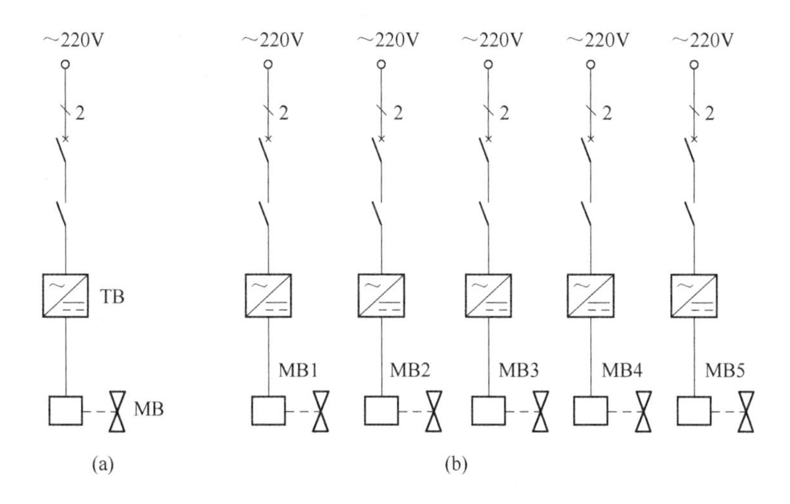

图5.12　电磁阀电气控制主电路
（a）电磁水阀电气控制主电路；（b）5台电磁溢流阀电气控制主电路

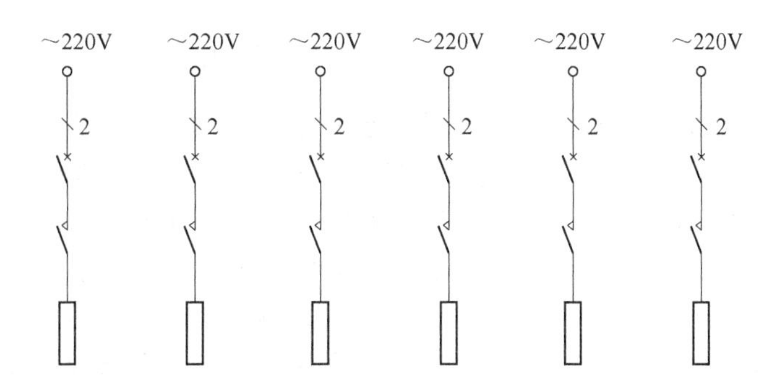

图5.13　电加热器主电路

5.3　液压系统设备电气控制线路设计

5.3.1　主泵电机电气控制线路

5.3.1.1　2台主泵电机电气控制线路

如前所述，主泵电机采用图5.6所示的主电路。变频器的品牌及类型可以在表4.1中选择。综合考虑多方面因素，选用西门子SINAMICS G120C系列变频器。电动机软启动器的品牌可以在表2.20中选择，综合多方面因素，选用西安西普STR系列L型软启动器。图5.14所示为2台主泵电机的电气控制主电路。

与图5.14所示的主电路相对应的控制电路如图5.15~图5.17所示。图5.15中，继电器KF36常闭触点来自图5.27（压力超出设定的范围时KF36常闭触点断开），继电器

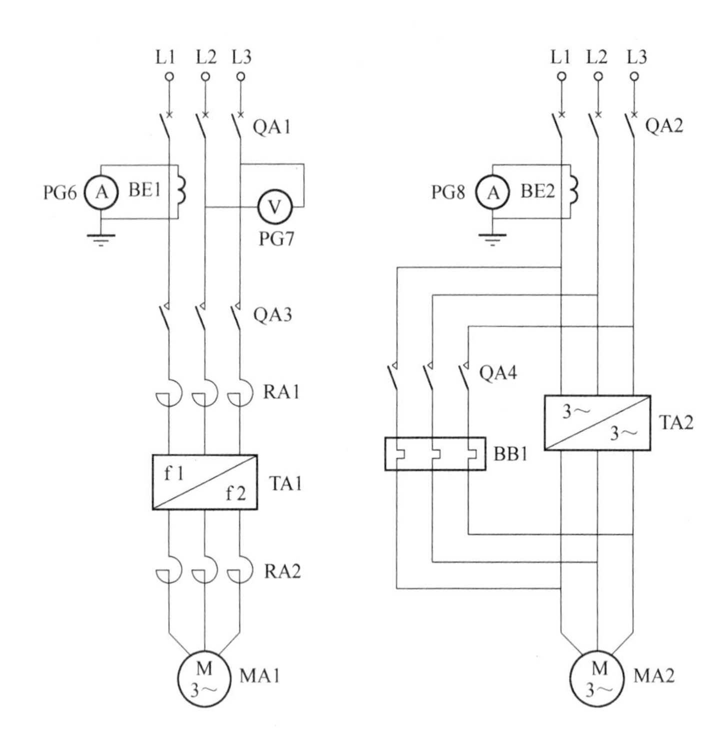

图 5.14　2 台主泵电机电气控制主电路

KF53 常闭触点来自图 5.33（液位和油温不在要求的范围之内时 KF53 常闭触点断开），用以进行联锁控制。通过转换开关 SF1 进行“柜体”和“集控”操作状态的切换。当转换开关 SF1 处于“柜体”位置时，操作按钮 SF11 和 SF12 使接触器 QA3 吸合或断开，变频器 TA1 得电或断电，图 5.16 所示的变频器 5 号输入端 DI0 端有输入信号，变频器开始运行，通过操作变频器显示面板的上下键来改变变频器的输出频率。操作按钮 SF21 和 SF22 使继电器 KF3 吸合或断开，图 5.17 所示的软启动器 TA2 控制端 RUN 端的运行信号随之变化，从而控制软启动器 TA2 的运行或停止。当转换开关 SF1 处于“集控”位置时，通过来自 PLC 的信号控制接触器 QA3 和继电器 KF3 的通断电。变频器 TA1 的输出频率由来自 PLC 的模拟量信号（AI0+和 AI0-之间）进行控制。AO0+和 GND 之间输出的模拟量信号与变频器的输出频率相对应，连接到了 PLC 的模拟量输入端。变频器 TA1 运行信号 KF5、故障信号 KF6 以及电机 MA2 的运行信号 KF3、故障信号 KF4 连向 PLC 的开关量输入端。

变频器 TA1 的输入输出控制电路如图 5.16 所示。变频器内部的输出触点 DO1（21 和 22 之间）和 DO0（19 和 20 之间）分别输出变频器运行信号和故障信号。AI0+与 AI0-（3 和 4 之间）与 PLC 的模拟量输出端相连，AO0+与 GND（12 和 13 之间）输出的电流信号连向 PLC 模拟量输入端。

电动机软启动器 TA2 的输入输出控制电路如图 5.17 所示。软启动器的运行与否取决于继电器 KF3 的状态，KF3 闭合时软启动器运行，断开时软启动器停止。软启动器内部 K22 和 K24 之间的触点为旁路触点，当电机启动过程结束后，该触点闭合。软启动器内部 K12 和 K14 之间的触点为故障信号触点，当软启动器故障报警时该触点闭合。

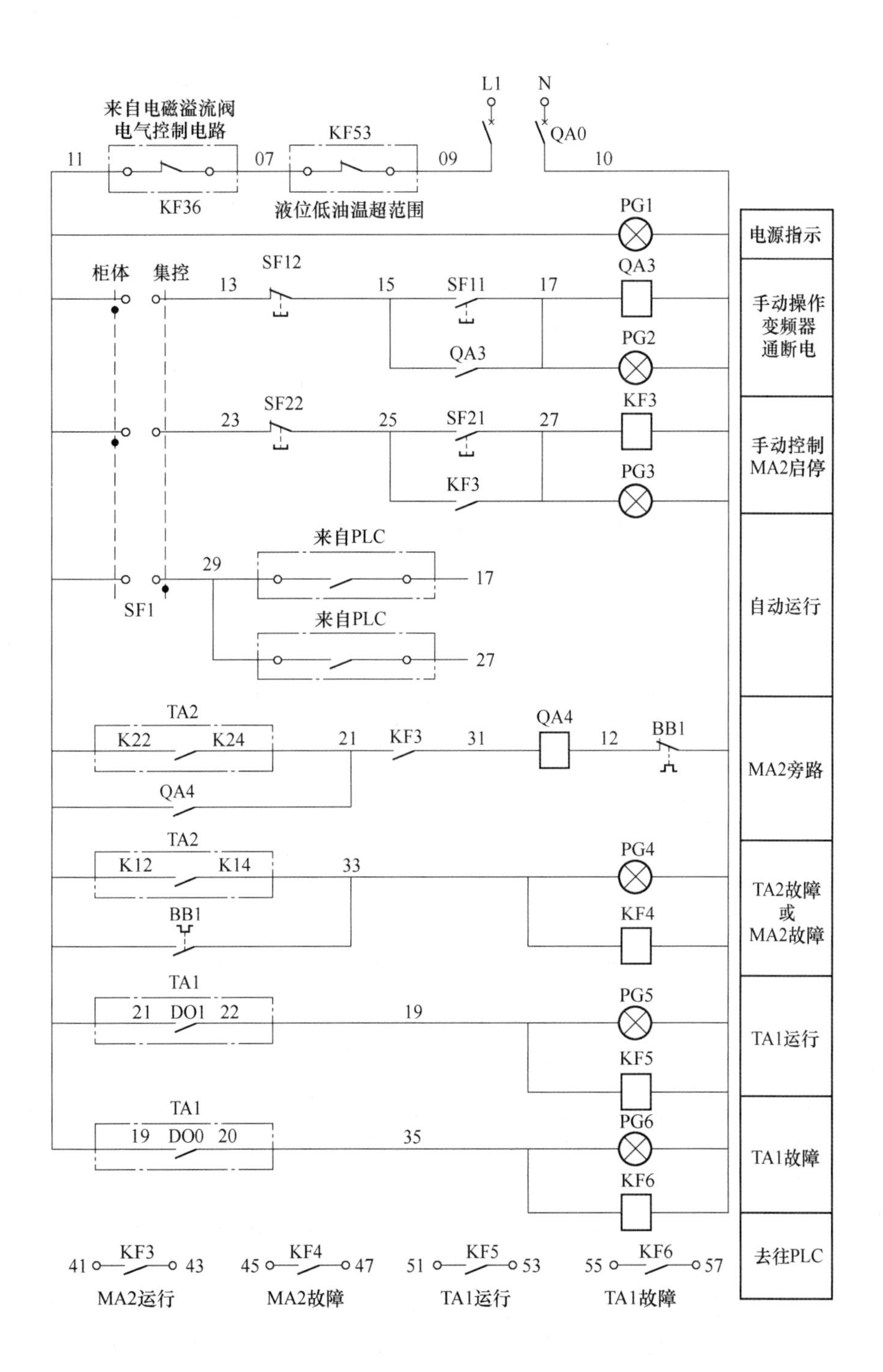

图 5.15 2 台主泵电机电气控制电路

5.3.1.2 3 台主泵电机电气控制线路

图 5.18 所示电路为图 5.6 中 MA3、MA4 和 MA5 的电气控制主电路。其中 MA3 的主

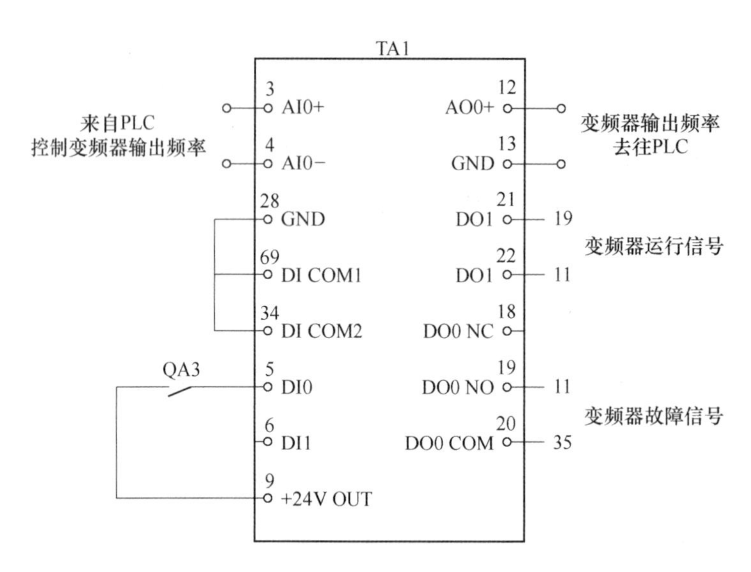

图 5.16　变频器 TA1 输入输出控制电路

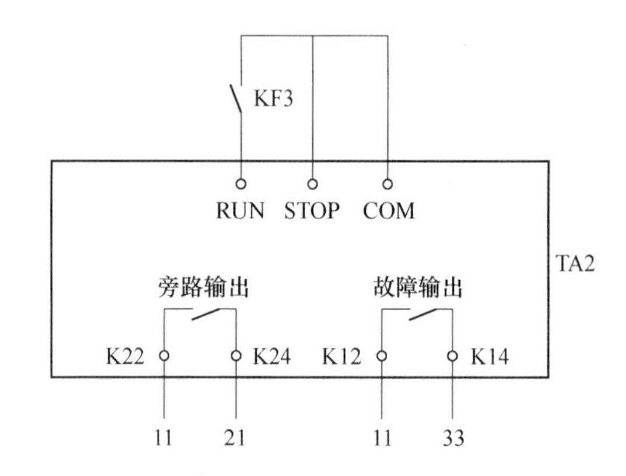

图 5.17　电动机软启动器 TA2 输入输出控制电路

电路与 MA2 主电路相同，MA4 和 MA5 主电路采用软启动器 1 控 2 的分时启动方式。MA4 和 MA5 不能同时启动，接触器 QA8 和 QA9 吸合时 MA4 启动，接触器 QA8 和 QA12 吸合时 MA5 启动。接触器 QA9 和 QA12 不能同时吸合，二者之间必须进行互锁。电动机软启动过程中，通过软启动器对电动机进行保护，启动过程结束后，电动机进入全压运行状态，通过热继电器进行保护。

图 5.18 所示主电路中与 MA3 主电路相对应的控制电路如图 5.19 所示，其中图 5.19（a）为电气控制电路，图 5.19（b）为电动机软启动器输入输出控制端电路。控制电路通电后，通过转换开关 SF2 选择“柜体”控制和“集控”方式。“柜体”控制时，通过操作按钮 SF31 和 SF32 控制 MA3 的启停过程。“集控”方式时，通过 PLC 的开关量输出信号进行控制。图中继电器 KF36 常闭触点来自图 5.27，继电器 KF53 常闭触点来自图 5.33，用以进行联锁控制。

图 5.18 所示主电路中与 MA4 和 MA5 主电路相对应的控制电路如图 5.20 所示。MA4 和 MA5 启动过程中，通过串联软启动器的旁路信号（121、69 之间）与接触器 QA9 和

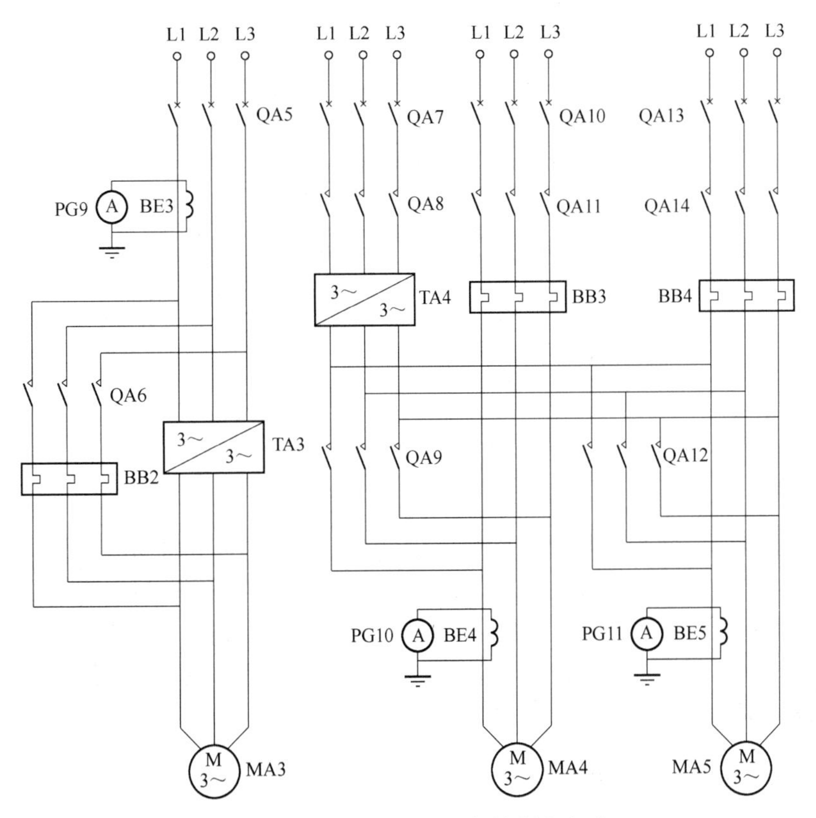

图 5.18 3 台主泵电机电气控制主电路

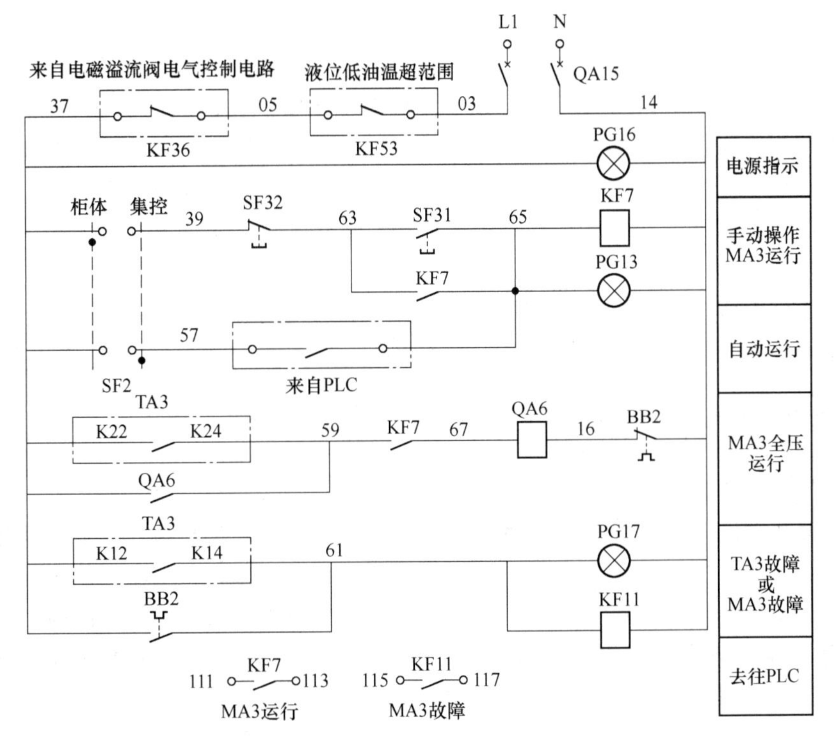

(a)

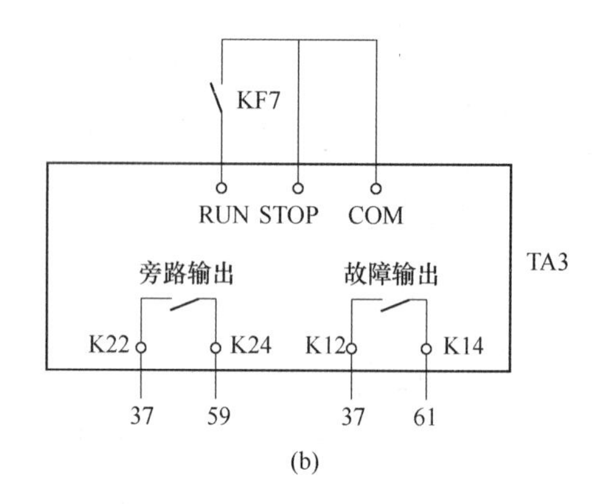

(b)

图 5.19 MA3 电气控制电路

（a）电气控制电路；（b）软启动器 TA3 输入输出端电路

QA12 的常开触点信号（69、97 之间和 69、101 之间）来区分所启动的电机。同样，当软启动器故障报警（软启动器内部 K12、K14 之间触点闭合）时，通过串联软启动器的故障信号（121、125 之间）与接触器 QA9 和 QA12 的常开触点信号（125、123 之间和 125、127 之间）来区分故障电机。图中继电器 KF36 和 KF54 的常闭触点分别来自图 5.27 和图 5.33，用以进行联锁控制。

5.3.2 循环泵电机电气控制线路

循环泵电机电气控制主电路如图 5.21 所示。通常，电机 MA6 变频运行，当变频器故障时切换到工频运行状态。

与图 5.21 所示主电路相对应的控制电路如图 5.22 所示。在电气柜体上手动控制循环泵电机 MA6 的运行状态时，可以操作旋钮 SF5 和启停按钮，使其工频运行或变频运行。由集控室的信号控制 MA6 的运行状态时，通过 PLC 的开关量输出触点进行控制。转换开关 SF4 用以切换“柜体”和“集控”状态，转换开关 SF5 用以切换“工频”和“变频”状态。当液位降到最低或油温超出设定的范围时，继电器 KF54 的常闭触点断开，详见图 5.33，实现联锁控制。

变频器 TA5 输入输出控制端线路如图 5.23 所示。图中 DI0 端为变频器运行控制端，通过接触器 QA18 的常开触点控制，其他端子的作用与图 5.16 相同，这里不再介绍。

5.3.3 单电磁铁电气控制线路

5.3.3.1 电磁水阀电气控制线路

控制电磁水阀的主电路简图如图 5.12（a）所示。图 5.24 所示为电磁水阀电气控制线路。图中，转换开关 SF6 用以选择“集控”和“柜体”控制，转换开关 SF7 用以选择“手动”操作和“自动”控制。自动控制时，通过电接点温度计 BT 的内部触点（温度上限触点 BTH 和温度下限触点 BTL）实现。合上空气开关 QA21，开关电源 TB1 输出 24V 直流电，作为电磁水阀 MB1 和控制电路的电源。转换开关 SF6 搬向“集控”位置，通过 PLC 控制继电器 KF16 来控制电磁水阀 MB1。转换开关 SF6 搬向“柜体”位置时，既可以

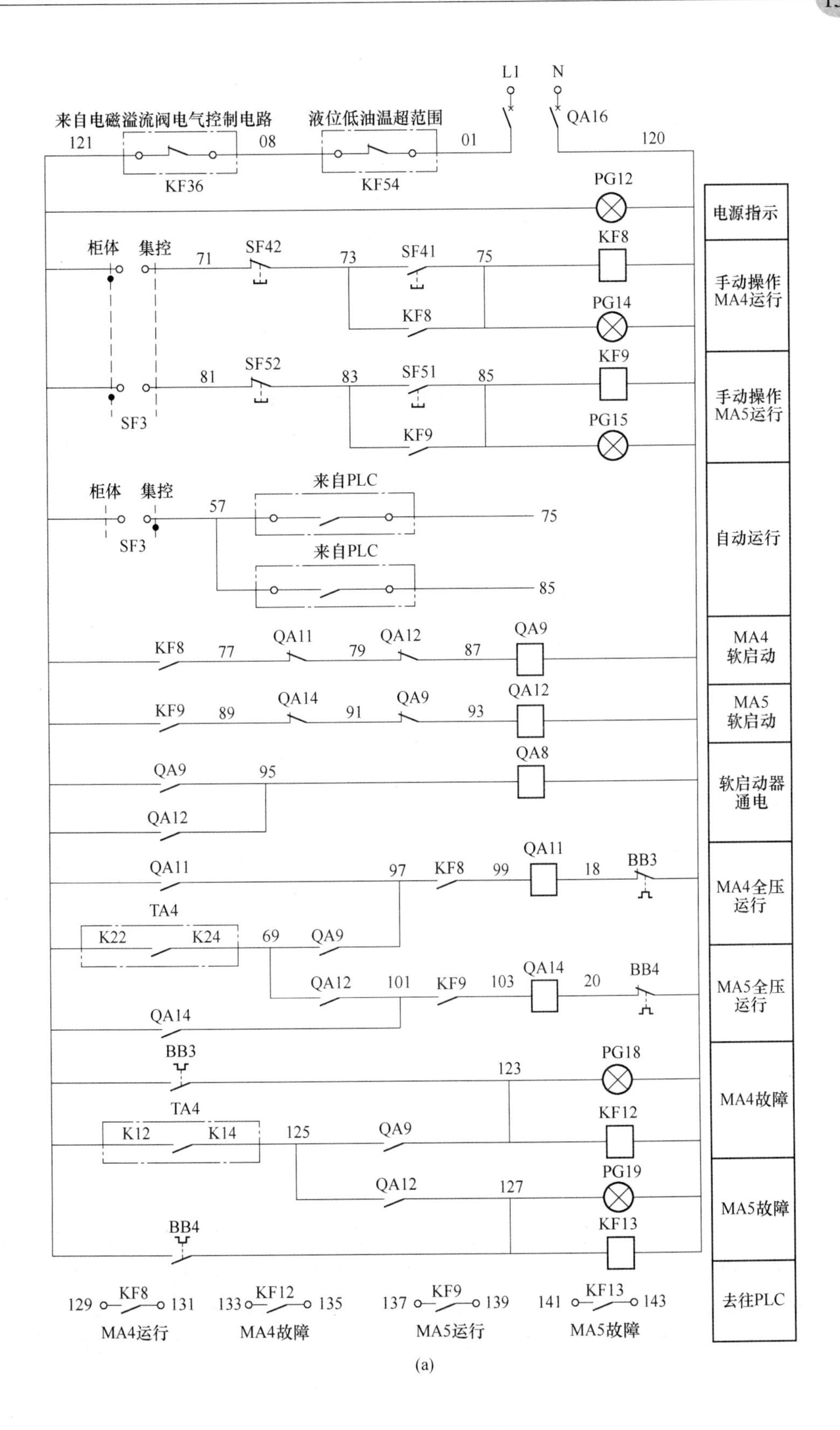

L1
N
QA16
来自电磁溢流阀电气控制电路
液位低油温超范围
121
08
01
120
KF36
KF54
PG12
电源指示
柜体
集控
71
SF42
73
SF41
75
KF8
手动操作
MA4运行
KF8
PG14
81
SF52
83
SF51
85
KF9
手动操作
MA5运行
SF3
KF9
PG15
柜体
集控
57
来自PLC
75
SF3
来自PLC
85
自动运行
KF8
77
QA11
79
QA12
87
QA9
MA4
软启动
KF9
89
QA14
91
QA9
93
QA12
MA5
软启动
QA9
95
QA8
QA12
软启动器
通电
QA11
97
KF8
99
QA11
18
BB3
MA4全压
运行
TA4
K22
K24
69
QA9
QA12
101
KF9
103
QA14
20
BB4
MA5全压
运行
QA14
BB3
123
PG18
MA4故障
TA4
K12
K14
125
QA9
KF12
QA12
127
PG19
MA5故障
BB4
KF13
129
KF8
131
133
KF12
135
137
KF9
139
141
KF13
143
去往PLC
MA4运行
MA4故障
MA5运行
MA5故障

(a)

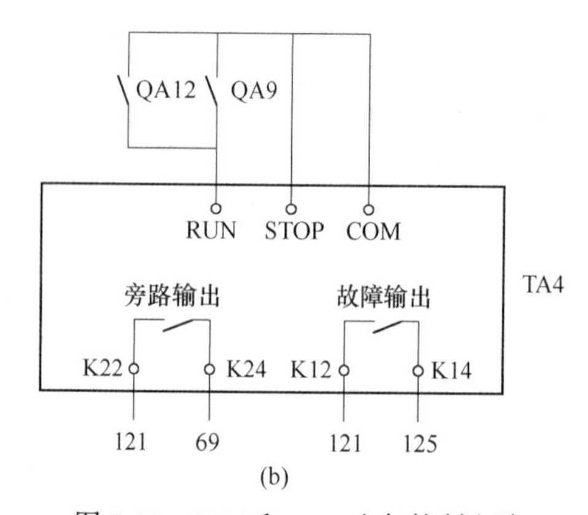

图 5.20　MA4 和 MA5 电气控制电路

（a）电气控制电路；（b）软启动器 TA4 输入输出端电路

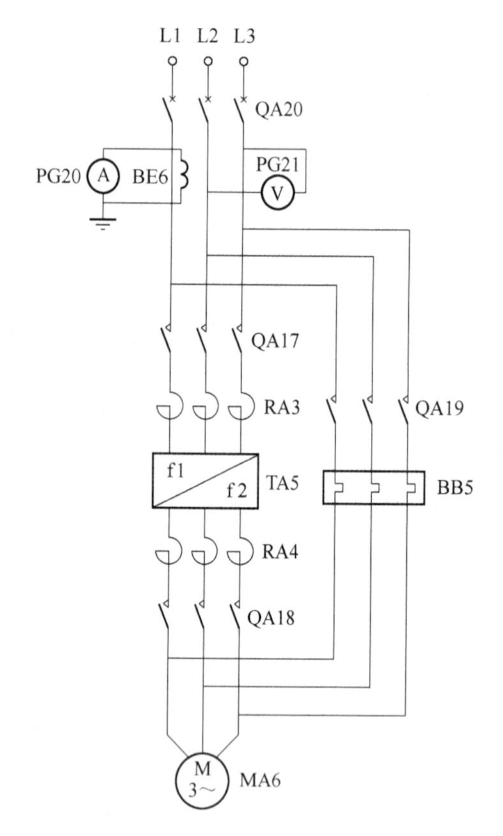

图 5.21　循环泵电机电气控制主电路

手动控制，又可以按照设定的温度自动控制。手动控制通过操作按钮 SF71 和 SF72 完成，自动控制通过电接点温度计 BT 实现。当油温升至 45℃或降至 40℃时，电接点温度计 BT 的内部触点动作，控制继电器 KF17 和 KF18，并通过控制 KF16 来控制电磁水阀 MB1 的通断。图中把 KF16、KF17、KF18 的常开触点信号连向 PLC，并通过 PLC 传送到集控室的计算机，便于集中控制。

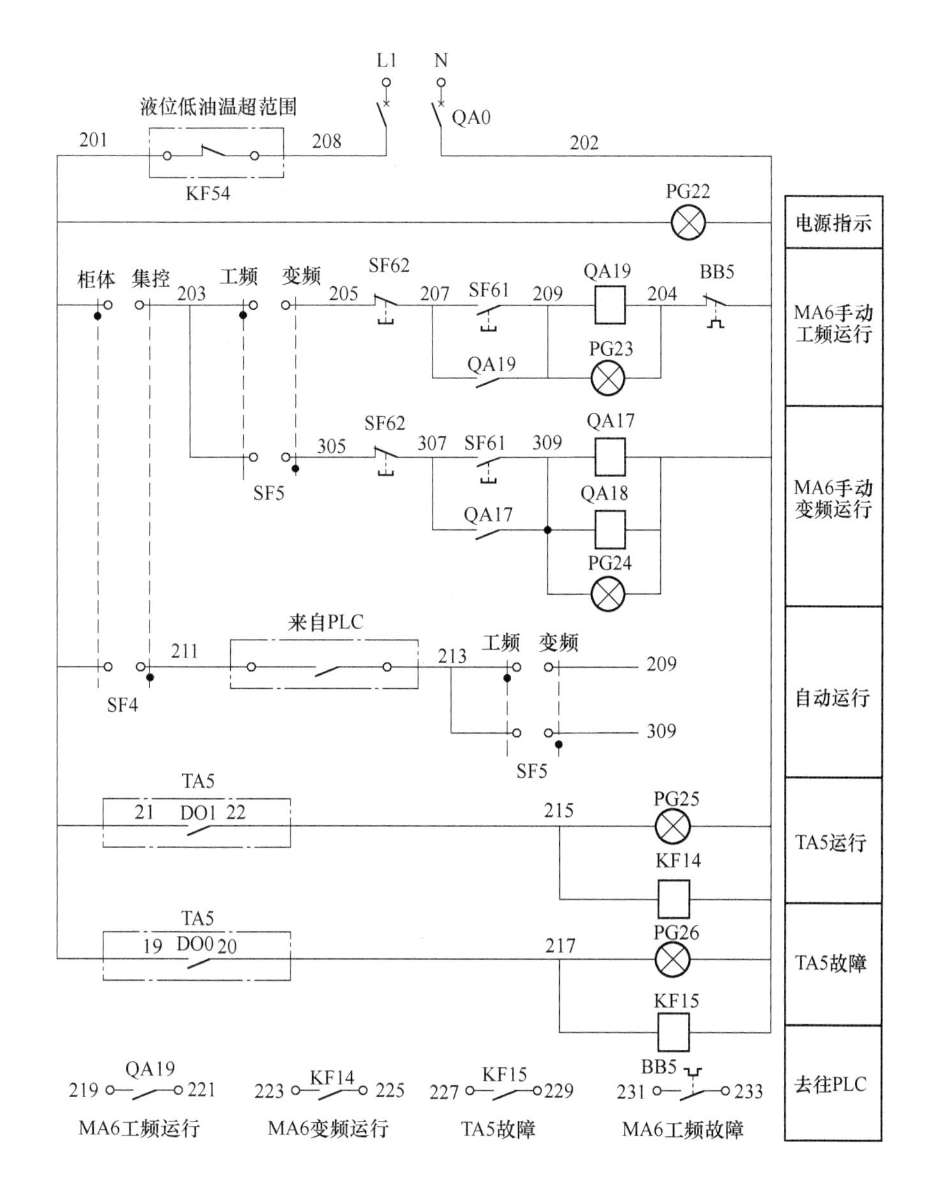

图 5.22　循环泵电机电气控制电路

5.3.3.2　电磁溢流阀电气控制线路

电磁溢流阀的电气控制主电路简图如图 5.12（b）所示。图 5.25 所示为电磁溢流阀电气控制主电路。5 个电磁溢流阀的动作与 5 台主泵的启停相对应。

电磁溢流阀既可在电气柜体上手动操作控制其通断，又可由上位计算机经 PLC 进行集中控制。满足控制要求的手动操作控制电路如图 5.26 所示。转换开关 SF91 搬向“柜体”操作位置时，继电器 KF26 线圈得电，其常开触点闭合，通过手动操作按钮可使相应继电器（KF27~KF31）的线圈得电，从而控制相关电磁溢流阀（MB1~MB5）。

电磁溢流阀由 PLC 进行自动控制的电路如图 5.27 所示。转换开关 SF91 搬向“集控”位置时，通过 PLC 进行控制。压力继电器 BP1 和 BP2 根据所设定的高低压力值动作，其

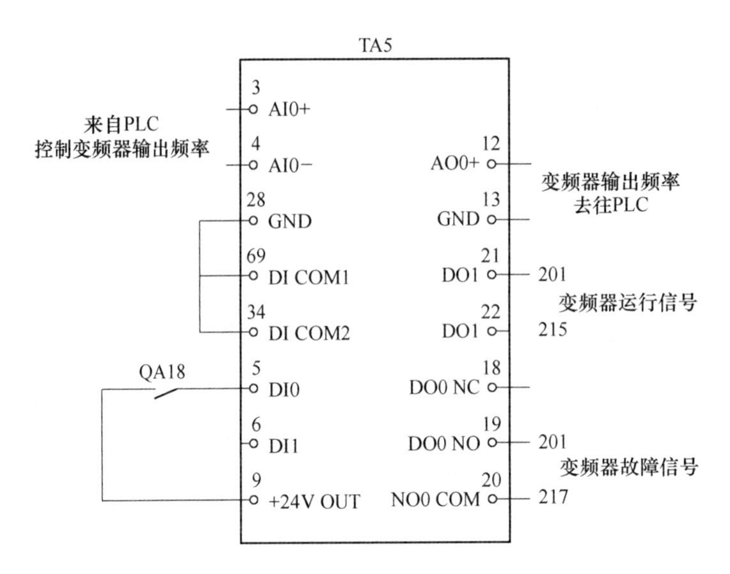

图 5.23　变频器 TA5 输入输出控制电路

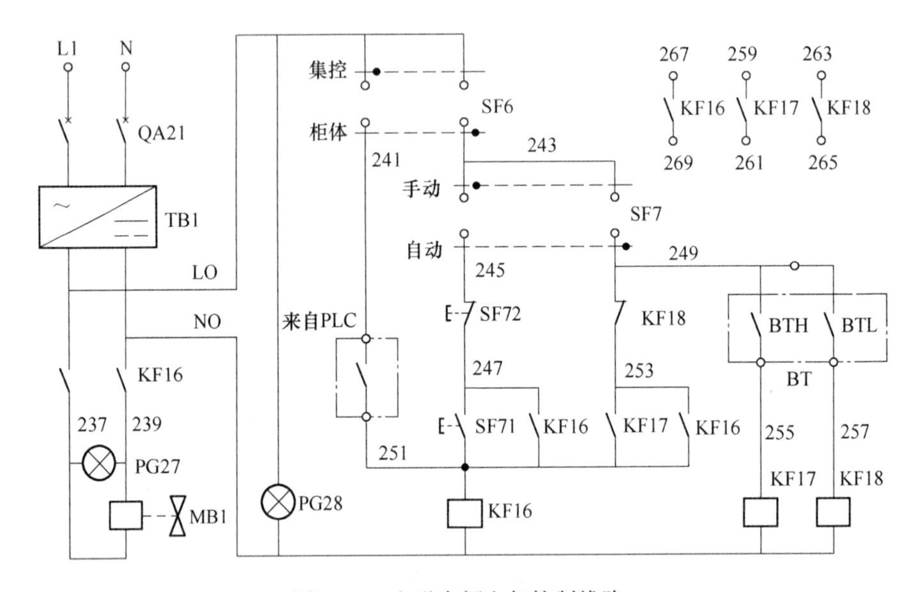

图 5.24　电磁水阀电气控制线路

触点控制中间继电器 KF32～KF35，PLC 根据所输入的开关信号执行相应的程序，并通过其输出触点控制主泵的启停和电磁溢流阀的通断。当压力超限（超高压和压力下限）时，由报警信号灯 PG37 和 PG38 给出报警信号，同时停止主泵。通过旋钮 SF92 和 SF93 解除报警信号。

5.3.4　电加热器电气控制线路

电加热器的电气控制主电路简图如图 5.13 所示。图 5.28 所示为电加热器电气控制主电路。

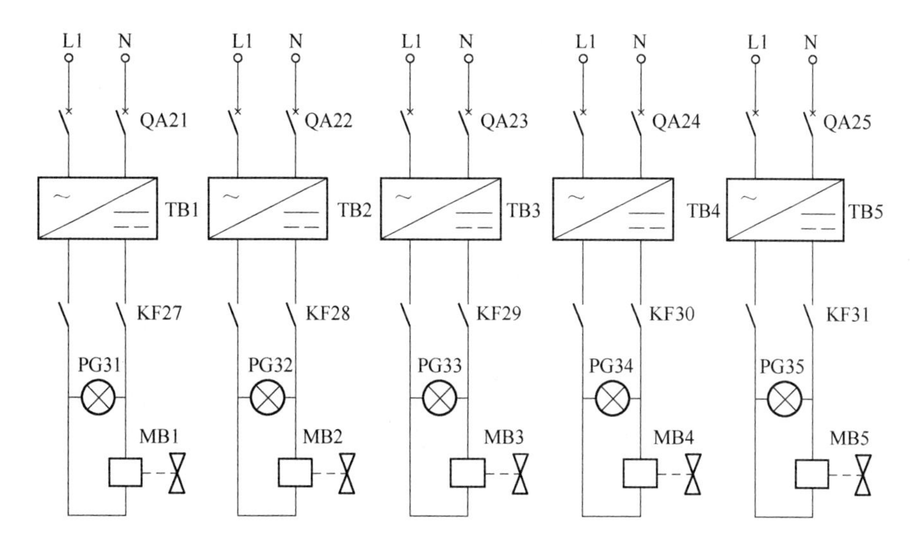

图 5.25　电磁溢流阀电气控制主电路

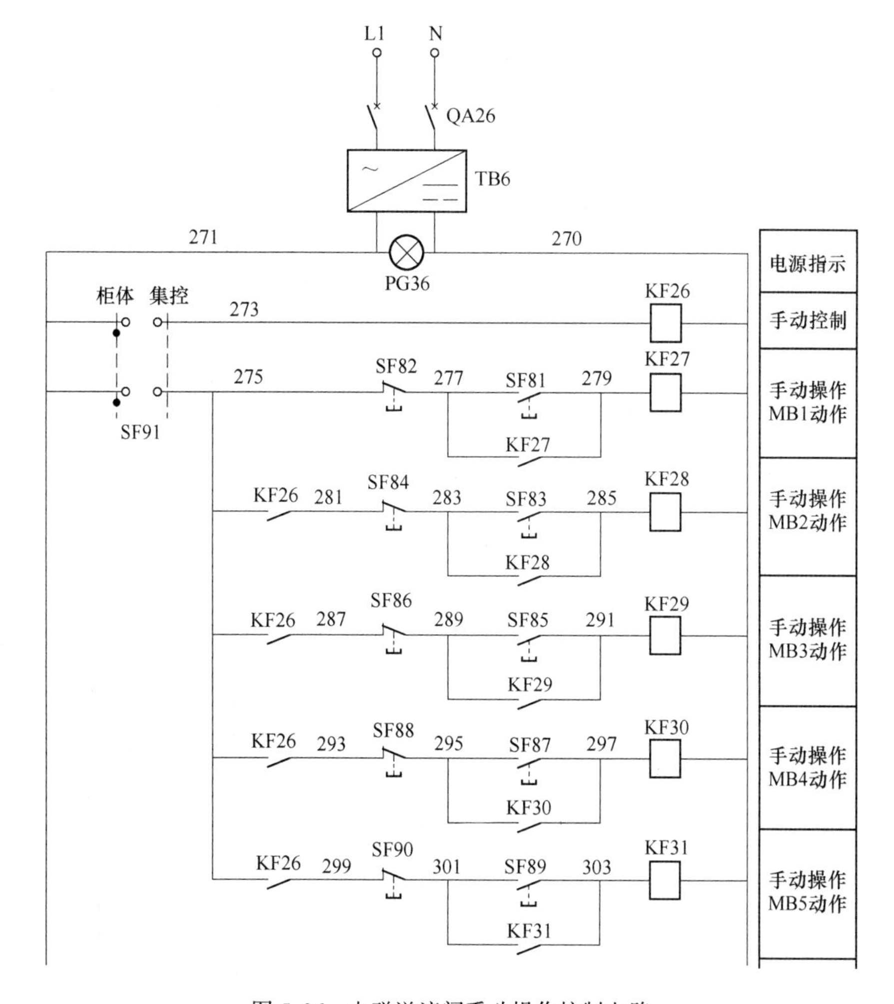

图 5.26　电磁溢流阀手动操作控制电路

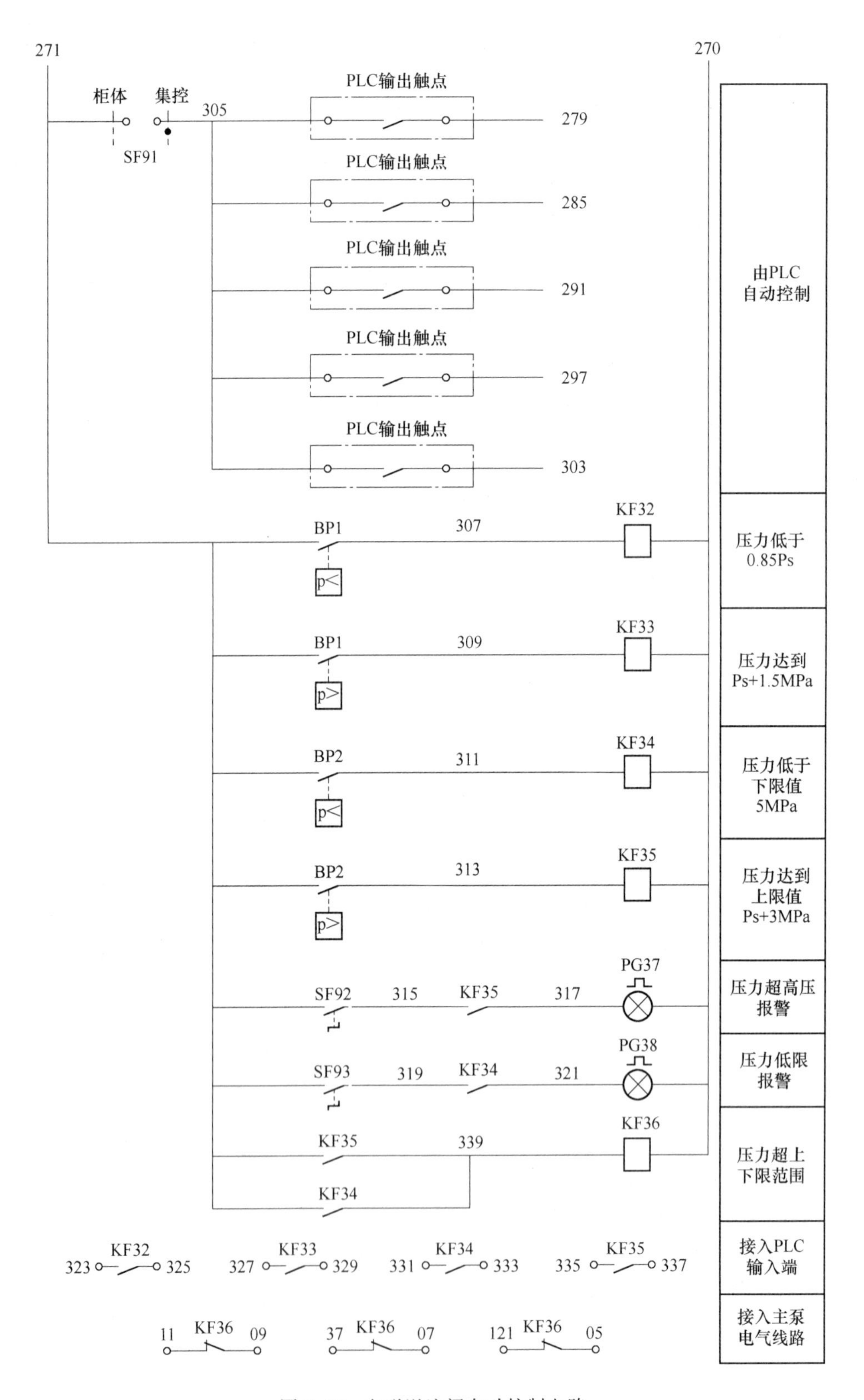

图 5.27　电磁溢流阀自动控制电路

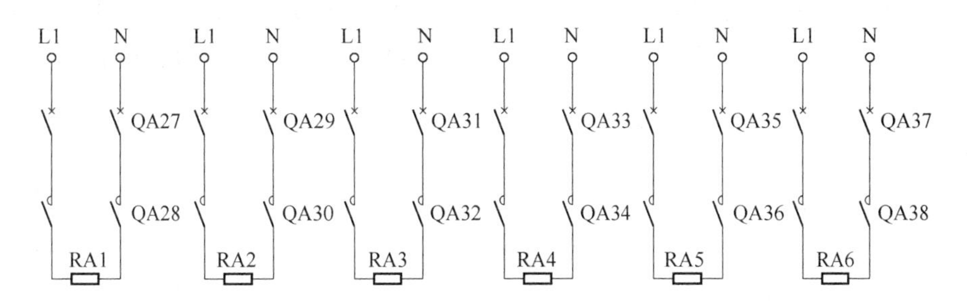

图 5.28　电加热器电气控制主电路

图 5.29 所示为手动操作柜体按钮的电加热器电气控制电路，通过转换开关 SF94 进行“柜体”与“集控”操作状态的切换。在低液位或者高油温时，电加热器停止加热，图中的继电器 KF52 常闭触点断开，其线圈详见图 5.33。

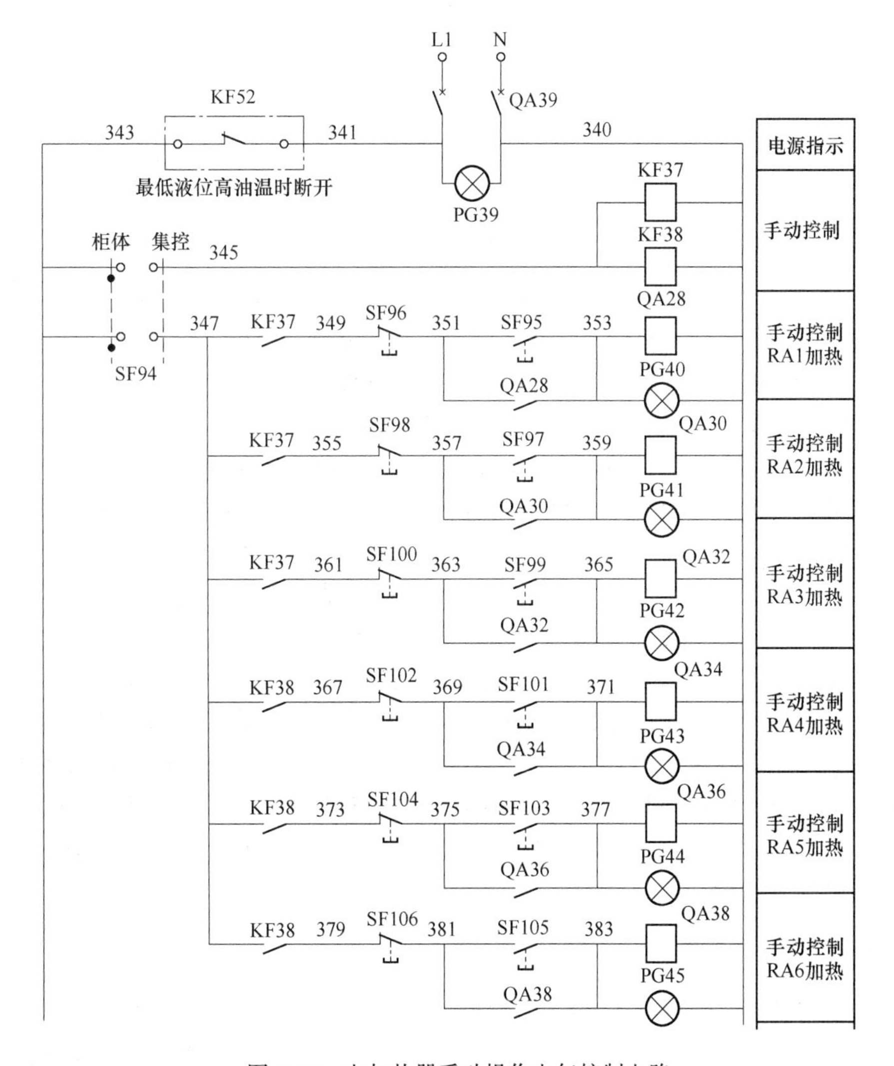

图 5.29　电加热器手动操作电气控制电路

图 5. 30 所示电路为电加热器自动控制电路。转换开关 SF94 处于“集控”位置时，通过 PLC 的 6 路开关量输出控制 6 个电加热器的接触器，从而控制加热过程。

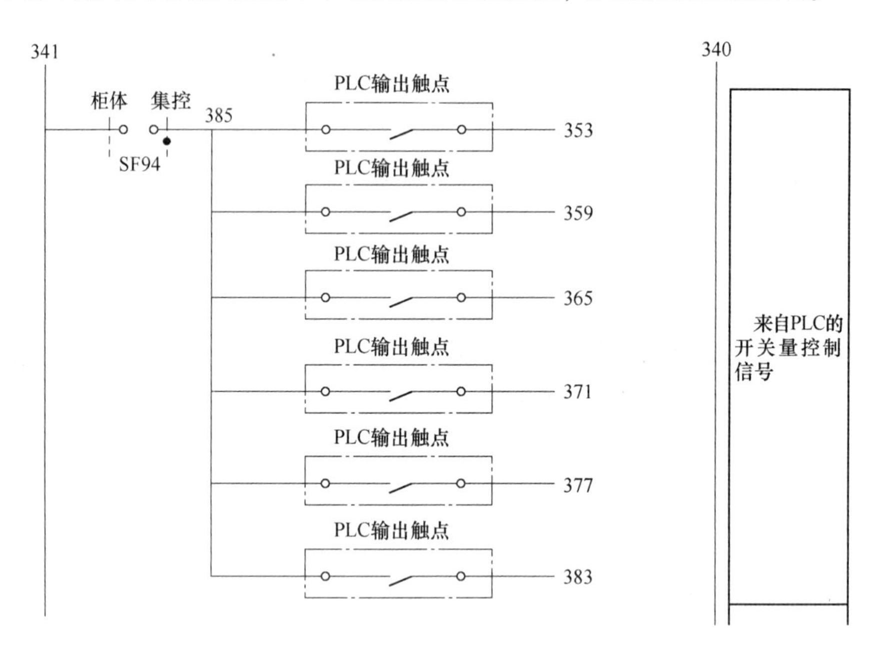

图 5. 30　电加热器自动控制电路

图 5. 31 所示电路中，通过温度继电器 BT1 和 BT2、温度数显仪表 PG、中间继电器和蜂鸣器组成的控制电路实现高油温报警。同时把 2 个温度继电器（KF42 与 KF43）和数显仪表 PG 在不同温度时的触点信号输入到 PLC，便于通过 PLC 与计算机联网向上位计算机上传相关信息，在集控室显示和控制。当油温降至 35℃时，温度继电器 BT2 常开触点断开，继电器 KF42 线圈失电，其触点信号输入到 PLC，PLC 控制电加热器工作。当油温升至 40℃时，温度继电器 BT1 的常开触点闭合，继电器 KF43 线圈得电，其触点信号输入到 PLC，PLC 控制电加热器停止工作。当油温低于 25℃时，仪表内部 4 和 5 之间的触点闭合，继电器 KF41 线圈得电，使主泵控制电路断电（见图 5. 33、图 5. 15、图 5. 19 和图 5. 20），并经 PG48 发出低温报警信号。油温升至 60℃时，仪表内部 19 和 20 之间的触点闭合，继电器 KF44 线圈得电，其触点信号输入到 PLC，同时蜂鸣器 PG49 发出高温声光报警信号。油温升至 70℃时，仪表内部 21 和 20 之间的触点闭合，继电器 KF45 线圈得电，一方面其触点信号输入到 PLC，另一方面通过蜂鸣器 PG50 发出油温超高声光报警信号，并通过继电器 KF51、KF54 的常开常闭触点使主泵停止运行（见图 5. 33、图 5. 15、图 5. 19 和图 5. 20）。图 5. 31 中，因温度继电器 BT1 和 BT2 线圈电压为直流 24V，故需配置直流开关电源 BT10。

5. 3. 5　油箱液位报警电路

油箱液位报警电路如图 5. 32 所示。低液位时，液位继电器 BG1 常开触点闭合，中间继电器 KF39 线圈得电，其常开触点闭合、常闭触点断开，低液位红灯 PG54 亮，同时非低液位绿灯 PG55 熄灭。液位为最高液位时，液位继电器 BG2 常开触点闭合，中间继电器

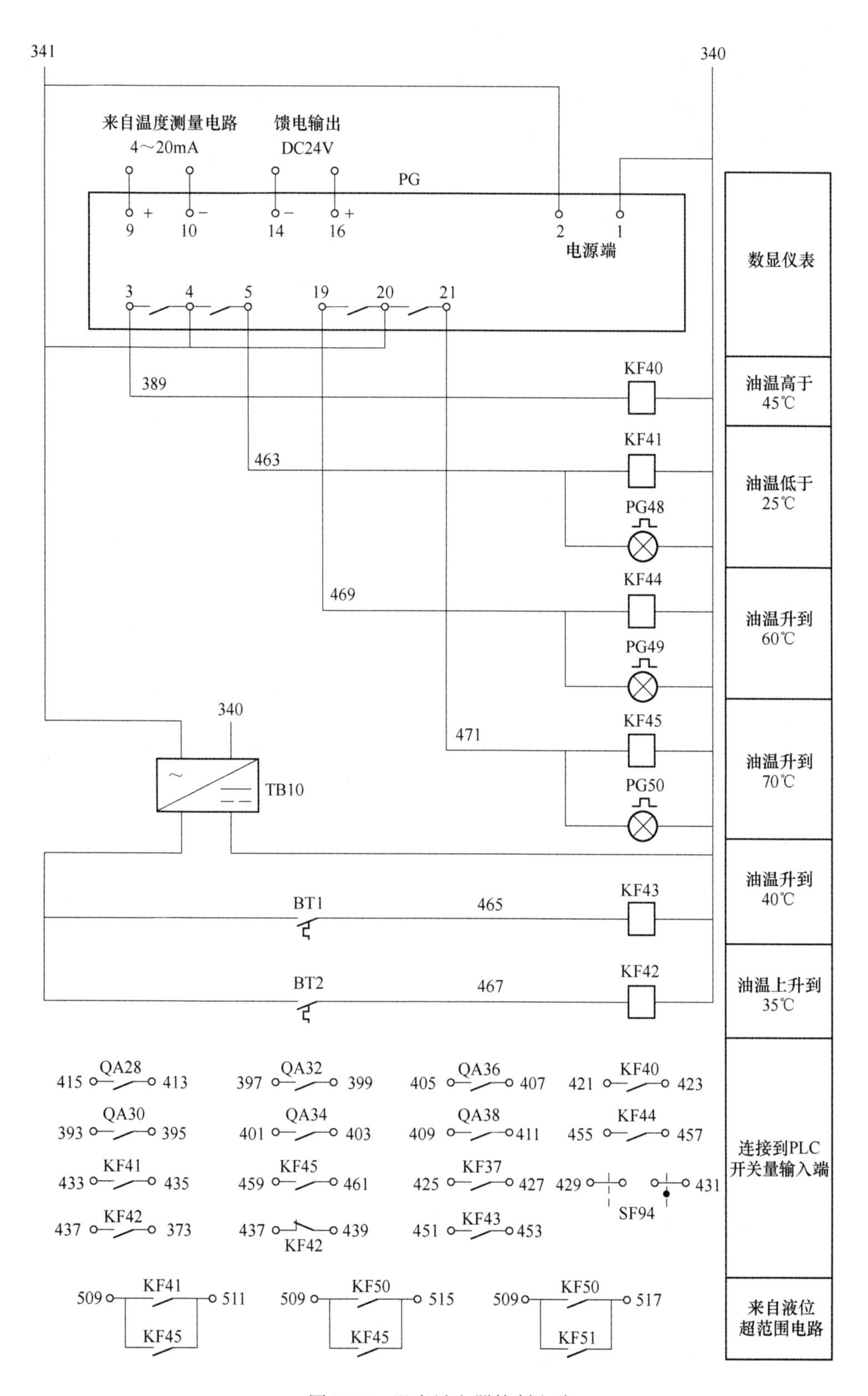

图 5.31 温度继电器控制电路

KF48 线圈得电，其常开触点闭合、常闭触点断开，高液位红灯 PG56 亮，同时非高液位绿灯 PG57 熄灭。液位为最低液位时，液位继电器 BG3 常开触点闭合，中间继电器 KF49 线圈得电，其常开触点闭合、常闭触点断开，最低液位红灯 PG59 亮，同时非最低液位绿灯 PG58 熄灭。低液位、最高液位和最低液位时，声光报警器 PG46 发出报警信号，通过操作旋钮 SF95 可手动解除该信号。

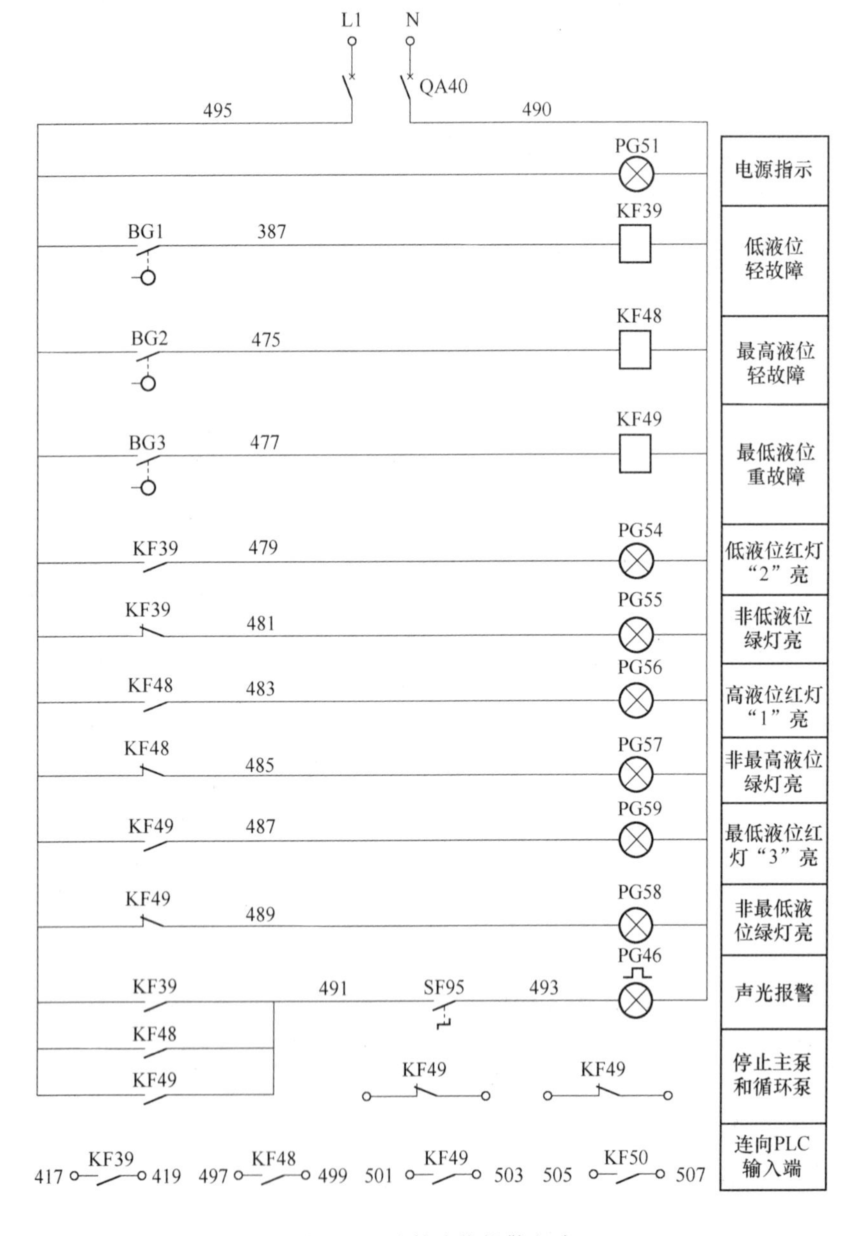

图 5.32 油箱液位报警电路

5.3.6 油温及油箱液位超范围电路

主泵、循环泵及电加热器的启停受液位、油温的影响，当液位和油温不在要求的范围之内时，三者不可通电。图 5.33 所示为油温及油箱液位超范围电路。最低液位或者高油温时通过 KF52 的常闭触点串入相关电路使电加热器断电停止。最低液位或者油温超出要求的范围时通过 KF53 或 KF54 的常闭触点串入相关电路使主泵及循环泵断电停止。

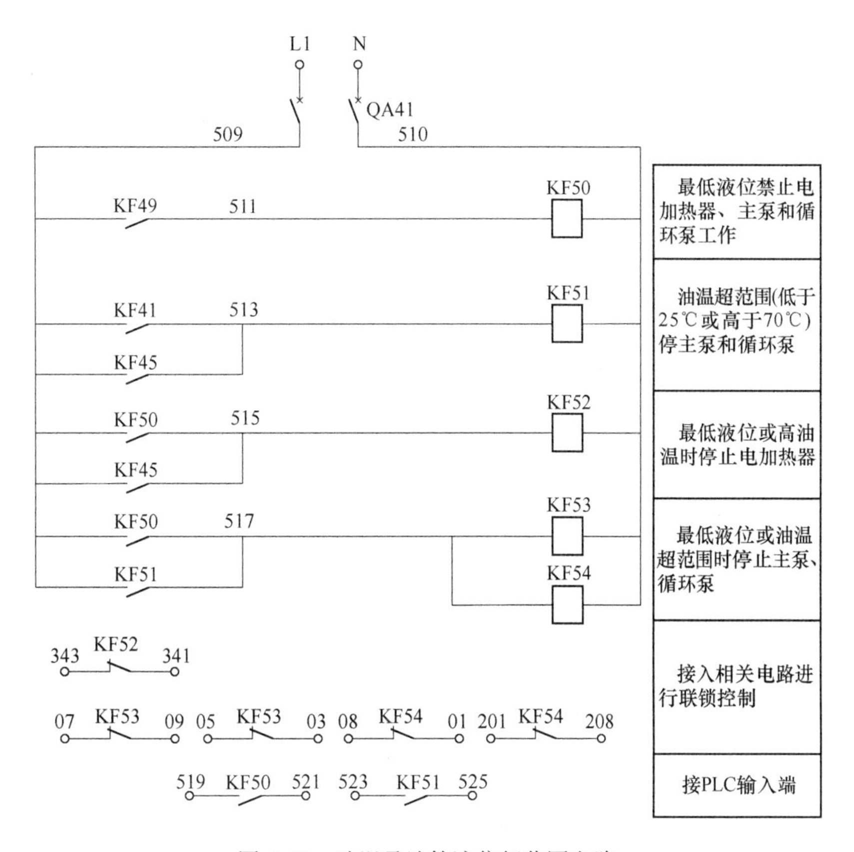

图 5.33 油温及油箱液位超范围电路

5.3.7 压力、温度、液位测量电路

压力、液位、温度的测量信号输入到 PLC 并经 PLC 传送到上位计算机。为了避免干扰，应配置信号隔离器。测量电路如图 5.34 所示，其中图 5.34（a）为压力测量电路，图 5.34（b）为液位测量电路，图 5.34（c）为温度测量电路。压力变送器和液位传感器

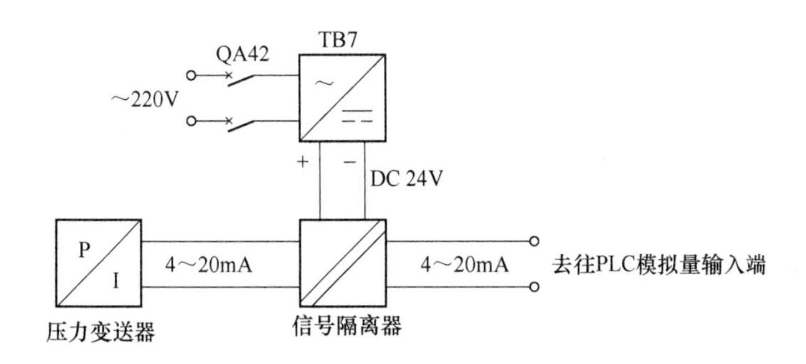

(a)

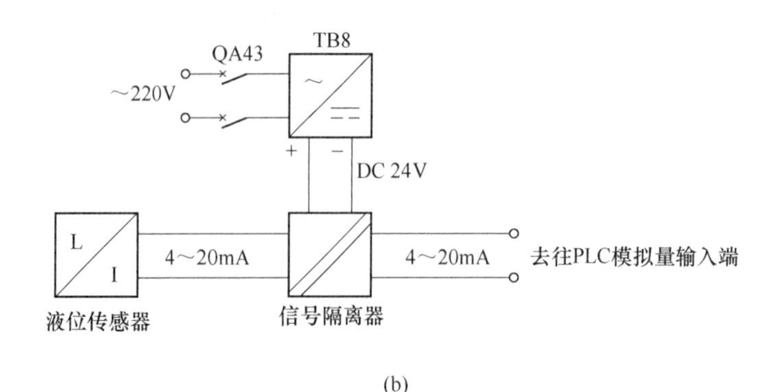

(b)

(c)

图 5.34 压力、液位和温度测量电路

(a) 压力测量电路；(b) 液位测量电路；(c) 温度测量电路

输出 4~20mA 的信号，经信号隔离器隔离后输出 4~20mA 信号到 PLC 的模拟量输入端。用于测量温度的热电阻经信号隔离器转换和隔离后输出 2 路 4~20mA 信号，其中 1 路到图 5.31 中的温度显示仪表，另 1 路到 PLC 的模拟量输入模块。

5.4 电器及传感器选型

针对上述电路中的电器、相关材料和传感器，在对多种国内外品牌综合比较后，选择了相应的品牌和型号。

5.4.1 主泵电机电气控制线路中电器及相关材料选型

针对图 5.14 和图 5.15，采用表 5.2 中所示品牌、型号规格的电器。所选型号的变频器内部自带电抗器，因此无需外加电抗器。

表 5.2 图 5.14 和图 5.15 所示电气控制线路电器选型

电器及辅材	品 牌	型号规格	数量
断路器	西门子	3VT8216-1AA03-0AA0 160A/3P	2
断路器	西门子	5SY62047CC 5SY6 C4 2P	1

续表 5.2

电器及辅材	品 牌	型 号 规 格	数量
电压表	正泰	42L6-450V	1
电流表	正泰	42L6-200A	2
电流互感器	正泰	BH-0.66I-200/5	2
变频器	西门子	6SL3210-1KE31-7AF1 G120C 90kW	1
接触器	西门子	3RT5056-6AP36 AC-3 400V 150A/75kW 线圈电压 AC 220V	2
热继电器	西门子	3UA6240-3M 150~180A	1
电动机软启动器	西安西普	STR090L-3	1
中间继电器	欧姆龙	MY4N-J、4 开 4 闭、线圈电压 AC 220V	4
转换开关	正泰	LW32 系列	1
按钮	正泰	NP2-BA31（红、绿各 2 个）	4
指示灯	正泰	ND16（3 绿 3 红）	6
电机主电路导线		BVR-95mm^2	

针对图 5.18 和图 5.19，采用表 5.3 中所示品牌、型号规格的电器。

表 5.3 图 5.18 和图 5.19 所示电气控制线路电器选型

电器及辅材	品 牌	型 号 规 格	数量
断路器	西门子	3VT8216-1AA03-0AA0 160A/3P	4
断路器	西门子	5SY62047CC 5SY6 C4 2P	1
电压表	正泰	42L6-450V	1
电流表	正泰	42L6-200A	3
电流互感器	正泰	BH-0.66I-200/5	3
接触器	西门子	3RT5056-6AP36 AC-3 400V 150A/75kW 线圈电压 AC 220V	6
热继电器	西门子	3UA6240-3M 150~180A	3
电动机软启动器	西安西普	STR090L-3	2
中间继电器	欧姆龙	MY4N-J、4 开 4 闭、线圈电压 AC 220V	6
转换开关	正泰	LW32 系列	2
按钮	正泰	NP2-BA31（红、绿各 3 个）	6
指示灯	正泰	ND16（4 绿 4 红）	8
电机主电路导线		BVR-95mm^2	

5.4.2 循环泵电机电气控制线路中电器及相关材料选型

针对图 5.21 和图 5.22，采用表 5.4 中所示品牌、型号规格的电器。

表 5.4　图 5.21 和图 5.22 所示电气控制线路电器选型

电器及辅材	品　牌	型号规格	数量
断路器	西门子	3RV6021-4DA15 S0 20~25A	1
断路器	西门子	5SY62047CC 5SY6 C4 2P	1
电压表	正泰	42L6-450V	1
电流表	正泰	42L6-30A	1
电流互感器	正泰	BH-0.66I-30/5	1
变频器	西门子	6SL3210-1KE22-6UP1 G120C 11kW	1
接触器	西门子	3RT6026-1AN20 AC-3 400V 25A/11kW 线圈电压 AC 220V	3
热继电器	西门子	3RU6126-4DB1 20~25A 独立安装	1
中间继电器	欧姆龙	MY4N-J、4 开 4 闭、线圈电压 AC 220V	2
转换开关	正泰	LW32 系列	2
按钮	正泰	NP2-BA31（红、绿各 1 个）	2
指示灯	正泰	ND16（2 绿 3 红）	5
电机主电路导线		BVR-6mm^2	

5.4.3　单电磁铁电气控制线路中电器及相关材料选型

针对图 5.24，电磁水阀电气控制线路中采用表 5.5 中所示品牌、型号规格的电器。电磁阀可在德力西、纽威阀门、远大重工、中核苏阀、珠华、艾默生、元隆、三花、江一等品牌中选型，本设计中选择中核苏阀电磁阀。

表 5.5　图 5.24 所示电气控制线路电器选型

电器及辅材	品　牌	型号规格	数量
开关电源	西门子	3RV6021-4DA15 S0 20~25A	1
断路器	西门子	5SY62047CC 5SY6 C4 2P	1
电磁阀	中核苏阀	高温高压 ZCZG DC 24V	1
中间继电器	欧姆龙	MY4N-J、4 开 4 闭、线圈电压 DC 24V	3
电接点温度计	上海自动化仪表三厂	WSSX 系列，测温范围 0~100℃	1
转换开关	正泰	LW32 系列	2
按钮	正泰	NP2-BA31（红、绿各 1 个）	2
指示灯	正泰	ND16（1 绿 1 红）	2
主电路导线		BVR-1.5mm^2	

针对图 5.25~图 5.27，电磁溢流阀电气控制线路中采用表 5.6 中所示品牌、型号规格的电器。

表 5.6　图 5.25~图 5.27 所示电气控制线路电器选型

电器及辅材	品　牌	型 号 规 格	数量
开关电源	西门子	3RV6021-4DA15 S0 20~25A	6
断路器	西门子	5SY62047CC 5SY6 C4 2P	6
电磁阀	中核苏阀	高温高压 ZCZG DC 24V	5
中间继电器	欧姆龙	MY4N-J、4 开 4 闭、线圈电压 DC 24V	11
压力继电器	宜昌慧诚	HYP 系列	2
蜂鸣器	正泰	ND16-22FS DC 24V	2
转换开关	正泰	LW32 系列	1
按钮	正泰	NP2-BA31（红、绿各 5 个）	10
旋钮	正泰	NP2-BD23 二位锁定	2
指示灯	正泰	ND16（1 红 5 绿）	6
主电路导线		BVR-1.5mm^2	

5.4.4　电加热器电气控制线路中电器及相关材料选型

针对图 5.28~图 5.31，电加热器电气控制线路中采用表 5.7 中所示品牌、型号规格的电器。其中温度继电器在德国 ZIEHL 温度继电器 TR640IP、贺德克 ETS 温度继电器、上海融德机电 TR1/TR2 系列温度继电器等中进行了选择。

表 5.7　图 5.28~图 5.31 所示电气控制线路电器选型

电器及辅材	品　牌	型 号 规 格	数量
断路器	西门子	5SY52207CC 5SY5 C20 2P	6
断路器	西门子	5SY62047CC 5SY6 C4 2P	1
接触器	西门子	3RT6025-1AN20 17A/7.5kW 线圈 AC 220V	6
温度继电器	上海融德机电	TR1/TR2 系列	2
热电阻	上海双旭电子	WZC-201，Cu50（-15~100℃）	3
中间继电器	欧姆龙	MY4N-J、4 开 4 闭、线圈电压 AC 220V	6
智能数显仪表	温州新乐	XWP-C70 显示温度，4 对输出触点	1
蜂鸣器	正泰	ND16-22FS DC 24V	3
转换开关	正泰	LW32 系列	1
按钮	正泰	NP2-BA31（红、绿各 6 个）	12
指示灯	正泰	ND16（1 红 6 绿）	7
主电路导线		BVR-2.5mm^2	

5.4.5　油箱液位、油温报警电路中电器及相关材料选型

针对图 5.32 所示的油箱液位报警电路和图 5.33 所示的油温及油箱液位超范围电路，采用表 5.8 中所示品牌、型号规格的电器。

表 5.8 图 5.32 和图 5.33 所示电路中电器选型

电器及辅材	品 牌	型 号 规 格	数量
断路器	西门子	5SY62047CC 5SY6 C4 2P	2
中间继电器	欧姆龙	MY4N-J、4 开 4 闭、线圈电压 AC 220V	8
液位继电器	正泰	JYB-714 带探头	3
蜂鸣器	正泰	ND16-22FS DC 24V	1
指示灯	正泰	ND16（红色）	7

5.4.6 传感器、信号隔离器及开关电源选型

传感器、信号隔离器及开关电源的品牌众多，针对图 5.34 所示电路，选用表 5.9 中所示品牌、规格的传感器、开关电源和信号隔离器。

表 5.9 图 5.34 所示电路中传感器、开关电源和信号隔离器选型

电器及辅材	品 牌	型 号 规 格	数量
断路器	西门子	5SY62047CC 5SY6 C4 2P	3
开关电源	西门子	3RV6021-4DA15 S0 20~25A	3
信号隔离器	倍佳安	SL-G4 系列 1 进 1 出	2
信号隔离器	倍佳安	SL-G2 系列 1 进 2 出	1
压力变送器	上海自动化仪表	316C2ER，0~60MPa，输出 4~20mA	1
液位传感器	上海自动化仪表	UHZ-517B 系列，输出 4~20mA	1
温度传感器	上海自动化仪表	WZC-B 系列，Cu50	1

5.4.7 电气柜体选型

图 5.14~图 5.17 所示的电气控制线路采用高 2200mm、宽 1000mm、深 800mm 的 GGD 柜体。图 5.18~图 5.20 所示的电气控制线路采用高 2200mm、宽 800mm、深 800mm 的 GGD 柜体。图 5.21~图 5.23 所示循环泵电机电气控制线路、图 5.24 所示的电磁水阀电气控制线路和图 5.25~图 5.27 所示的电磁溢流阀电气控制线路共同采用高 2200mm、宽 800mm、深 800mm 的 GGD 柜体。图 5.28~图 5.31 所示的电加热器电气控制线路、图 5.32 和图 5.33 所示的油箱液位报警电路以及图 5.34 所示的压力、液位、温度测量电路共同采用高 2200mm、宽 1000mm、深 800mm 的 GGD 柜体。

5.5 设 置 参 数

（1）设置主泵变频器参数。在变频器默认设置的基础上，设置如下参数。

P0304：电机额定电压 380V。

P0305：按照电机铭牌填写额定电流。

P0307：电机额定功率 75kW。

P0311：电机额定速度，按照铭牌数据填写。

P0500：1，工艺过程的应用对象为风机和水泵。

P0700：2，运行命令由端子排输入。

P0701：1，接通时正转。

P1080：0，最低频率。

P1082：50，最高频率。

P1120：40，斜坡上升时间。

P1121：30，斜坡下降时间。

(2) 设置循环泵变频器参数。在变频器默认设置的基础上，设置如下参数。

P0304：电机额定电压380V。

P0305：按照电机铭牌填写额定电流。

P0307：电机额定功率11kW。

P0311：电机额定速度按照铭牌数据填写。

P0700：2，运行命令由端子排输入。

P0701：1，接通时正转。

P1080：0，最低频率。

P1082：50，最高频率。

P1120：15，斜坡上升时间。

P1121：15，斜坡下降时间。

(3) 设置软启动器参数。

启动模式：1，斜坡启动。

斜坡初始电压：25%。

斜坡启动时间：90s。

启动限流值：350%。

启停控制方式：2，外控有效。

(4) 设置仪表参数。

AH（上限报警值）：60，上限报警的报警设定值。

AL（下限报警值）：45，下限报警的报警设定值。

AHH（上上限报警值）：70，上上限报警的报警设定值。

ALL（下下限报警值）：25，下下限报警的报警设定值。

Sn（输入信号类型）：50，Cu50热电阻。

dOt（小数点）：1，小数点在十位（显示×××.×）。

PUL（显示量程下限）：-50.0。

PUH（显示量程上限）：150.0。

PH（上限报警类型）：0011，千位（0，报警不闪烁；1，报警闪烁），百位（0，监视PV），十位（0，继电器常闭状态；1，继电器常开状态），个位（0，禁止报警；1，高报警；2，低报警）。

dH（上限报警回差值）：1，上限报警的报警回差设定值。

PL（下限报警类型）：0012，千位（0，报警不闪烁；1，报警闪烁），百位（0，监视PV），十位（0，继电器常闭状态；1，继电器常开状态），个位（0，禁止报警；1，高报警；2，低报警）。

dL（下限报警回差值）：1，下限报警的报警回差设定值。

PHH（上上限报警类型）：0011，定义与PH项相同。

dHH（上上限报警回差值）：1，上上限报警的报警回差设定值。

PLL（下下限报警类型）：0012，定义与PL项相同。

dLL（下下限报警回差值）：1，下限报警的报警回差设定值。

InPH（非标输入最大值）：温度显示仪表设定为150。

InPL（非标输入最小值）：温度显示仪表设定为-50。

6 220kV 变电站电气部分(一次系统)设计

思政之窗

我国的电力发展已有150多年的历史。1949年新中国成立后，电力行业成为国家的重点发展产业，目前已发展成为世界上第一电力大国。我国电力供应安全稳定，电网成为世界上输电能力最强、覆盖面最广、运行电压等级最高、新能源并网规模最大、安全运行记录最长的特大型电网，供电能力和供电质量居世界先进水平。

工业的发展给人类带来了极大的便利，使人类的生活方式发生了巨大变化，生活水平得以迅速提高。但人类生存环境的恶化也迅速加剧，气候变暖以及气候异常现象的多发，沙漠化的加重，向人类敲响了警钟。改善环境、减少碳排放、发展绿色产业是地球村每个国家的共同责任。

进入“十四五”时期，我国生态文明建设进入了以降碳为重点、推动减污降碳协同增效、促进经济社会发展全面绿色转型、实现生态环境质量改善由量变到质变的关键时期。为了解决能源供给与能源安全、经济增长与环境保护之间的矛盾，国家出台了相关的法律，并且对绿色转型进行政策性鼓励。为了应对全球气候变化，国家电网公司加大可再生能源的开发力度，到2030年，将实现非化石能源占比50%以上。此外，国家电网公司还将继续推进智能电网建设，建设具有高度自适应能力的智能电网，提高电网的智能化程度，实现供需侧一体化、能源互联互通，以实现全球能源转型和可持续发展为目标，为国家能源安全、经济发展和生态环境建设做出更大的贡献。

2005年，时任浙江省委书记习近平在余村考察时首次提出“绿水青山就是金山银山”。2020年9月，国家主席习近平在第七十五届联合国大会上宣布，中国力争在2030年前二氧化碳排放达到峰值，努力争取在2060年前实现碳中和目标。2021年，《关于完整准确全面贯彻新发展理念做好碳达峰碳中和工作的意见》和《2030年前碳达峰行动方案》两个重要文件相继出台，共同构建了中国碳达峰、碳中和“1+N”政策体系的顶层设计，而重点领域和行业的配套政策也将围绕以上意见及方案陆续出台。2022年，科技部、国家发展改革委、工业和信息化部等9部门印发《科技支撑碳达峰碳中和实施方案(2022—2023年)》，统筹提出支撑2030年前实现碳达峰目标的科技创新行动和保障举措，并为2060年前实现碳中和目标做好技术研发储备。

党的二十大报告把推动绿色发展，促进人与自然和谐共生，列为未来5年乃至更长时期的重点战略之一，指出了大自然是人类赖以生存发展的基本条件，尊重自然、顺应自然、保护自然，是全面建设社会主义现代化国家的内在要求。绿色发展理念，近年来在中华大地上不断演绎着人与自然和谐共生的中国式现代化的远大前程。

6.1 设计参数和要求

某变电站占地$100\times100m^2$，包含3个电压等级，即220kV、110kV、10kV。设计参数

如下：

（1）系统最大运行方式下系统容量为 3800MV · A，系统短路容量为 18000MV · A。

（2）系统最大负荷利用小时数 t_M = 5750h。

（3）220kV 以双回路与 65km 外的系统相连，220kV 侧另有 1 回出线，出线功率为 100MV · A。

（4）110kV 架空线有 4 回，2 回出线连接炼钢厂，距离 30km，每回输送功率为 60MV · A，2 回出线连接玻璃厂，距离 20km，每回输送功率为 50MV · A。

（5）10kV 侧共 8 回出线，4 回架空线出线，距离 5km，每回输送功率为 3MV · A，4 回电缆出线，距离 6km，每回输送功率为 4MV · A。

（6）按照国家五年设计规划，线路损耗应取 5%，负荷增长率取 3%，一、二级负荷占 70%。

110kV 和 10kV 侧负荷分别如表 6.1 和表 6.2 所示。

表 6.1　110kV 侧负荷

负荷名称	每回路最大负荷/MW	功率因数	回路数	负荷同时系数	负荷年增长率/%
炼钢厂	45	0.85	2	0.85	3
玻璃厂	45	0.85	2	0.85	3

表 6.2　10kV 侧负荷

负荷名称	每回路最大负荷/MW	功率因数	回路数	负荷同时系数	负荷年增长率/%
生活园区	3.5	0.8	2	0.8	3
商业街	2.5	0.8	2	0.8	3
自来水厂	4.5	0.8	2	0.8	3
饲料厂	4.5	0.8	2	0.8	3

变电站所处环境条件：变电站所处地区地势平坦，交通便利，平均海拔为 1200m，最高气温为 38℃，最低气温为-30℃，年平均雷电日为 38 天，土壤电阻率为 100Ω · m。

具体设计要求：

（1）进行负荷计算，并确定变压器型号以及台数。

（2）设计变电站的主接线方式，同时考虑变电站站用电的变压器选型以及接线方式设计。

（3）针对变电站主接线，设计变电站的等值电路。

（4）针对变电站等值电路，进行各电压等级电网的短路电流计算。

（5）根据短路电流计算结果，采用热稳定和动稳定校验方式，设计完成变电站一次设备选型，包括断路器、隔离开关、接地开关、电压互感器、电流互感器、母线以及避雷器等。

（6）设计变电站的防雷保护。

（7）绘制变电站电气主接线图。

设计参考规程、规范、规定、标准与手册如下：

(1)《电力系统设计技术规程》(DL/T 5429—2009)。

(2)《交流电气装置的过电压保护和绝缘配合设计规范》(GB/T 50064—2014)。

(3)《220kV~750kV 变电站设计技术规程》(DL/T 5218—2012)。

(4)《高压配电装置设计规范》(DL/T 5352—2018)。

(5)《导体和电器选择设计技术规定》(DL/T 5222—2005)。

(6)《电力工程电缆设计标准》(GB 50217—2018)。

(7)《供配电系统设计规范》(GB 50052—2009)。

(8)《工业与民用配电设计手册》(第四版),由中国航空工业规划设计研究院编写。

(9)《电力工程电气设计手册 1:电气一次部分》,由水利电力部西北电力设计院编写。

6.2 负 荷 计 算

负荷计算是选取主变压器容量的关键,根据设计参数、表6.1和表6.2中的负荷数据可知。

110kV 侧负荷为:

$$P_1 = 2 \times 45 + 2 \times 45\text{MV} = 180\text{MW} \tag{6.1}$$

又因其功率因数相等,$\cos\phi_1 = 0.85$,则有:

$$Q_1 = P_1 \times \tan\phi_1 = 180 \times 0.62\text{Mvar} = 111.6\text{Mvar} \tag{6.2}$$

负荷同时率取0.85,考虑到线损为7%,有:

$$P_1 = 0.85 \times 180 \times (1 + 7\%)\text{MV} = 154.07\text{MW} \tag{6.3}$$

$$Q_1 = 0.85 \times 111.6 \times (1 + 7\%)\text{Mvar} = 95.52\text{Mvar} \tag{6.4}$$

10kV 侧负荷为:

$$P_2 = (3.5 \times 2 + 2.5 \times 2 + 4.5 \times 2 + 4.5 \times 2)\text{MV} = 30\text{MW} \tag{6.5}$$

又因其功率因数相等,有:

$$Q_2 = P_2 \times \tan\phi_2 = 30 \times 0.75\text{Mvar} = 22.5\text{Mvar} \tag{6.6}$$

负荷同时率取0.8,考虑到线损为7%,有:

$$P_2 = 0.8 \times 30 \times (1 + 7\%)\text{MV} = 24.17\text{MW} \tag{6.7}$$

$$Q_2 = 0.8 \times 22.5 \times (1 + 7\%)\text{Mvar} = 18.13\text{Mvar} \tag{6.8}$$

由上可知:

$$\sum P_{总} = P_1 + P_2 = (154.07 + 24.17)\text{MV} = 178.24\text{MW} \tag{6.9}$$

$$\sum Q_{总} = Q_1 + Q_2 = (95.52 + 18.13)\text{Mvar} = 113.65\text{Mvar} \tag{6.10}$$

考虑到未来5年到10年的发展规划,按负荷年增长率3%计算,视在功率为:

$$S = (1 + 3\%)^5 \cdot S_{总} = (1 + 3\%)^5 \times \sqrt{178.24^2 + 113.65^2}\,\text{MV} \cdot \text{A} = 245.06\text{MV} \cdot \text{A} \tag{6.11}$$

根据设计规范以及国标，变电站中当 1 台主变停运，其余变压器应保证全部负荷的 70%~80%正常供电，故单台变压器的额定容量最小值为：

$$S_N = 0.7 \times S = 0.7 \times 245.06\text{MV} \cdot \text{A} = 171.54\text{MV} \cdot \text{A} \tag{6.12}$$

6.3　变压器选型及电气主接线方案

6.3.1　变压器选型

变压器是电力系统中重要的电气设备，是变电站的核心，故变压器的选型至关重要。根据电力系统 5~10 年的负荷发展规划、进出线回路数量、功率大小等因素综合考虑，确定变电站主变压器型号。变电站变压器的选择主要包括变压器台数、变压器容量以及变压器接线方式。

为了保证供电质量，设计中常采用以下方法来确定变压器的台数。

（1）以下条件适合装设两台及以上变压器。

1）有大量的一级负荷以及二级负荷。

2）季节性负荷变化较大时。

3）集中负荷较大时。

（2）用于照明或不太重要的负荷适用 1 台变压器。

（3）110kV 以上的变电站一般选用 2~4 台变压器。

变压器容量的确定则应根据变电站负荷和系统容量共同决定。当变电站带有重要负荷时，必须保证在 1 台主变压器停运时，其余变压器满足一级、二级负荷的供电；对于普通变电站来说，在 1 台主变压器停运后其余主变压器满足全部负荷 70%~80%的持续供电。

对于变压器的接线方式，按照以下的方法进行选择。

（1）对于 330kV 及以下的变电站，选择三相式变压器。

（2）为保证变压器三绕组与系统电压相位的一致，绕组采用三角形△与星形 Y 接法。为保证供电可靠性，变压器为 Y，d11 接线。

（3）变压器按绕组方式主要分为双绕组和三绕组两种形式，一般变电站内装设三绕组变压器不超过 3 台。

（4）变压器通过改变高低压侧变比来调整电压以此来保证供电质量。电压切换方式有无激磁调压（220kV 及以上变压器一般采用无激磁调压）与有载调压。

（5）变压器的冷却方式随容量的改变而变化，一般有自然风冷却、强迫风冷却、强迫油循环水冷却、强迫油循环风冷却和强迫油循环导向冷却。

综上所述，结合《电力工程电气设计手册 1：电气一次部分》，选择 2 台同型号的变压器，具体型号为 SFPS7-180000/220，2 台变压器互为备用，保障变电站的供电可靠性，详细参数如表 6.3 所示。

表 6.3 变压器参数

SFPS7-180000/220			
额定电压/kV	高压	中压	低压
	220±2×2.5%	121	11
额定容量/MV·A	高压	中压	低压
	180	180	90
联结组标号	YN，yn，d11		
空载电流百分比/%	0.7		
空载损耗/kW	178		
容量变比	100/100/50		
阻抗电压百分比/%	高-中	高-低	中-低
	14	23	7

站用电负荷根据《220kV~750kV 变电所所用电设计技术规程》要求，在 220kV 变电站从主变低压侧接入两台容量相同，互为备用，其中容量按主变单台容量 1%进行选择，变压器接线采用 Y，d11 无载调压变压器。本设计中站用变压器选择型号为 SL7-2000/10，详细参数如表 6.4 所示。

表 6.4 站用变压器参数

容量/kV·A	2000	
额定电压/kV	高压	10
	低压	6.3
联结组标号	Y，d11	
阻抗电压百分比/%	5.5	
空载电流百分比/%	2.5	
损耗/kW	空载	3.10
	负载	19.80

6.3.2 电气主接线方案

电气主接线的基本要求：

(1) 安全性。保证对用电和供电人员的安全。

(2) 可靠性。供电可靠，不发生无故停电，特别是对重要的一级、二级负荷。

(3) 灵活性。做到调度灵活，对用户做到不停电检修，方便后期扩建。

(4) 经济性。在满足安全可靠地运行条件下满足经济性，节省资金。

电气主接线基本形式包括单母线接线、单母线分段接线、带旁路母线的单母线接线、双母线接线、双母线带旁路母线的接线和分数断路器接线。

（1）单母线接线。

优点：接线简单，设备少，便于检修，不易发生误操作。

缺点：母线故障和隔离开关检修时，全回路停电。

应用：适用Ⅱ、Ⅲ类负荷供电。

（2）单母线分段接线。

优点：分段检修母线与断路器，减小停电范围。

缺点：出线断路器检修该回路停电。

应用：适用Ⅰ、Ⅱ类负荷供电。

（3）带旁路母线的单母线接线。

优点：任意一台断路器故障检修时，可用旁路断路器替代此回路断路器，此回路可以做到不停电检修。

缺点：投资多，设备繁多，容易误操作。

应用：适用于Ⅱ、Ⅲ类负荷的供电。

（4）双母线接线。

优点：供电可靠，运行调度灵活，易于扩建。

缺点：设备多，投资大，容易发生误操作，母线或断路器故障仍将短时停电。

应用：适用于重要变电站和发电厂。

（5）双母线带旁路母线的接线。

优点：同双母线接线优点一样，当线路断路器检修时仍能继续供电。

缺点：设备增多，操作复杂，保护复杂化，投资大。

应用：与双母线相同。

（6）分数断路器接线。

优点：母线故障或检修时不停电；可不停电检修断路器；隔离开关仅作检修之用，不作为操作电器，误操作的可能性较小。

缺点：设备繁多，操作复杂，投资大。

应用：适用于超高压系统。

针对上述提出的主接线基本形式，制定了 3 种接线方案，具体如表 6.5 所示。

表 6.5 方案拟定表

方案编号	220kV	110kV	10kV	主变台数
方案 1	双母线接线	双母线接线	单母线分段接线	2
方案 2	双母线带旁路母线接线	双母线接线	单母线分段接线	2
方案 3	双母线带旁路母线接线	双母线接线	单母线分段带旁路母线接线	2

与表 6.5 中方案 1 相对应的主接线图如图 6.1 所示。

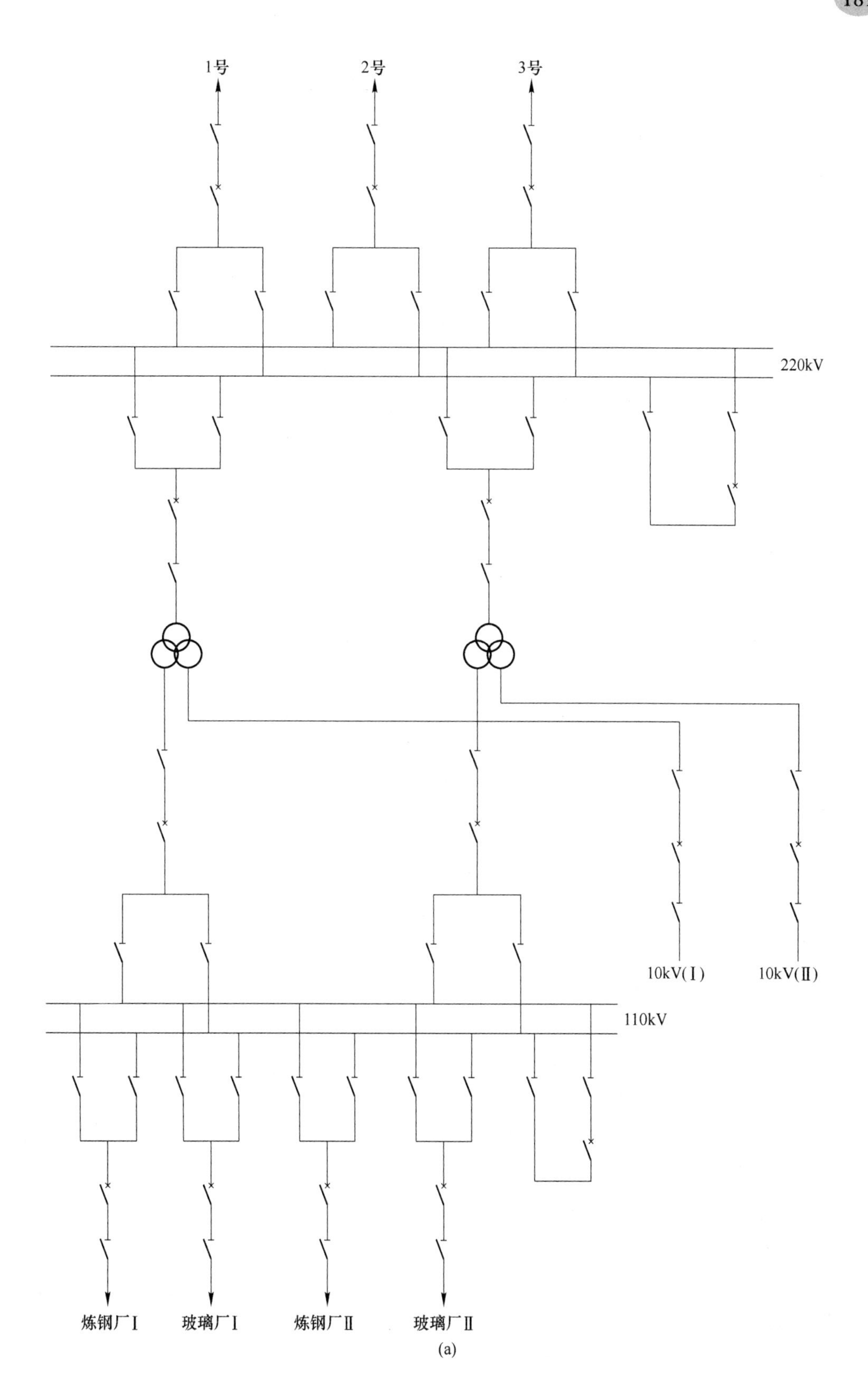

(a)

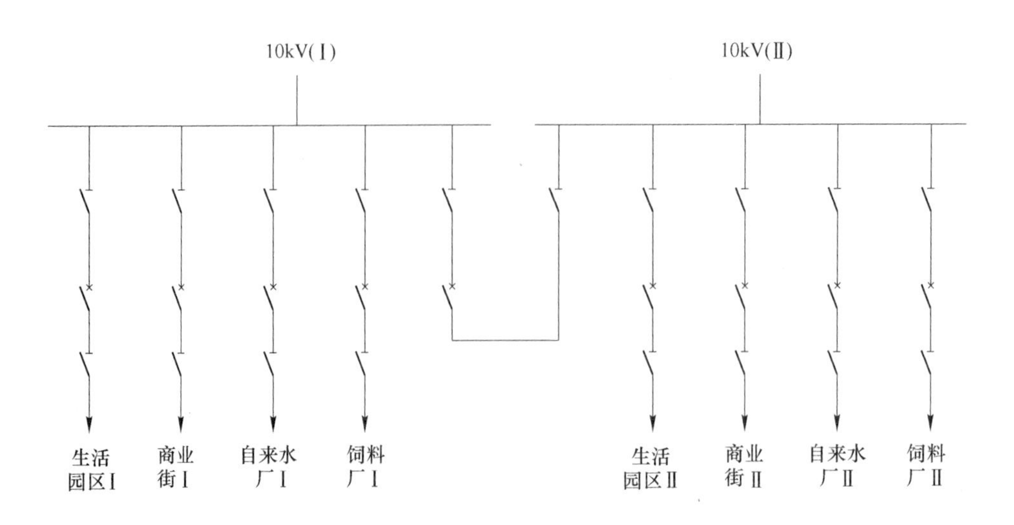

(b)

图 6.1　方案 1 主接线图

(a) 方案 1 中 220kV 和 110kV 接线；(b) 方案 1 中单母线分段接线

与表 6.5 中方案 2 相对应的主接线图如图 6.2 所示。其中 10kV 单母线分段接线与图 6.1（b）相同，图 6.2 中不再画出。

与表 6.5 中方案 3 相对应的主接线图如图 6.3 所示。

表 6.6 对 3 种主接线设计方案的优缺点进行了对比。

表 6.6　主接线设计方案比较

方案	优　点	缺　点
方案 1	供电可靠，高中压侧检修母线可不停电检修，调度灵活，便于扩建。低压侧接线简单清晰，不容易发生误操作	10kV 侧检修时需停电检修。高中压侧设备多，操作复杂，投资大，检修出线断路器时仍将短时停电
方案 2	正常运行时，采用母线分段运行方式，减小母线故障时的停电范围	设备繁多，误操作可能性大，投资大
方案 3	10kV 侧增设旁路母线，减小了母线故障影响范围	在原有基础上进一步增加了设备的数量与操作的难度，投资大

通过上述方案对比，在可靠性、灵活性、经济性方面综合考虑，确定选取方案 3 作为本次设计的主接线。

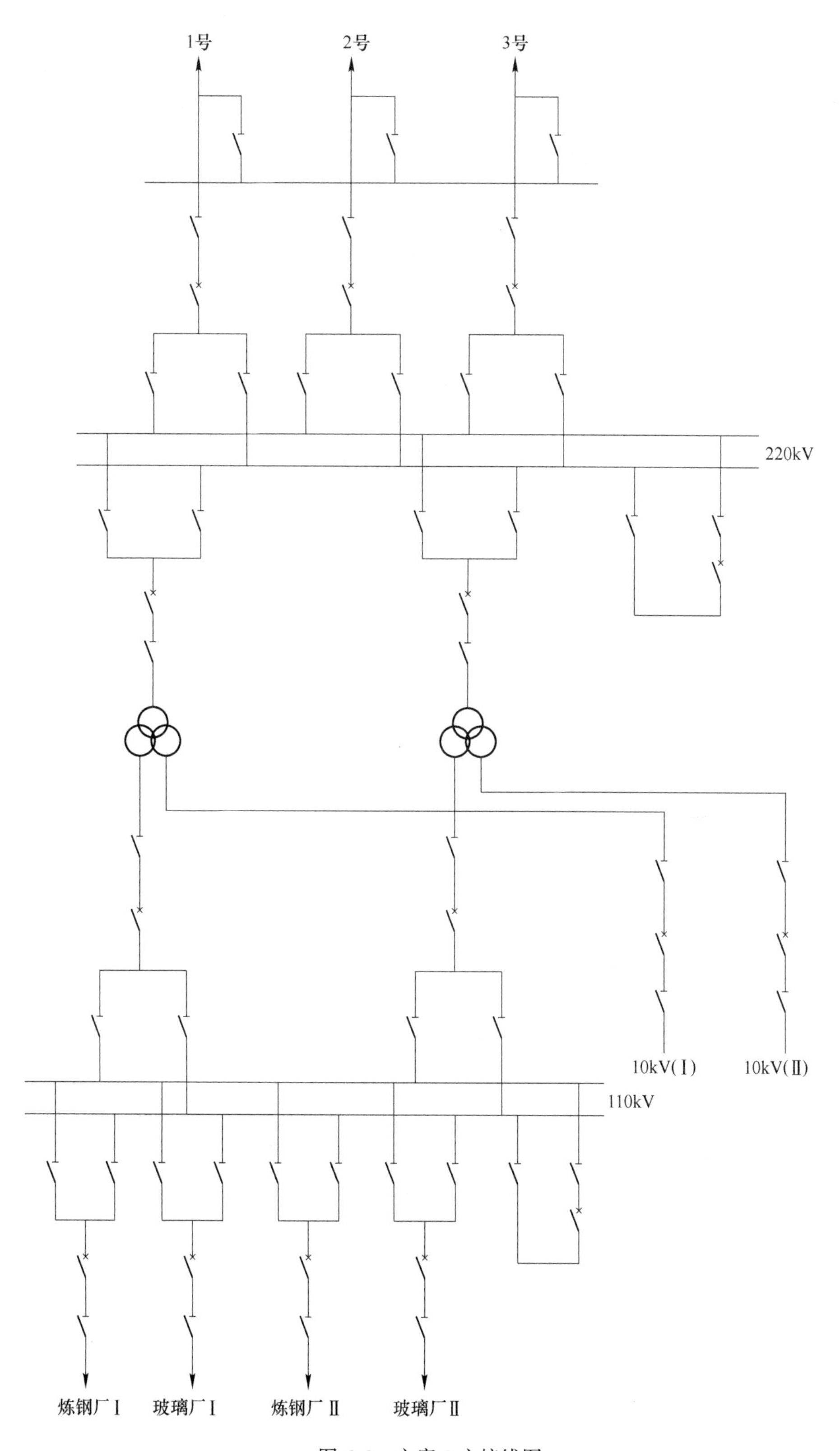

图6.2 方案2主接线图

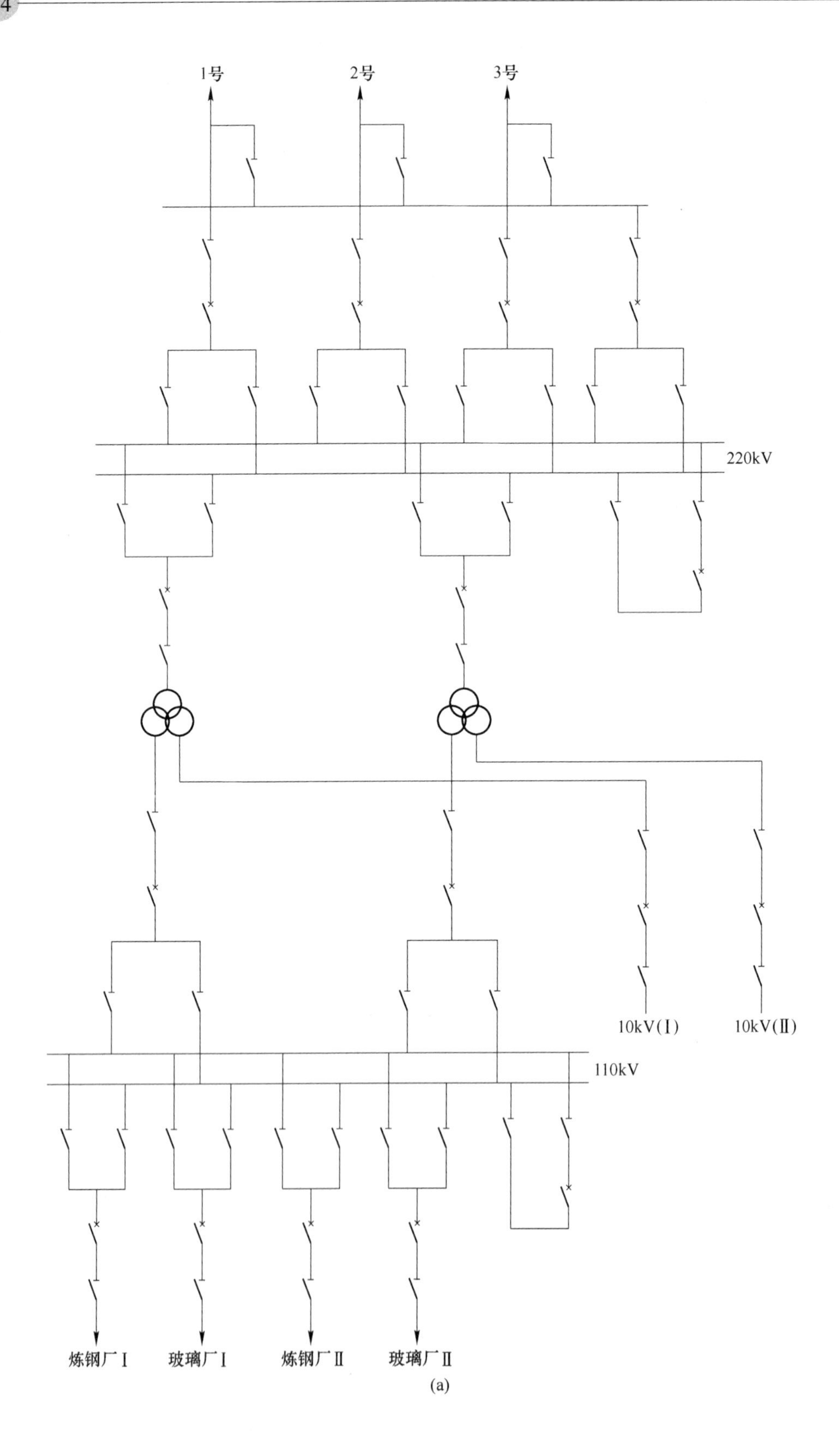

(a)

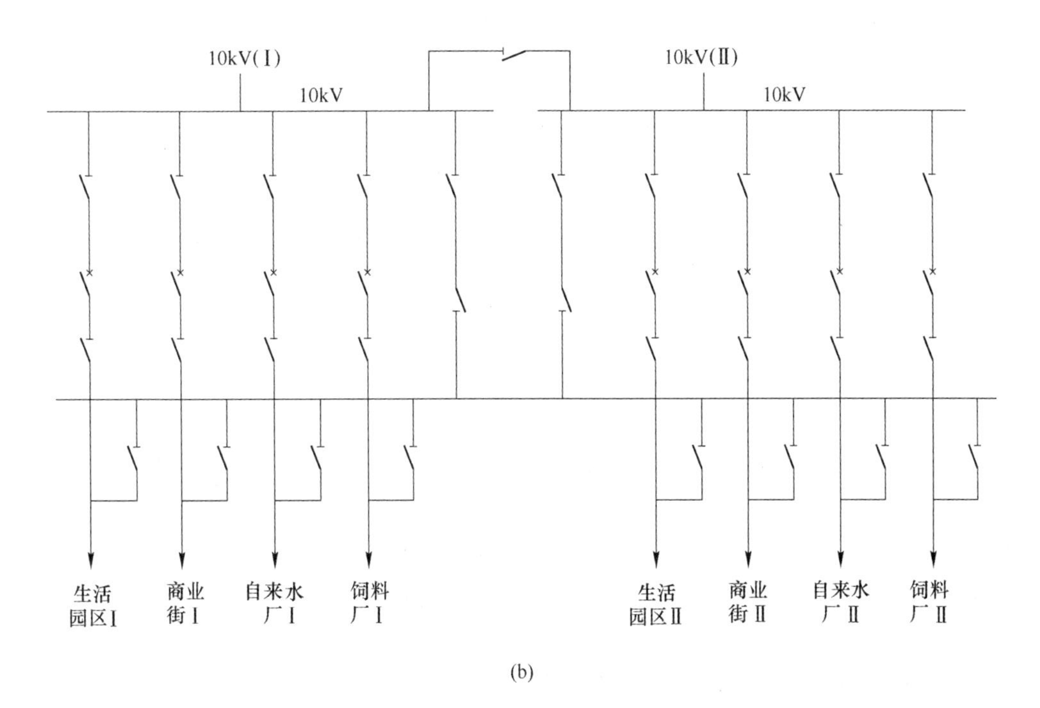

(b)

图 6.3 方案 3 主接线图

(a) 方案 3 中 220kV 和 110kV 接线；(b) 方案 3 中单母线分段带旁路母线接线

6.4 短路电流计算

电力系统短路是不可避免的，造成短路的主要原因有下面几方面。

(1) 电气设备的绝缘老化、损坏与运维不当引起短路。

(2) 恶劣的环境如大风、雷电和雨雪对输电线路造成短路。

(3) 人为因素造成短路。

(4) 鸟兽对线路与电气设备的损坏造成短路。

短路的基本形式包括：$k^{(3)}$ —三相短路；$k^{(2)}$ —两相短路；$k^{(1)}$ —单相接地短路；$k^{(1,1)}$ —两相短路接地。其中，三相短路为对称短路：短路后各相电流、电压仍对称；其他短路形式为不对称短路。变电站设计时短路电流计算的目的主要用于校验设备短路后的热稳定和动稳定，设计过程中仅对三相短路电流进行计算。

短路电流采用标幺值进行计算。取 S_B = 100MW，选取的基准电压 U_{b1} = 230kV、U_{b2} = 115kV、U_{b3} = 10.5kV，其等值电路如图 6.4 所示。

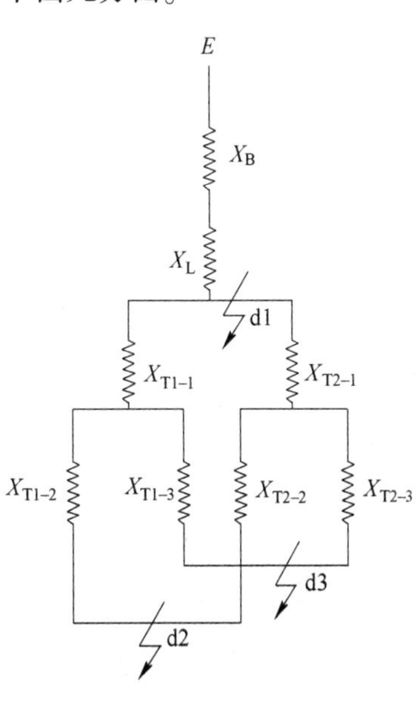

图 6.4 等值电路

根据变压器参数提供的阻抗电压百分比即可计算变压器绕组的电抗标幺值，其中，阻抗电压百分比如表 6.3 所示。

计算变压器各绕组短路电压百分数：

$$V_{S1}\% = \frac{1}{2}(V_{S1-2} + V_{S1-3} - V_{S2-3})\% = \frac{1}{2} \times (14 + 23 - 7) = 15 \quad (6.13)$$

$$V_{S2}\% = \frac{1}{2}(V_{S1-2} + V_{S2-3} - V_{S1-3})\% = \frac{1}{2} \times (14 + 7 - 23) = -1 \quad (6.14)$$

$$V_{S3}\% = \frac{1}{2}(V_{S2-3} + V_{S1-3} - V_{S1-2})\% = \frac{1}{2} \times (23 + 7 - 14) = 8 \quad (6.15)$$

取 $S_B = 100\text{MW}$，$U_B = U_{av}$，计算主变各绕组电抗标幺值：

$$X_{T1-1} = \frac{V_{S1}\%}{100} \times \frac{100}{180} = \frac{15}{100} \times \frac{100}{180} = 0.083 \quad (6.16)$$

$$X_{T1-2} = \frac{V_{S2}\%}{100} \times \frac{100}{180} = \frac{-1}{100} \times \frac{100}{180} = -0.0056 \quad (6.17)$$

$$X_{T1-3} = \frac{V_{S3}\%}{100} \times \frac{100}{180} = \frac{8}{100} \times \frac{100}{180} = 0.044 \quad (6.18)$$

因为两台主变一样，所以 1 变和 2 变的参数一致。

基准电流：

$$I_{j1} = \frac{S_B}{\sqrt{3}U_{b1}} = \frac{100}{\sqrt{3} \times 230}\text{kA} = 0.25\text{kA} \quad (6.19)$$

$$I_{j2} = \frac{S_B}{\sqrt{3}U_{b2}} = \frac{100}{\sqrt{3} \times 115}\text{kA} = 0.50\text{kA} \quad (6.20)$$

$$I_{j3} = \frac{S_B}{\sqrt{3}U_{b3}} = \frac{100}{\sqrt{3} \times 10.5}\text{kA} = 5.50\text{kA} \quad (6.21)$$

系统电抗：

$$X_B = \frac{S_B}{S_M} = \frac{100}{3800} = 0.026 \quad (6.22)$$

线路电抗：

$$X_L = x_0 \cdot L \cdot \frac{S_B}{U_{b1}^2} = 0.4 \times 65 \times \frac{100}{230^2} = 0.049 \quad (6.23)$$

注：S_M 为系统容量，x_0 为架空线路单位长度电抗值，约为 0.4Ω/km。

根据图 6.4 给出的等值电路，对 220kV 侧母线短路电流计算时，不计负荷对短路电流的影响，直接在短路点 d1 处进行接地处理，其等值电路如图 6.5 所示。

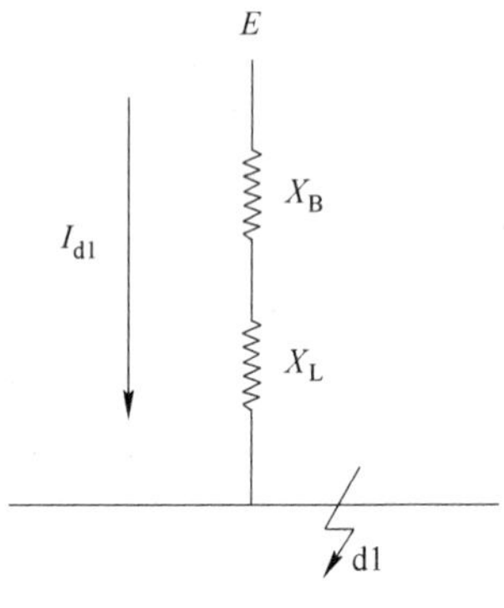

图 6.5　d1 处短路等值电路

6.4.1　220kV 侧 d1 处短路电流计算

短路点 d1 处的计算阻抗近似为系统电抗 X_B 与线路电抗

X_L 之和，即：

$$\sum X_1 = X_B + X_L = 0.026 + 0.049 = 0.075 \tag{6.24}$$

$$I_{d1} = I_{j1} \cdot \frac{E}{\sum X_1} = 0.25 \times \frac{1}{0.075}\text{kA} = 3.33\text{kA} \tag{6.25}$$

根据设计规范取 $K_{sh} = 1.8$，则：

$$i_{sh1} = \sqrt{2} \cdot K_{sh} \cdot I_{d1} = 1.28 \times 3.33\text{kA} = 4.26\text{kA} \tag{6.26}$$

$$I_{sh1} = \sqrt{1 + (K_{sh} - 1)^2} \cdot I_{d1} = 1.28 \times 3.33\text{kA} = 5.03\text{kA} \tag{6.27}$$

$$S_{d1} = \sqrt{3} \cdot U_{b1} \cdot I_{d1} = \sqrt{3} \times 230 \times 3.33\text{MV} \cdot \text{A} = 1326.58\text{MV} \cdot \text{A} \tag{6.28}$$

根据图 6.4 给出的等值电路，对 110kV 侧母线短路电流计算时，不计负荷对短路电流的影响，直接在短路点 d2 处进行接地处理，其等值电路如图 6.6 所示。

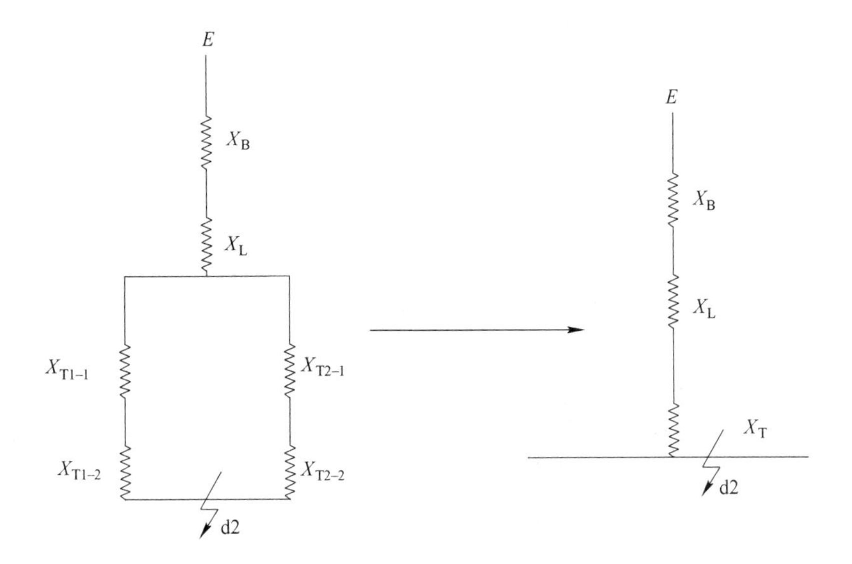

图 6.6　d2 处短路等值电路图

6.4.2　110kV 侧 d1 处短路电流计算

$$X_T = (X_{T1-1} + X_{T1-2})//(X_{T2-1} + X_{T2-2}) = \frac{1}{2}(0.083 - 0.0056) = 0.039 \tag{6.29}$$

$$\sum X_2 = X_B + X_L + X_T = 0.026 + 0.049 + 0.039 = 0.114 \tag{6.30}$$

$$I_{d2} = I_{j2} \cdot \frac{E}{\sum X_2} = 0.50 \times \frac{1}{0.114}\text{kA} = 4.39\text{kA} \tag{6.31}$$

$$i_{sh2} = \sqrt{2} \cdot K_{sh} \cdot I_{d2} = 2.55 \times 4.39\text{kA} = 11.18\text{kA} \tag{6.32}$$

$$I_{sh2} = \sqrt{1 + (K_{sh} - 1)^2} \cdot I_{d2} = 1.28 \times 4.39\text{kA} = 5.62\text{kA} \tag{6.33}$$

$$S_{d2} = \sqrt{3} \cdot U_{b2} \cdot I_{d2} = \sqrt{3} \times 115 \times 4.39\text{MV} \cdot \text{A} = 874.43\text{MV} \cdot \text{A} \tag{6.34}$$

根据图 6.4 给出的等值电路图，对 110kV 侧母线短路电流计算时，不计负荷对短路电流的影响，直接在短路点 d3 处进行接地处理，其等值电路如图 6.7 所示。

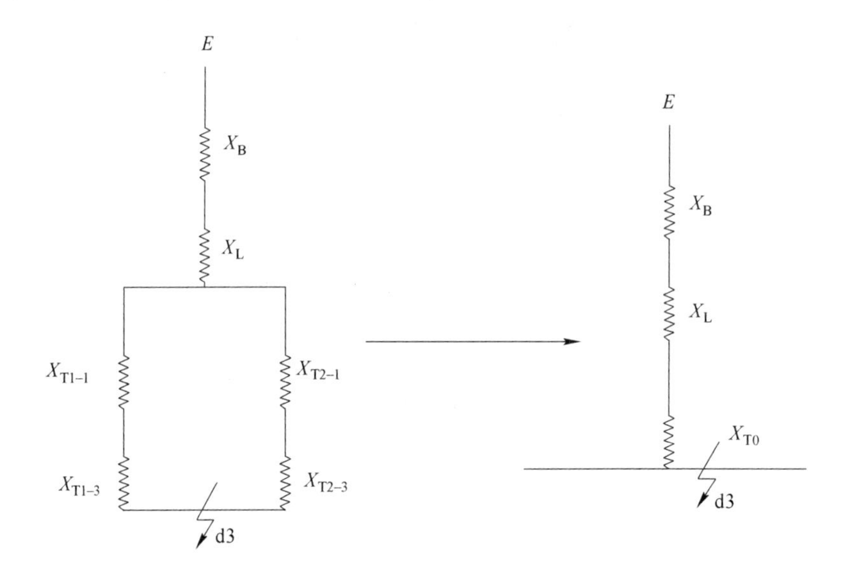

图 6.7 d3 处短路等值电路

$$X_{T0} = (X_{T1-1} + X_{T1-3})//(X_{T2-1} + X_{T2-3}) = \frac{1}{2}(0.083 + 0.044) = 0.064 \quad (6.35)$$

$$\sum X_3 = X_B + X_L + X_{T0} = 0.026 + 0.049 + 0.064 = 0.139 \quad (6.36)$$

$$I_{d3} = I_{j3} \cdot \frac{E}{\sum X_3} = 5.50 \times \frac{1}{0.139}\text{kA} = 39.57\text{kA} \quad (6.37)$$

$$i_{sh3} = \sqrt{2} \cdot K_{sh} \cdot I_{d3} = 2.52 \times 39.57\text{kA} = 99.72\text{kA} \quad (6.38)$$

$$I_{sh3} = \sqrt{1 + (K_{sh} - 1)^2} \cdot I_{d3} = 1.28 \times 39.57\text{kA} = 50.65\text{kA} \quad (6.39)$$

$$S_{d3} = \sqrt{3} \cdot U_{b3} \cdot I_{d3} = \sqrt{3} \times 10.5 \times 39.57\text{MV} \cdot \text{A} = 719.64\text{MV} \cdot \text{A} \quad (6.40)$$

通过上述计算，得出如表 6.7 所示的短路电流计算结果。

表 6.7 短路电流计算结果

短路点	短路电流 I_d /kA	冲击电流 i_{sh} /kA	冲击电流有效值 I_{sh} /kA	短路点容量 /MV·A
220kV-d1	3.33	8.49	4.26	1326.58
110kV-d2	4.39	11.18	5.62	874.43
10kV-d3	39.57	99.72	50.65	719.64

6.5 一次系统电器选型

6.5.1 选型原则

电气设备选型的一般原则。

（1）根据额定电压选择。电气设备额定电压选择时应保证其承受的电压不超过其最大工作电压，故电气设备的额定电压 U_N 应满足不小于其安装地点的实际工作电压 U，即：

$$U_N \geqslant U \tag{6.41}$$

（2）根据额定电流选择。额定电流 I_N 应大于安装地点的最大工作电流 I_{max}，即：

$$I_N \geqslant I_{max} \tag{6.42}$$

其回路中的最大工作电流应取其工作电流的 1.05 倍。

（3）检验动稳定性。动稳定校验是检验其能否承受短路电流产生的电动力效应。其动稳定电流 i_{max} 为电气设备满足动稳定性的最大短路电流，应当大于等于此处的三相短路冲击电流 i_{sh}，即：

$$i_{max} \geqslant i_{sh} \tag{6.43}$$

（4）检验热稳定性。热稳定校验是检验电气设备的导体与绝缘部分可否承受因短路电流所产生的热效应，在选择电气设备时，设备一般提供 4s 的热稳定电流，需保证设备所允许短路时的最大热效应 $I_t^2 t$ 应大于等于短路电流流过设备所产生的热效应 Q_k，即：

$$I_t^2 t \geqslant Q_k \tag{6.44}$$

式中 Q_k——短路电流的最大热效应；

I_t——t 秒热稳定电流。

验算热稳定所需要的时间 t_k：

$$t_k = t_b + t_g \tag{6.45}$$

式中 t_b——继电保护动作时间；

t_g——断路器全开断时间。

110kV 以下导体和电缆一般采用主保护时间；110kV 以上导体和电缆采用后备保护动作时间。

6.5.2 电器选型

6.5.2.1 断路器选型

断路器是变电站中重要电气设备之一，在整个变电站继电保护中起着很大的作用。它具有良好的灭弧能力，正常工作时，用来接通和断开负荷电流。在故障时，快速断开短路电流。

目前，35~220kV 一般采用 SF_6 断路器或少油断路器，35kV 及以下的一般采用少油户外断路器。SF_6 断路器断口耐压高，允许短路次数多，检修周期长，断路性能好，额定电流大，占地面积小，抗污染能力强。本次设计主变高中压侧断路器选用 SF_6 断路器。10kV 线路普遍采用少油断路器。

（1）220kV 侧断路器选择与校检。

变电站 220kV 侧的容量应为变压器容量总和，故：

$$S = (2 \times 180 + 100)\,\mathrm{MV \cdot A} = 460\,\mathrm{MV \cdot A} \tag{6.46}$$

1）额定电压的选择：

$$U_N \geqslant U = 220\,\mathrm{kV} \tag{6.47}$$

2）额定电流的选择：

$$I_N \geqslant I_{max} = 1.05 \times \frac{S}{\sqrt{3}U}kA = 1.05 \times \frac{460}{\sqrt{3} \times 230}kA = 1.21kA \tag{6.48}$$

3）开断电流的选择：

$$I_{Nbr} > I_{d1} = 3.33kA \tag{6.49}$$

根据以上数据选择 LW15-220 型 SF_6 断路器，其技术参数如表 6.8 所示。

表 6.8 LW15-220 型 SF_6 断路器参数

型 号	额定工作电压/kV	动稳定电流/kA	额定电流/A	额定开断电流/kA	热稳定电流/kA	额定开断时间/s	固有分闸时间/s
LW15-220	220	80	2000	31.5	31.5（3s）	0.06	0.03

4）热稳定校验：

设主保护与后备保护的动作时间为 0.03s 和 1.5s，则短路时间为：

$$t_k = (1.5 + 0.03 + 0.03 + 0.06)s = 1.62s > 1s \tag{6.50}$$

系统为无限大系统，故不计非周期分量，则短路电流热效应 Q_k 为：

$$Q_k = I_{d1}^2 \cdot t_k = 3.33^2 \times 1.62kA^2 \cdot s = 17.96kA^2 \cdot s \tag{6.51}$$

又有：

$$I_t^2 \cdot t = 31.5^2 \times 3kA^2 \cdot s = 2976.75kA^2 \cdot s \tag{6.52}$$

因为 $I_t^2 \cdot t \geqslant Q_k$，所以满足热效应校验。

5）动稳定校验：

因 $i_{max} = 80kA$，$i_{sh1} = 8.49kA$，且 $i_{max} \geqslant i_{sh1}$，所以满足动稳定校验。

（2）110kV 侧断路器选择与校检。

变电站 110kV 侧的容量为本侧功率总和，根据设计参数，其负荷总和为：

$$S = (2 \times 60 + 2 \times 50)MV \cdot A = 220MV \cdot A \tag{6.53}$$

1）额定电压的选择：

$$U_N \geqslant U = 110kV \tag{6.54}$$

2）额定电流的选择：

$$I_N \geqslant I_{max} = 1.05 \times \frac{S}{\sqrt{3}U}kA = 1.05 \times \frac{220}{\sqrt{3} \times 115}kA = 1.16kA \tag{6.55}$$

3）开断电流的选择：

$$I_{Nbr} > I_{d2} = 4.39kA \tag{6.56}$$

根据以上数据选择 LW11-110 型 SF_6 断路器，其技术参数如表 6.9 所示。

表 6.9 LW11-110 型 SF_6 断路器技术参数

型 号	额定工作电压/kV	动稳定电流/kA	额定电流/A	额定开断电流/kA	热稳定电流/kA	额定开断时间/s	固有分闸时间/s
LW11-110	110	80	1600	31.5	31.5（3s）	0.05	0.04

4）热稳定校验：

设主保护动作时间 0.03s，后备保护动作时间 1.5s，则短路时间为：

$$t_k = (1.5 + 0.03 + 0.05 + 0.04)s = 1.62s > 1s \tag{6.57}$$

系统为无限大系统故不计非周期分量，则短路电流 Q_k 热效应为：

$$Q_k = I_{d2}^2 \cdot t_k = 4.39^2 \times 1.62kA^2 \cdot s = 31.22kA^2 \cdot s \tag{6.58}$$

又有：

$$I_t^2 \cdot t = 31.5^2 \times 3kA^2 \cdot s = 2976.75kA^2 \cdot s \tag{6.59}$$

因为 $I_t^2 \cdot t \geqslant Q_k$，所以满足热稳定校验。

5）动稳定校验：

有 $i_{max} = 80kA$，$i_{sh2} = 11.18kA$，且 $i_{max} \geqslant i_{sh2}$，所以满足动稳定校验。

（3）10kV 侧断路器选择与校检。

变电站 10kV 侧的容量为本侧功率总和，根据设计参数，其负荷总和：

$$S = (4 \times 4 + 4 \times 3)MV \cdot A = 28MV \cdot A \tag{6.60}$$

1）额定电压的选择：

$$U_N \geqslant U = 10kV \tag{6.61}$$

2）额定电流的选择：

$$I_N \geqslant I_{max} = 1.05 \times \frac{S}{\sqrt{3}U}kA = 1.05 \times \frac{28}{\sqrt{3} \times 10.5}kA = 1.62kA \tag{6.62}$$

3）开断电流的选择：

$$I_{Nbr} > I_{d3} = 30.56kA \tag{6.63}$$

根据以上数据选择 SN10-10Ⅲ型户内高压少油断路器，其技术参数如表 6.10 所示。

表 6.10 SN10-10 Ⅲ型户内高压少油断路器技术参数

型 号	额定工作电压/kV	动稳定电流/kA	额定电流/A	额定开断电流/kA	热稳定电流/kA	额定开断时间/s	固有分闸时间/s
SN10-10Ⅲ	10	100	2000	43.3	43.3（4s）	0.2	0.06

4）热稳定校验：

设灭弧时间 0.03s，后备保护动作时间 1.5s，则短路时间为：

$$t_k = (1.5 + 0.03 + 0.06 + 0.2)s = 1.79s > 1s \tag{6.64}$$

系统为无限大系统故不计非周期分量，则短路电流 Q_k 热效应为：

$$Q_k = I_{d3}^2 \cdot t_k = 39.57^2 \times 1.79kA^2 \cdot s = 2802.75kA^2 \cdot s \tag{6.65}$$

又有：

$$I_t^2 \cdot t = 43.3^2 \times 4kA^2 \cdot s = 7499.5kA^2 \cdot s \tag{6.66}$$

因为 $I_t^2 \cdot t \geqslant Q_k$，所以满足热效应校验。

5）动稳定校验：

有 $i_{max} = 100kA$，$i_{sh3} = 99.72kA$，且 $i_{max} \geqslant i_{sh3}$，所以满足动稳定校验。

6.5.2.2 隔离开关选型

隔离开关不具备灭弧能力，需在无载状态下使用，即与断路器配合使用。隔离开关按其装设环境可分为户内型和户外型。目前对于 35kV 以下装设户内型，110kV 以上装设户外型。

（1）220kV 隔离开关选择与校检。变电站 220kV 侧的容量应为变压器容量总和。额定电压和额定电流见式（6.47）和式（6.48）。根据以上数据选择 GW4-220DW 户外型高压隔离开关，其技术参数如表 6.11 所示。

表 6.11　GW4-220DW 户外型高压隔离开关技术参数

型　号	额定电压/kV	额定电流/A	热稳定电流/kA	动稳定电流/kA
GW4-220DW	220	2000	40（4s）	100

1）热稳定校验：

由上可知，$Q_k = 17.96\text{kA}^2 \cdot \text{s}$

又有：

$$I_t^2 \cdot t = 40^2 \times 4\text{kA}^2 \cdot \text{s} = 6400\text{kA}^2 \cdot \text{s} \tag{6.67}$$

因为 $I_t^2 \cdot t \geqslant Q_k$，所以满足热效应校验。

2）动稳定校验：

因 $i_{max} = 100\text{kA}$，$i_{sh1} = 8.49\text{kA}$，且 $i_{max} \geqslant i_{sh1}$，所以满足动稳定校验。

（2）110kV 侧隔离开关选择与校检：变电站 110kV 侧的容量应取功率总和。额定电压和额定电流的选择分别如式（6.54）和式（6.55）所示。根据以上数据选择 GW4-110DW 户外型高压隔离开关，其技术参数如表 6.12 所示。

表 6.12　GW4-110DW 户外型高压隔离开关技术参数

型　号	额定电压/kV	额定电流/A	热稳定电流/kA	动稳定电流/kA
GW4-110DW	110	1250	21.5（5s）	80

1）热稳定校验：

由上可知，$Q_k = 31.22\text{kA}^2 \cdot \text{s}$

又有：

$$I_t^2 \cdot t = 21.5^2 \times 5\text{kA}^2 \cdot \text{s} = 2311.25\text{kA}^2 \cdot \text{s} \tag{6.68}$$

因为 $I_t^2 \cdot t \geqslant Q_k$，所以满足热效应校验。

2）动稳定校验：

因 $i_{max} = 80\text{kA}$，$i_{sh2} = 11.18\text{kA}$，且 $i_{max} \geqslant i_{sh2}$，所以满足动稳定校验。

（3）10kV 侧隔离开关选择与校检。变电站 10kV 侧的容量应取功率总和。额定电压和额定电流的选择分别如式（6.61）和式（6.62）所示。根据以上数据选择 GN2-10G 户内型高压隔离开关，其技术参数如表 6.13 所示。

表 6.13　GN2-10G 户内型高压隔离开关技术参数

型　号	额定电压/kV	额定电流/A	热稳定电流/kA	动稳定电流/kA
GN2-10G	10	2000	40（2s）	100

1）热稳定校验：

由上可知，$Q_k = 2802.75\text{kA}^2 \cdot \text{s}$

又有：

$$I_t^2 \cdot t = 40^2 \times 2\text{kA}^2 \cdot \text{s} = 3200\text{kA}^2 \cdot \text{s} \tag{6.69}$$

因为 $I_t^2 \cdot t \geqslant Q_k$ ，所以满足热稳定校验。

2）动稳定校验：

因 $i_{max} = 100\text{kA}$，$i_{sh2} = 99.72\text{kA}$，且 $i_{max} \geqslant i_{sh2}$ ，所以满足动稳定校验。

6.5.2.3　电流互感器选型

电流互感器的选型与校验包括一次回路电压和一次回路电流的动稳定校验及热稳定校验。

一次回路电压应满足：

$$U_N \geqslant U_g \tag{6.70}$$

式中　U_g ——电流互感器安装处一次回路电压；

U_N ——电流互感器额定电压。

一次回路电流应满足：

$$I_N \geqslant I_{gmax} \tag{6.71}$$

式中　I_{gmax} ——电流互感器安装处一次回路最大工作电流；

I_N ——电流互感器原边额定电流。

动稳定校检：

$$\sqrt{2} I_N K_d \geqslant i_{sh} \tag{6.72}$$

式中　i_{sh} ——短路电流冲击电流；

I_N ——电流互感器一次额定电流；

K_d ——电流互感器动稳定倍数。

热稳定校验：

$$(I_N \cdot K_t)^2 \geqslant I_\infty^2 \cdot t_k = Q \tag{6.73}$$

式中　I_∞ ——最大短路电流；

t_k ——短路电流发热等值时间；

I_N ——电流互感器一次额定电流；

K_t —— t 秒时的热稳定倍数。

（1）220kV 侧电流互感器选择与校检。

一次回路电压：$U_N \geqslant U_g = 220\text{kV}$；

一次回路电流：$I_N \geqslant I_{gmax} = 1.21\text{kA}$。

依据以上数据，选择本电压侧电流互感器的型号为 LCWB-220 型多匝油浸式瓷绝缘电流互感器，其技术参数如表 6.14 所示。

表 6.14　LCWB-220 电流互感器技术参数

型号	额定电流比 /A	二次组合	准确次级	10%倍数		热稳定电流 /kA	动稳定电流 /kA
				二次负荷	倍数（倍）		
LCWB-220	2×1250/5	5P/5P/5P/P/0.2	0.2	40V·A	20	20~50（3s）	62.5~125

1）动稳定校验：

$$i_{sh1} = 8.49\text{kA} \tag{6.74}$$

由表 6.14 可知：

$$\sqrt{2} I_N K_d = 62.5\text{kA} \tag{6.75}$$

故有：

$$\sqrt{2} I_N K_d \geqslant i_{sh1} \tag{6.76}$$

符合动稳定校验要求。

2）热稳定校验：

由断路器处校验可知：

$$Q = I_\infty^2 \cdot t_k = 17.96\text{kA}^2 \cdot \text{s} \tag{6.77}$$

由表 6.14 可知：

$$(I_N \cdot K_t)^2 = 20^2 \times 3\text{kA}^2 \cdot \text{s} = 1200\text{kA}^2 \cdot \text{s} \tag{6.78}$$

故有：

$$(I_N \cdot K_t)^2 \geqslant I_\infty^2 \cdot t_k = Q \tag{6.79}$$

符合热稳定校验要求。

（2）110kV 侧电流互感器选择与校检。

一次回路电压：$U_N \geqslant U_g = 110\text{kV}$；

一次回路电流：$I_N \geqslant I_{gmax} = 1.16\text{kA}$。

依据以上数据，选择本电压侧电流互感器，所选型号为 LCWB-110 型多匝油浸式瓷绝缘电流互感器，其技术参数如表 6.15 所示。

表 6.15 LCWB-110 电流互感器技术参数

型　号	额定电流比 /A	二次组合	准确次级	10%倍数		热稳定电流 /kA	动稳定电流 /kA
				二次负荷	倍数（倍）		
LCWB-110	1200/5	P/P/0.5	0.5	K1-K2 30V · A K1-K3 50V · A		31.5~45（1s）	80~115

1）动稳定校验：

$$i_{sh2} = 11.18\text{kA} \tag{6.80}$$

由表 6.15 可知：

$$\sqrt{2} I_N K_d = 80\text{kA} \tag{6.81}$$

故有：

$$\sqrt{2} I_N K_d \geqslant i_{sh2} \tag{6.82}$$

符合动稳定校验要求。

2）热稳定校验：

由断路器处校验可知：

$$Q = I_{\infty}^{2} \cdot t_{\mathrm{k}} = 31.22\mathrm{kA}^{2} \cdot \mathrm{s} \tag{6.83}$$

由表6.15知：

$$(I_{\mathrm{N}} \cdot K_{t})^{2} = 31.5^{2} \times 1\mathrm{kA}^{2} \cdot \mathrm{s} = 992.25\mathrm{kA}^{2} \cdot \mathrm{s} \tag{6.84}$$

故有：

$$(I_{\mathrm{N}} \cdot K_{t})^{2} \geqslant I_{\infty}^{2} \cdot t_{\mathrm{k}} = Q \tag{6.85}$$

符合热稳定校验要求。

（3）10kV侧电流互感器选择与校检。

一次回路电压：$U_{\mathrm{N}} \geqslant U_{\mathrm{g}} = 10\mathrm{kV}$；

一次回路电流：$I_{\mathrm{N}} \geqslant I_{\mathrm{gmax}} = 1.62\mathrm{kA}$。

依据以上数据选择本电压侧电流互感器选择的型号为LBJ-10电流互感器，其技术参数如表6.16所示。

表6.16 LBJ-10电流互感器技术参数

型号	额定电流比/A	次级组合	准确次级	二次负荷				10%倍数（倍）	1s热稳定倍数（倍）	动稳定倍数（倍）
				0.5级	1级	3级	D级			
LBJ-10	2000/5	0.5/D	0.5	2.4				10	50	90

1）动稳定校验：

$$i_{\mathrm{sh3}} = 99.72\mathrm{kA} \tag{6.86}$$

由表6.16可知：

$$\sqrt{2} I_{\mathrm{N}} K_{\mathrm{d}} = \sqrt{2} \times 2 \times 90\mathrm{kA} = 254.52\mathrm{kA} \tag{6.87}$$

故有：

$$\sqrt{2} I_{\mathrm{N}} K_{\mathrm{d}} \geqslant i_{\mathrm{sh3}} \tag{6.88}$$

符合动稳定校验要求。

2）热稳定校验：

由断路器处校验可知：

$$Q = I_{\infty}^{2} \cdot t_{\mathrm{k}} = 2802.75\mathrm{kA}^{2} \cdot \mathrm{s} \tag{6.89}$$

由表6.16知：

$$(I_{\mathrm{N}} \cdot K_{t})^{2} = (2 \times 50)^{2}\mathrm{kA}^{2} \cdot \mathrm{s} = 10000\mathrm{kA}^{2} \cdot \mathrm{s} \tag{6.90}$$

故有：

$$(I_{\mathrm{N}} \cdot K_{t})^{2} \geqslant I_{\infty}^{2} \cdot t_{\mathrm{k}} = Q \tag{6.91}$$

符合热稳定校验要求。

6.5.2.4 电压互感器选型

电压互感器的选择不需要进行校验，查阅《电力工程电气设计手册1：电气一次部分》即可。

220kV侧选择型号为JCC2-220的电压互感器，相数为单相，采用串级结构。其技术参数如表 6.17 所示。

表 6.17 JCC2-220 型电压互感器技术参数

型　号	额定电压/kV			额定容量/V · A				最大容量/V · A
JCC2-220	一次绕组	二次绕组	辅助绕组	0.2	0.5	1	3	2000
	$220/\sqrt{3}$	$0.1/\sqrt{3}$	0.1			500	1000	

110kV 侧选择型号为 JCC2-110 的电压互感器，相数为单相，同样采用串级结构。其技术参数如表 6.18 所示。

表 6.18 JCC2-110 型电压互感器技术参数

型　号	额定电压/kV			额定容量/V · A				最大容量/V · A
JCC2-110	一次绕组	二次绕组	辅助绕组	0.2	0.5	1	3	2000
	$110/\sqrt{3}$	$0.1/\sqrt{3}$	0.1			500	1000	

10kV 侧电压互感器选择型号为 JSJW-10，是一台三相五柱式电压互感器，采用 Y_0/Y_0/开口三角形接法。其技术参数如表 6.19 所示。

表 6.19 JSJW-10 型电压互感器技术参数

型　号	额定电压/kV			额定容量/V · A				最大容量/V · A
JSJW-10	一次绕组	二次绕组	辅助绕组	0.2	0.5	1	3	960
	10	0.1	0.1/3		120	200	480	

6.5.2.5 无功补偿装置选型

无功补偿可以提高功率因数来降低网损。故选择合适的无功补偿装置电力系统运行的经济性。

下面为电网中常用的几种无功补偿方式。

(1) 集中补偿。

(2) 分组补偿。

(3) 单台电动机就地补偿。

计算无功补偿容量时，以下两点需特别注意。

(1) 补偿要适量。

(2) 将功率因数补偿到 0.95 即可。

本设计中的变电站，考虑补偿装置与维护等多方面因素，适合集中补偿。本次补偿主要是对变电站 10kV 侧的负荷和变压器损耗进行无功补偿。

负荷的无功补偿：

$$Q_1 = P(\tan\varphi_1 - \tan\varphi_2) = 30 \times (0.67 - 0.32)\text{Mvar} = 10.5\text{Mvar} \tag{6.92}$$

主变压器的无功补偿：

$$Q_2 = S_{变}\left[\frac{I_0\%}{100} + \frac{U_{k1-3}\%}{100} \cdot \left(\frac{S_N}{S_{变}}\right)^2\right] = 180 \times (0.0007 + 0.23 \times 0.72)\text{Mvar} = 29.93\text{Mvar} \tag{6.93}$$

$$\sum Q = Q_1 + Q_2 = (10.5 + 29.93)\text{Mvar} = 40.43\text{Mvar} \tag{6.94}$$

通过计算可知，需要补偿的总无功为 40.43Mvar。

10kV 负荷侧分为 10 组手动投切的并联电容器，每组容量为 4000kvar，选择型号为 BAM10.5-200-3W 的并联电容器，额定容量是 200kvar，因此每组需要 20 台并联电容器。其技术参数如表 6.20 所示。

表 6.20　BAM10.5-200-3W 型并联电容器技术参数

型　号	额定电压/kV	额定容量/kvar	额定电容/μF	相数
BAM10.5-200-3W	10.5	200	5.77	3

6.5.2.6　高压熔断器选型

高压熔断器是保护电路中最简单的一种设备，工作时在流经熔断器的电流大于一定值时就会熔断来切断电路。

选择高压熔断器需要考虑使用场所，如果是室内使用应该选择室内型，如果是露天使用则应选择户外型。如果电路的短路容量较大且对保护选择性的要求又高，则应首先选择户内型。

根据选择条件，本次设计选择户内型高压熔断器，其额定电压应大于等于电网电压，即 $U_N \geq U_g = 10\text{kV}$。本设计中选择 RN2-10/0.5 型限流熔断器，其技术参数如表 6.21 所示。

表 6.21　RN2-10/0.5 型限流熔断器技术参数

型　号	额定电压/kV	额定电流/A	开断容量不小于/MV·A	最大开断电流/kA
RN2-10/0.5	10	0.5	1000	50

电流校检：因是限流熔断器，在电流到达最大值之前就已经截断，故采用短路电流校验。

$$I_{Nbr} = 50\text{kA} > I_{d3} = 39.57\text{kA} \tag{6.95}$$

满足校验要求。

6.5.2.7　母线选型

（1）母线的材料。母线导体所用的材料有铜、铝和钢，其中铜的电阻率最小，抗腐蚀性强，机械强度大，但因其储量不足，价格昂贵，铝导线是最常用的导线。

（2）常用的母线类型。常用的母线类型分为硬母线和软母线。软母线是用来连接发电厂与变电站的。硬母线分为槽型母线和矩形母线，矩形母线连接变电站和配电室，安装方便。

（3）母线截面的选择。软母线按最大长期工作电流来选择截面，硬母线根据经济电流密度来选择。

1）按最大长期工作电流选择：母线长期发热的允许电流 I_{al}，应不小于所在回路的最大长期工作电流 I_{max}，即：

$$KI_{al} \geqslant I_{max} \tag{6.96}$$

式中 K——综合修正系数。

2）按经济电流密度选择：母线导体截面越大，其电能损耗越小，其年总费用越高。综合考虑之下，使年总费用最低时候的截面称为母线经济截面，此时的电流为经济电流密度。表 6.22 中为我国目前的经济电流密度。

表 6.22 经济电流密度值 （A/mm²）

导体材料	最大负荷利用小时数		
	3000h 以下	3000~5000h	5000h 以上
裸铜导体和母线	3.0	2.25	1.75
裸铝导线和母线	1.65	1.15	0.9
钢芯电缆	2.5	2.25	2.0
铝芯电缆	1.92	1.73	1.54
钢线	0.45	0.4	0.35

按经济电流密度选择母线，按下式计算：

$$S_{ec} \frac{I_{max}}{J_{ec}} \tag{6.97}$$

式中 I_{max}——通过导体的最大工作电流；

J_{ec}——经济电流密度。

（4）母线热稳定校验。按正常电流及经济电流密度选出母线截面后，还应按热稳定校验。按热稳定要求的导体最小截面为：

$$S_{min} \frac{I_{\infty}}{C} \sqrt{t_{dz}K_s} \tag{6.98}$$

式中 I_{∞}——短路电流稳态值；

K_s——集肤效应系数，对于矩形母线截面在 100mm² 以下，$K_s = 1$；

t_{dz}——热稳定计算时间；

C——热稳定系数。

热稳定系数 C 值与材料及发热温度有关，C 值如表 6.23 所示。

表 6.23　各温度下裸导体热稳定系数

工作温度/℃	40	45	50	55	60	65	70	75	80	85	90
铝及铝锰合金	99	95	96	93	90	89	88	85	83	80	78
硬铜	186	184	180	179	175	173	170	168	166	163	161

（5）母线动稳定校验。动稳定校验就是在产生短路电流之后电气设备所能承受的冲击电流的电动力。其应满足：

$$\delta_{max} > \delta_y \tag{6.99}$$

式中　δ_y——母线的应力，铜允许的应力为 157×10^6Pa，硬铜的允许应力等于 137×10^6Pa。

（6）220kV 侧母线选择与校检。

1）母线选型：

最大持续工作电流：

$$I_{max} = 1.05\times\frac{460}{\sqrt{3}\times230}\text{kA} = 1.21\text{kA} \tag{6.100}$$

选择铝导线，其温度修正系数为：

$$K = \sqrt{\frac{\theta_{al} - \theta}{\theta_{al} - \theta_0}} = \sqrt{\frac{70 - 40}{70 - 25}} = 0.82 \tag{6.101}$$

根据计算结果，选择母线型号为 LGKK-1400 钢芯铝绞线，其技术参数如表 6.24 所示。

表 6.24　LGKK-1400 钢芯铝绞线技术参数

型　　号	标称截面/mm²	70℃时载流量/A	拉断力/N
LGKK-1400	1387.8	1621	295000

计算可得：

$$KI_{al} = 0.82\times1621\text{A} = 1329\text{A} = 1.329\text{kA} > 1.21\text{kA}$$

2）热稳定校验：

设断路器的断开时间和保护时间等于短路时间，即 $t=4.05$s。

短路前母线温度：

$$\theta_c = \theta + (\theta_{al} - \theta)\times\left(\frac{I_{max}}{KI_{al}}\right)^2 = \left[40 + (75 - 40)\left(\frac{1.21}{1.066}\right)^2\right]℃ = 69.01℃ \tag{6.102}$$

导线最小截面：

$$S_{min} = \frac{I_\infty}{C}\sqrt{t_{dz}K_s} = \frac{3334}{89}\times\sqrt{4.05\times1}\,\text{mm}^2 = 75.39\text{mm}^2 \leqslant 1387.8\ \text{mm}^2 \tag{6.103}$$

热稳定校验符合。

注：根据表 6.23 可知，铝导线在 70℃时其热稳定系数 C 为 89。

因其为软母线，故不需动稳定校验。

（7）220kV 侧出线选型与校检。

1）出线选型：

按最大长期工作电流选择：

$$I_{gmax} = \frac{S_N}{\sqrt{3} \times U_N} = \frac{100}{\sqrt{3} \times 230} \text{kA} = 0.25 \text{kA} \tag{6.104}$$

选择铝导线，其温度修正系数为 $K=0.82$。

根据以上信息，本次设计所选择的母线型号为 LGJK-300 钢芯铝绞线，其技术参数如表 6.25 所示。

表 6.25 LGJK-300 钢芯铝绞线技术参数

型　号	标称截面/mm²	70℃时载流量/A	拉断力/N
LGJK-300	300	739	14300

2）热稳定校验：

计算可得：

$$KI_{al} = 0.82 \times 739\text{A} = 605\text{A} = 0.605\text{kA} > 0.25\text{kA}$$

设断路器的断开时间和保护时间等于短路时间，即 $t=4.05\text{s}$。

短路前母线温度：

$$\theta_c = 67.8℃$$

导线最小截面：

$$S_{min} = \frac{I_\infty}{C}\sqrt{t_{dz}K_s} = \frac{3334}{89} \times \sqrt{4.05 \times 1}\text{mm}^2 = 75.39\text{mm}^2 \leqslant 300\text{mm}^2 \tag{6.105}$$

热稳定校验符合。

注：根据表 6.23 可知，铝导线在 70℃时，其热稳定系数 C 为 88。

因其为软母线，故不需动稳定校验。

（8）110kV 侧母线选型与校检。

1）导线选型：

最大持续电流：

$$I_{max} = 1.05 \times \frac{220}{\sqrt{3} \times 115}\text{kA} = 1.16\text{kA} \tag{6.106}$$

选择铝导线，其温度修正系数为 $K=0.82$。

根据计算结果选择母线型号为 LGJK-1250 钢芯铝绞线，其技术参数如表 6.26 所示。

表 6.26 LGJK-1250 钢芯铝绞线技术参数

型　号	标称截面/mm²	70℃时载流量/A	拉断力/N
LGJK-1250	1250	1430	235000

2）热稳定校验：

根据热稳定校验关系，并计算得到：

$$KI_{al} = 0.82 \times 1430\text{A} = 1172\text{A} = 1.172\text{kA} > 1.16\text{kA} \tag{6.107}$$

设断路器的断开时间和保护时间等于短路时间，即 $t=4.05\text{s}$。

短路前母线温度：

$$\theta_c = 67.8℃$$

导线最小截面：

$$S_{min} = \frac{I_\infty}{C}\sqrt{t_{dz}K_s} = \frac{4390}{89} \times \sqrt{4.05 \times 1}\text{mm}^2 = 99.27\text{mm}^2 \leqslant 1250\text{mm}^2 \quad (6.108)$$

热稳定校验符合要求。

注：根据表 6.23 可知，铝导线在 70℃时，其热稳定系数 C 为 88。

因其为软母线，故不需动稳定校验。

（9）110kV 侧出线选择。

1）导线选型：

最大长期工作电流：

$$I_{gmax} = \frac{S_N}{\sqrt{3} \times U_N} = \frac{60}{\sqrt{3} \times 115}\text{kA} = 0.30\text{kA} \quad (6.109)$$

选择铝导线，其温度修正系数为：

$$K = \sqrt{\frac{\theta_{al} - \theta}{\theta_{al} - \theta_0}} = \sqrt{\frac{70 - 40}{70 - 25}} = 0.82 \quad (6.110)$$

根据计算结果，选择母线型号为 LGJK-300 钢芯铝绞线，其技术参数如表 6.27 所示。

表 6.27 LGJK-300 钢芯铝绞线技术参数

型　　号	标称截面/mm^2	70℃时载流量/A	拉断力/N
LGJK-300	300	739	143000

2）热稳定校验：

根据热稳定校验关系，并经计算得到：

$$KI_{al} = 0.82 \times 739\text{A} = 605\text{A} = 0.605\text{kA} > 0.30\text{kA} \quad (6.111)$$

设断路器的断开时间和保护时间等于短路时间，即 $t=4.05\text{s}$。

短路前母线温度：

$$\theta_c = 67.8℃$$

导线最小截面：

$$S_{min} = \frac{I_\infty}{\mathrm{C}}\sqrt{t_{dz}K_s} = \frac{4390}{89} \times \sqrt{4.05 \times 1}\text{mm}^2 = 99.27\text{mm}^2 \leqslant 300\text{mm}^2 \quad (6.112)$$

热稳定校验符合。

注：根据表 6.23 可知，铝导线在 70℃时其热稳定系数 C 为 88。

因其为软母线，故不需动稳定校验。

（10）10kV 侧母线选择与校检。

1）导线选型：

最大持续电流：

$$I_{max} = 1.05 \times \frac{28}{\sqrt{3} \times 10.5}\text{kA} = 1.62\text{kA} \quad (6.113)$$

选择铝导线，其温度修正系数为 $K=0.82$。

根据计算结果选择母线型号为两条 100×10 的矩形铝导体平放，其长期允许载流为 2613A，集肤效应系数为 1.42，其技术参数为：

$$KI_{al} = 0.82 \times 2613\text{A} = 2142.66\text{A} = 2.14\text{kA} > 1.62\text{kA} \tag{6.114}$$

2）热稳定校验：

设断路器的断开时间和保护时间等于短路时间，即 $t=4.05\text{s}$。

短路前母线温度：

$$\theta_c = \theta + (\theta_{al} - \theta) \times \left(\frac{I_{max}}{KI_{al}}\right)^2 = \left[40 + (75 - 40)\left(\frac{1.62}{2.14}\right)^2\right]℃ = 60.06℃ \tag{6.115}$$

因其最大负荷利用小时数为 5750h，故其经济电流密度为：

$$S_{ec} = \frac{J_{max}}{J_{ec}} = \frac{1620}{0.9}\text{mm}^2 = 1800\text{mm}^2 < 2000\text{mm}^2 \tag{6.116}$$

热稳定校验符合要求。

3）动稳定校验：

相间距：　　　　　　　　　$a=0.5\text{m}$

冲击电流：　　　　　　　　$i_{sh3}=99.72\text{kA}$

单位母线相间应力计算：

$$f_b = 2.5 \times 10^{-8} \times k_f \times \frac{1}{2b} i_{sh3}^2 = 1765.08\text{N/m} \tag{6.117}$$

$$W_b = \frac{bh^2}{3} = \frac{0.01 \times 0.1^2}{3}\text{m}^3 = 33.3 \times 10^{-6}\text{m}^3 \tag{6.118}$$

$$\delta_b = \frac{f_b l_b^2}{10W_b} = \frac{1077.7 \times 1.2^2}{10 \times 33.3 \times 10^{-6}}\text{Pa} = 7.62 \times 10^6\text{Pa} \tag{6.119}$$

母线同相条间应力计算：

$$\delta_{ph} = \frac{F_{ph}L^2}{10W} = \frac{1.73 \times 10^{-7} \times i_{sh3}^2 \times \dfrac{1}{a}}{10 \times 1.44h^2 b} = 23.91 \times 10^6\text{Pa} \tag{6.120}$$

$$\delta_{max} = \delta_b + \delta_{ph} = 31.53 \times 10^6\text{Pa} \leqslant 69 \times 10^6\text{Pa} \tag{6.121}$$

动稳定校验符合要求。

注：69×10^6 Pa 是经查阅《电力工程电气设计手册 1：电气一次部分》得到的钢芯铝线最大承受应力。

10kV 侧母线参数如表 6.28 所示。

表 6.28　10kV 侧母线技术参数

尺　　寸	载流量/A	放置类型	集肤系数
2×(100×10)	2613	水平横放	1.42

(11) 10kV 侧架空线和电缆选择。

1）架空线选择：

长期工作电流：

$$I_{gmax} = \frac{S}{\sqrt{3} \times U_N} = \frac{3}{\sqrt{3} \times 10.5}\text{kA} = 0.16\text{kA} \tag{6.122}$$

选择铝导线，其温度修正系数为：

$$K = \sqrt{\frac{\theta_{al} - \theta}{\theta_{al} - \theta_0}} = \sqrt{\frac{70 - 40}{70 - 25}} = 0.82 \tag{6.123}$$

根据以上信息，选择本次设计的出线型号为 LGJK-800 钢芯铝绞线，其技术参数如表 6.29 所示。

表 6.29　LGJK-800 钢芯铝绞线技术参数

型　号	标称截面/mm^2	70℃时载流量/A	拉断力/N
LGJK-800	800	1150	215000

根据热稳定校验关系，并计算得到：

$$KI_{al} = 0.82 \times 1150\text{A} = 943\text{A} = 0.943\text{kA} > 1.62\text{kA} \tag{6.124}$$

设断路器的断开时间和保护时间等于短路时间，即 t=4.05s。

短路前母线温度：

$$\theta_c = \theta + (\theta_{al} - \theta) \times \left(\frac{I_{max}}{KI_{al}}\right)^2 = \left[40 + (75 - 40)\left(\frac{1.73}{2.14}\right)^2\right]℃ = 62.9℃ \tag{6.125}$$

$$S_{min} = \frac{I_\infty}{C}\sqrt{t_{dz}K_s} = \frac{30560}{88} \times \sqrt{4.05 \times 1}\text{mm}^2 = 691.02\text{mm}^2 \leqslant 800\text{mm}^2 \tag{6.126}$$

热稳定校验符合。

注：铝导线在 70℃时，其热稳定系数 C 为 88。

因其为软母线，故不需要动稳定校验。

2）电缆选择：

最大长期工作电流：

$$I_{gmax} = \frac{S}{\sqrt{3} \times U_N} = \frac{4}{\sqrt{3} \times 10.5}\text{kA} = 0.22\text{kA} \tag{6.127}$$

根据计算结果，选择型号为 VZLQ2 的 3×185mm^2 的油浸纸绝缘铝芯钢带铠装防腐电缆，其载流量为 $I_{载}$ =275A。

经查阅《电力工程电气设计手册 1：电气一次部分》可知，土壤热阻修正系数 $K_{土}$ = 1，直埋并列敷设系数 $K_{敷}$ =0.8，温度修正系数为：

$$K = \sqrt{\frac{\theta_{al} - \theta}{\theta_{al} - \theta_0}} = \sqrt{\frac{60 - 20}{60 - 25}} = 1.07 \tag{6.128}$$

四根电缆允许的载流量为：

$$KI_{载}K_{土}K_{敷} = 2 \times 1.07 \times 275 \times 1 \times 0.8\text{A} = 470.8\text{A} \tag{6.129}$$

考虑一回故障负荷转移，故：

$$I_{gmax} = 2 \times 220\text{A} = 440\text{A} < 470.8\text{A} \tag{6.130}$$

$$\theta_c = \theta + (\theta_{al} - \theta) \times \left(\frac{I_{max}}{I_{al}}\right)^2 = \left[20 + (60 - 20)\left(\frac{440}{470.8}\right)^2\right]℃ = 55℃ \tag{6.131}$$

满足长期发热要求。

经查表，其温度系数 $C=93$，导线最小截面积为：

$$S_{\min}=\frac{1}{C}\sqrt{Q_k}=\frac{1}{93}\times\sqrt{22.5\times10^6}\,\text{mm}^2=51.0\text{mm}^2<2\times185\text{mm}^2 \qquad (6.132)$$

满足热稳定校验要求。

6.5.2.8　绝缘子选型

绝缘子大多由绝缘器件与连接金属组成，为了增大爬电距离，通常由瓷制作而成。绝缘子主要分为悬式绝缘子和支柱绝缘子，前者主要应用于高空架空线、变电站，增加机械固定，后者主要用于通信线路。

本设计中高中压侧选择盘形悬式绝缘子，低压侧选择支柱绝缘子。

（1）选择 220kV 侧母线绝缘子。依据额定电压选择。因 $U_N \geqslant U_{NS}=220\text{kV}$，选择盘形悬式绝缘子，型号为 XP-10，其技术参数如表 6.30 所示。

表 6.30　盘形悬式绝缘子技术参数

型　号	泄漏距离/mm	外形尺寸/mm					质量/kg
		H	D	d	b	b_1	
XP-10	290	146	255	16	—	—	5.5

根据其泄漏距离 $L=29.0\text{cm}$，可算出绝缘子的片数为：

$$n=\frac{\lambda U_N}{L}=\frac{1.7\times220}{29.0}\approx13 \qquad (6.133)$$

式中　λ——泄漏净距，$\lambda=1.7$。

根据计算结果，需要 XP-10 型绝缘子 13 片。

（2）选择 110kV 侧母线绝缘子。依据额定电压选择。因 $U_N \geqslant U_{NS}=110\text{kV}$，仍选择型号为 XP-10 的盘形悬式绝缘子，与 220kV 侧一样，其技术参数如表 6.30 所示。

根据其泄漏距离 $L=29.0\text{cm}$，可算出绝缘子的片数为：

$$n=\frac{\lambda U_N}{L}=\frac{1.7\times110}{29.0}\approx7 \qquad (6.134)$$

式中　λ——泄漏净距，$\lambda=1.7$。

根据计算结果，需要 7 片 XP-10 型绝缘子。

（3）选择 10kV 侧母线绝缘子。依据额定电压选择。因 $U_N \geqslant U_{NS}=10\text{kV}$，本侧承受的最大力为：

$$F_{\max}=1.73\times10^{-7}\frac{L_c}{a}\cdot i_{sh3}^2\text{N}=3522.6\text{N} \qquad (6.135)$$

式中　L_c——绝缘子跨距，取 $L_c=1\text{m}$。

根据上述条件，选择户外联合胶装支柱绝缘子，型号为 ZL-10/4，其技术参数如表 6.31 所示。

表 6.31 户外联合胶装支柱绝缘子技术参数

型 号	额定电压/kV	外形尺寸/mm					机械破坏负荷/N	质量/kg
		H	D	h	d	a		
ZL-10/4	10	160	72	44	M-10	130	4000	2.4

6.6 防 雷 保 护

防雷的措施主要有装设避雷针、避雷器和避雷线。其中避雷针和避雷线主要是预防直击雷，将雷电攻击的雷电流引入大地来保护附近的电气设备。避雷器可以预防雷电波入侵对变电站造成危害。

6.6.1 直击雷保护

避雷针的保护范围是指具有 0.1%雷击概率的空间范围，主要由 3 部分组成，即接闪器（避雷针针头）、引下线和接地体。接闪器可用直径 10~20mm 圆钢，引下线可用直径为 6mm 的圆钢，接地体一般用多根长 2.5m、40mm×40mm×4mm 的角钢埋入地中，并联后与引下线可靠连接。避雷针保护范围是一个以本体为轴线的圆锥体，如图 6.8 所示。

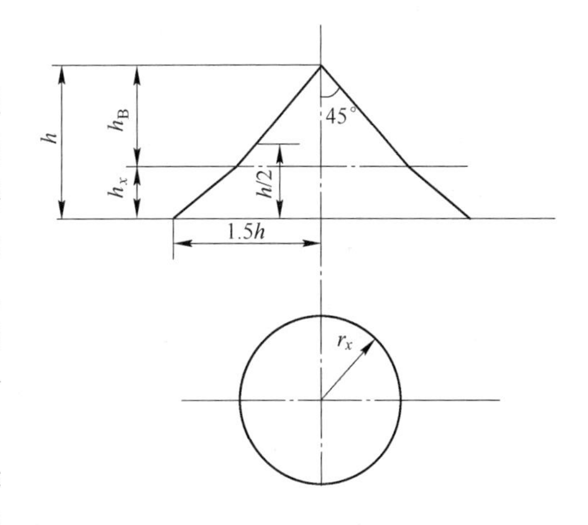

图 6.8 避雷针保护范围

本次设计的变电站占地面积 100m × 100m，被保护电气设备最大高度为 13m。根据避雷针所规定的保护范围，在被保护物高度 h_x 的水平面上，其保护半径 r_x 为：

$$当\ h_x \geqslant \frac{h}{2}\ 时,\ r_x = (h - h_x)P$$

$$当\ h_x < \frac{h}{2}\ 时,\ r_x = (1.5h - 2h_x)P$$

式中 h——避雷针高度；

P——高度修正系数。

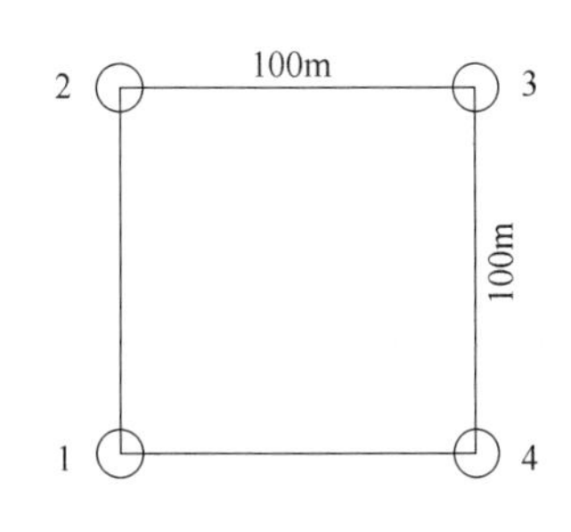

图 6.9 避雷针摆放位置

当 $h \leqslant 30\text{m}$ 时，$P=1$；当 $30\text{m} < h \leqslant 120\text{m}$ 时，$P = \sqrt{\frac{30}{h}} = \frac{5.5}{\sqrt{h}}$。

故 $r_x = (1.5h - 2h_x)P = (1.5 \times 30 - 2 \times 13)\text{m} = 19\text{m}$。

图 6.9 所示为避雷针摆放位置，其中 $D_{12} = D_{14} = D_{23} = D_{34} = 100\text{m}$，$D_{\max} = \sqrt{100^2 \times 100^2}\,\text{m} = 141\text{m}$。

设避雷针高度为 h，又知 $h_0 = 13\text{m}$，根据

$$h_0 = h - \frac{D_{max}}{7}$$

可得，避雷针高度为：

$$h = \left(13 + \frac{141}{7}\right)\text{m} = 33.1\text{m}$$

4 个避雷器分成 2 组，每组 3 个验算。

（1）保护高度。

1、2 号针之间的高度：

$$h_x = \left(33.1 - \frac{100}{7}\right)\text{m} = 19.1\text{m} > 13\text{m}$$

2、3 号针之间与 1、2 号针一样，保护高度：

$$h_x = 19.1\text{m} > 13\text{m}$$

1、3 号针之间的保护高度：

$$h_x = \left(33.1 - \frac{141}{7}\right)\text{m} = 13.1\text{m} > 13\text{m}$$

可以看出，保护物的高度能够满足要求。

（2）保护宽度。

1、2 号针之间的保护宽度：

$$b_x = 1.5(h_0 - h_x) = 1.5 \times (19.1 - 13)\text{m} = 9.15\text{m} > 0$$

因变电站按理想正方形所建，对保护物宽度满足保护要求，1、3、4 号针也满足要求。所以本次设计的变电站选择 4 根高度为 34m 的避雷针，能够保护整个变电站。

6.6.2 雷电侵入波保护

雷电侵入波主要靠避雷器来防止其进入变电站。避雷器是一种过电压限制器，它与被保护设备并联运行，当设备电压超过一定幅值后避雷器动作，释放大量能量，限制过电压，进而保护电气设备。

目前常用的避雷器是阀式避雷器，根据额定电压和灭弧电压有效值来选择。对于 35kV 及以下的中性点不接地系统，灭弧电压为最大工作线电压的 100%～110%；对于 110kV 及以上的中性点直接接地系统，灭弧电压为系统最大工作线电压的 80%。

避雷器的参数如表 6.32 所示。

表 6.32 避雷器参数

电 压	型 号	额定电压有效值/kV	灭弧电压有效值/kV	工频放电电压有效值/kV	
				不小于	不大于
220kV 侧	FZ-220J	220	200	448	536
110kV 侧	FZ-110	110	126	254	312
10kV 侧	FZ-10	10	12.7	26	31

6.6.3 接地装置

工作接地与保护接地都是通过接地装置与大地相连，接地装置主要分为接地线和接地网两部分。

（1）接地网。本设计的变电站为正方形，故接地网设计为正方形，取直径为50mm，长为200cm的钢管，深埋地底0.8m作为接地网，钢管镀锌连接，保证接地电阻小于0.5Ω。

（2）接地线。接地线用于连接接地网和电气设备，一般采用直径不小于6mm的圆钢。

附录　毕业设计（论文）参考题目

1. 某化工企业磺酸车间生产设备如附表 1 所示。

附表 1　磺酸车间生产设备

设备名称	设备容量/kW	台数	设备名称	设备容量/kW	台数
配酸釜搅拌器	7.5	1	离心机	18.5	2
硝化锅搅拌器	11	4	多功能过滤泵	11	2
蒸馏釜搅拌器	11	4	酸溶釜搅拌器	7.5	1
水解釜搅拌器	11	4	回收釜搅拌器	7.5	1
分离釜搅拌器	7.5	2	配料釜搅拌器	7.5	1
盐析釜搅拌器	7.5	1	稀酸罐泵	0.55	1
酰化釜搅拌器	15	2	硫酸中间罐泵	5.5	2
稀酸罐泵	0.55	2	配料釜泵	5.5	1
酸碱中间罐泵	5.5	1	稀酸进料泵	4	1
冰醋酸中间罐泵	5.5	2	酰化液中转泵	5.5	1
硝酸中间罐泵	5.5	2	水解釜中转泵	5.5	1
硝化稀酸回收泵	5.5	1	碱母液打料泵	5.5	1
原料中间罐泵	5.5	2	中和釜转料泵	5.5	1
二氯甲烷中转泵	5.5	2	切片机	7.5	1
稀酸进料泵	4	1	备用	15	1
蒸馏釜中装泵	5.5	1	备用	11	2
分离釜中装泵	5.5	1	备用	7.5	2
酸母液打料泵	5.5	1	备用	5.5	3
水喷射真空机组	15	3	备用	18.5	1

（1）针对附表 1 中的设备，画出电气控制系统图。

（2）设计电气控制线路。要求酰化釜搅拌器、水喷射真空机组、离心机采用变频器供电，可以采用 1 控 1 或 1 控 2 的方式；硝化锅搅拌器、蒸馏釜搅拌器、水解釜搅拌器、多功能过滤泵通过软启动器进行启动，可以采用 1 控 1 或 1 控 2 的分时启动方式；其他设备采用直接启动方式。

（3）每台设备既可手动操作，又可通过集控室的计算机进行控制，电气控制电路中留出可以控制的信号端。

（4）设计总电源进线柜、电容补偿柜。电源进线柜应有三相电流指示、电压指示。

（5）选择出合适的电器，包括变频器、软启动器，设置相关参数。选择合适的电线、电缆及电气柜体。

（6）编写设计说明书。

2. 某大苏打生产企业，生产设备及电动机功率如附表 2 所示。

附表 2　大苏打生产设备

设备名称	设备容量/kW	台数	备　注
加硫锅搅拌器	15	2	变频 1 控 2
脱色锅搅拌器	7.5	2	
结晶锅搅拌器	2.2	24	
溶解锅搅拌器	11	1	软启动
待浓缩料罐搅拌器	7.5	1	
粗品母液槽搅拌器	7.5	1	
还原废水搅拌器	7.5	1	
1 号吸收塔循环泵	11	1	软启动
地池输送泵	7.5	1	
1 号真空喷射循环泵	22	1	变频调速
氧化打料泵	7.5	1	
氧化料输送泵	7.5	2	
加硫锅出料泵	7.5	1	
待浓缩液出料泵	7.5	1	
浓缩液输送泵	7.5	1	
一次结晶进料泵	7.5	1	
粗品输送泵	7.5	1	
脱色打料泵	7.5	1	
精品母液打料泵	7.5	1	
真空循环水泵	7.5	1	
凝液输送泵	7.5	2	
二效回水泵	4	1	
浓缩料地沟泵	4	2	
水输送泵	18.5	1	变频调速
加硫压滤输送泵	7.5	3	
油输送泵	2.2	1	
真空机泵	11	1	软启动
氧化压滤泵	11	2	软启动 1 控 2
浓缩压滤泵	7.5	1	
脱色压滤泵	11	2	软启动 1 控 2
精品离心泵	18.5	4	变频调速 1 控 2
空压机	7.5	1	
热循环风机	2.2	2	

续附表 2

设备名称	设备容量/kW	台数	备 注
除湿风机	1.1	2	
振动筛	2.2	6	
振动筛	4	1	
粉碎机	7.5	2	
排风机	2.2	1	
氧化料罐搅拌器	11	1	软启动 1 控 2
浓缩料罐搅拌器	11	1	
精品母液槽搅拌器	7.5	1	
还原废水搅拌器	7.5	1	
2 号吸收塔循环泵	7.5	1	
2 号塔转料泵	7.5	1	
2 号真空喷射循环泵	18.5	1	变频调速
蒸发器转料泵	7.5	1	
浓缩压滤进料泵	7.5	1	
废水输送泵	7.5	1	
溶解液打料泵	7.5	1	
脱色打料泵	7.5	1	
粗品母液打料泵	7.5	1	
精品母液打料泵	7.5	1	
活性炭溶解槽输送泵	4	1	
氧化压滤输送泵	7.5	1	
浓缩压滤输送泵	7.5	1	
油输送泵	2.2	2	
蒸汽回路水输送泵	7.5	1	
粗品离心泵	11	1	软启动

（1）针对附表 2 中的设备，制订出设计方案，画出电气控制系统图。

（2）设计出每台设备的电气控制线路，电气控制线路中每台电机均应有相应的保护措施。每台设备可在集控室、电气柜体和机旁箱三处进行控制。电气柜体上操作仅仅用于调试电气控制线路，设备旁操作则用于调试设备之用，正常情况在集控室操作计算机画面、通过 PLC 进行控制（不需要设计计算机及 PLC 相关电路和程序）。要求电气柜体和机旁箱上的操作采用无复位功能的按钮或旋钮。

（3）设计出总电源电气线路和电容补偿控制线路，电源进线柜应有三相电流指示、电压指示。

（4）选择相应的电器、变频器、软启动器等。

（5）设置变频器、软启动器的参数。

（6）选择合适的导电体，设计电气柜体。

（7）编写设计说明书。

3. 某化工企业 KD 生产车间的生产设备及电动机功率如附表 3 所示。

附表 3　KD 生产车间生产设备及电动机功率

设备名称	设备容量/kW	台数	备　注
聚合釜搅拌器	4	3	
氧化釜搅拌器	15	4	软启动 1 控 2
中和釜搅拌器	15	2	软启动 1 控 2
中和釜搅拌器	7.5	2	
酸碱配置釜搅拌器	7.5	1	
精渚釜搅拌器	15	1	软启动
硫酸卸料泵	2.2	1	
过滤打料泵	7.5	1	
浓硝酸卸料泵	2.2	1	
洗料水泵	2.2	1	
过滤打料泵	7.5	1	
废水泵	4	1	
废水泵	2.2	3	
车间盐水泵	2.2	1	
车间蒸汽冷凝水泵	2.2	1	
降膜循环泵	4	4	
喷淋循环泵	2.2	3	
离心机	5.5	1	变频调速
送料机	5.5	1	变频调速
配置液釜搅拌器	18.5	1	软启动 1 控 2
降温釜搅拌器	18.5	1	
小苏打配置釜搅拌器	7.5	1	
离心打料泵	7.5	3	
真空泵	15	1	软启动
废水泵	3	1	
压滤机泵	7.5	2	
车间循环水泵	2.2	1	变频调速
降氯循环泵	4	2	
喷漏循环泵	2.2	1	
压滤机	15	1	软启动
高压风机	7.5	1	

续附表 3

设备名称	设备容量/kW	台数	备　注
水循环泵	22	1	变频调速
引风机	1.5	1	
过滤机	22	2	软启动 1 控 2
离心机	37	3	软启动 1 控 2 和 1 控 1
卞化釜搅拌器	7.5	3	变频调速 1 控 2 和 1 控 1
碱溶釜搅拌器	15	3	变频调速 1 控 2 和 1 控 1
聚氯化釜搅拌器	7.5	4	变频调速 1 控 2
综合釜搅拌器	15	3	变频调速 1 控 2 和 1 控 1
还原釜搅拌器	15	3	变频调速 1 控 2 和 1 控 1
硫酸泵	2.2	1	变频调速
硝基酸泵	1.5	1	变频调速
稀碱泵	1.5	1	变频调速
浓硝酸泵	2.2	1	变频调速
稀硝酸泵	2.2	1	变频调速
硫氰化钠泵	4	1	变频调速
甲醇泵	2.2	1	变频调速
盐酸泵	1.5	1	变频调速
氯苯泵	2.2	1	变频调速
苯胺泵	2.2	1	变频调速

（1）针对附表 3 中设备，制定出设计方案，画出电气控制系统图。

（2）设计出每台设备的电气控制线路，电气控制线路中每台电机均应有相应的保护措施。每台设备可在集控室、电气柜体和机旁箱三处进行控制。电气柜体上操作仅仅用于调试电气控制线路，设备旁操作用于调试设备之用，正常情况在集控室操作计算机画面、通过 PLC 进行控制（不需要设计计算机及 PLC 相关电路和程序）。要求电气柜体和机旁箱上的操作采用无复位功能的按钮或旋钮。

（3）设计出总电源电气线路和电容补偿控制线路，电源进线柜应有三相电流指示、电压指示。

（4）选择相应的电器、变频器、软启动器等。

（5）设置变频器、软启动器的参数。

（6）选择合适的导电体，设计电气柜体。

（7）编写设计说明书。

4. 某锅炉房有 2 台 15t 热水锅炉用于冬季采暖，每台锅炉的辅机有引风机、鼓风机、炉排、出渣机、除灰机、上煤机。锅炉水系统有 3 台循环水泵（2 用 1 备），2 台补水泵（1 用 1 备）。锅炉运行期间要求对相关量进行显示和报警，具体要求如下：

（1）2 台锅炉为 1 用 1 备，引风机电机功率为 55kW，鼓风机电机功率为 37kW，循环泵电机功率为30kW，炉排电机功率为2.2kW。锅炉运行时辅机按照循环泵、引风机、鼓风机的先后顺序启动，锅炉停止时则按照鼓风机、引风机、循环泵的顺序停止，上述设备应有联锁控制。

（2）循环泵、引风机、鼓风机、炉排均采用变频调速控制。

（3）出渣机电机功率为3kW，除灰机电机功率为4kW，上煤机电机功率为3kW，每台电机均为直接启动。炉排与出渣机要求有联锁控制，启动时应先启动出渣机，后启动炉排，停止时顺序相反。

（4）操作台不仅能够对锅炉辅机进行操作控制，同时可显示设备的运行状态及运行电流。此外，操作台上应能显示每台锅炉的炉膛压力、锅炉炉膛温度、锅炉出水温度、回水温度、出水压力、回水压力。

（5）2台补水泵的电机功率为5.5kW，1用1备，要求采用变频调速控制。

（6）每台设备既可在电气柜体上操作，又可在集中控制室的操作台上操作，还可在设备旁的就地箱上操作。

设计内容如下：

（1）消化锅炉的工作过程，制订出设计方案，画出电气控制系统图。

（2）设计出循环泵、引风机、鼓风机、补水泵、炉排等所有辅机的电气控制线路。对有联锁控制要求的设备应既可联锁控制、又可单独控制，通过转换开关切换。

（3）设计出总电源进线柜、操作台和就地控制箱的电气控制线路。

（4）选择出合适的电器和变频器。

（5）选择满足要求的仪表和传感器，并设计相关显示电路。

（6）设置变频器和仪表的参数。

（7）选择出合适的导电体和电气柜体。

（8）编写设计说明书。

5. 20t蒸汽锅炉的辅助设备有炉排（电机功率为3kW）、引风机（电机功率为75kW）、鼓风机（电机功率为30kW），2台给水泵（电机功率分别为18.5kW）、出渣机（电机功率为3kW），上煤机（电机功率为4kW）。锅炉的燃烧过程是通过控制这些辅助设备实现的，具体控制要求如下。

（1）引风机、鼓风机、补水泵、炉排均采用变频调速控制。

（2）引风机、鼓风机和炉排依次顺序启动，停止过程则相反，三者必须进行联锁控制，即前者处于停止状态时后者不能启动，而后者处于运行状态时前者不能停止。

（3）给水泵根据锅筒水位进行控制，使水位控制在设定的范围之内。

（4）锅炉燃烧过程中的各个量应能通过集中控制室操作台上的仪表进行显示。燃烧过程中的显示量包括汽包水位、蒸汽流量、蒸汽温度、蒸汽压力、炉膛压力、炉膛温度、鼓风机电流、引风机电流。

（5）每台设备既可在电气柜体上操作，又可在集中控制室的操作台上以及设备旁的就地箱上操作。

设计内容如下：

（1）消化锅炉的工作过程，制订出设计方案，画出电气控制系统图。

（2）设计出各辅助设备的电气控制线路。

（3）设计出总电源进线柜、操作台和就地控制箱的电气控制线路。

（4）选择出合适的电器、变频器。

（5）选择满足要求的仪表和传感器，并设计相关显示电路。

（6）设置变频器、仪表的参数。

（7）选择合适的导电体和电气柜体。

（8）编写设计说明书。

6. 环式冷却机简称环冷机，是球团工艺和烧结工艺的主要设备，主要功能有两个方面：

（1）对回转窑排出的焙烧后高温氧化球团矿鼓风冷却，使其温度降低到便于后续工序处理。

（2）作为整个系统热平衡的重要环节，回收高温球团中的热量，用于前面的工序，从而降低整个系统的燃料消耗。

环冷机由风箱、台车、排料溜槽等部分组成，台车做圆周运动。相应的辅助设备如下：

1）4 台风机，电机功率均为 110kW。

2）2 台链板机，每台电机功率为 55kW。

3）2 台旋转机，每台电机功率为 15kW，要求二者同步运行。

4）1 台除尘器卸灰机，电机功率为 2.2kW。

5）1 台除尘器输灰机，电机功率为 5.5kW。

6）1 台环冷卸灰机，电机功率为 1.1kW。

控制要求：2 台链板机采用变频调速控制，二者速度同步。2 台旋转机采用变频调速控制，二者速度同步。变频器的输出频率通过集中控制室的 4~20mA 信号进行调节。4 台风机为 3 用 1 备，其中 1 台采用变频器供电，另外 3 台通过变频器或软启动器进行降压启动。风机的控制应以风压为被控量，使风压控制在某一设定的压力值或某一设定的压力范围。

设计内容如下：

（1）消化控制要求，在多种方案中制订出一套切合实际的设计方案，画出电气控制系统图。

（2）设计出各台设备的电气控制线路。

（3）每台设备既可在电气柜体上控制，又可在设备旁的机旁箱上控制，还可在集中控制室控制。

（4）设计出电源总进线电气控制线路。

（5）选择出合适的电器、软启动器、变频器及风压传感器。由于现场环境较差，为了提高设备的运行可靠性，变频器、软启动器需要放大一个规格且要提高防护等级，接触器需放大至少 1 个规格。

（6）设置软启动器和变频器的参数。

（7）选择合适的导电体、电气柜体。

（8）编写设计说明书。

7. 某环保材料生产企业的原料通过输送设备输送，输送设备有：原料提升电机、原料收尘电机、FU 电机、收尘风机、给料机、主轴电机、主风机、斜槽风机、粗粉 FU 电机、成品斗提电机、粗粉斗提电机、成品仓收尘风机、成品仓斜槽风机、粗粉仓收尘风机。输送设备的启动须按照上述所列设备顺序的相反顺序启动，即先启动粗粉仓收尘风机，随后启动成品仓斜槽风机，最后启动原料提升电机。停止顺序正好相反，各台设备的启停间隔时间为 50s。当某台设备故障时，后启动的设备立即停止，先启动的设备按顺序停止。设备名称及电机功率如附表 4 所示。

附表 4　原料输送设备

设备名称	电机功率/kW	备　注
原料提升机	15	软启动
原料收尘电机	11	软启动
FU 电机	7.5	
收尘风机	7.5	
给料机	5.5	变频调速
主轴电机	45	软启动
主风机	110	变频调速
斜槽风机	5.5	变频调速
粗粉 FU 电机	5.5	
成品斗提电机	15	软启动
粗粉斗提电机	15	软启动
成品仓收尘风机	5.5	
成品仓斜槽风机	4	
粗粉仓收尘风机	5.5	

设计内容如下：

（1）消化控制要求，制定设计方案，画出电气控制系统图。

（2）设计出每台设备的电气控制线路和总电源线路，电气控制线路中均应有过载保护、短路保护、缺相保护。每台设备既可在电气柜体上控制、又可在设备旁的机旁箱上进行控制，还可通过 PLC 进行控制。电气柜体上操作只用于调试电气控制线路，设备旁操作用于调试设备之用，正常情况通过 PLC 控制。电气柜体和机旁箱上的操作按钮采用无复位功能的按钮或旋钮。电源进线柜应有三相电流指示、电压指示。

（3）设计操作台电路，操作台上应能显示出每台设备的运行状态、故障信号。

（4）选择相应的电器、变频器、软启动器。

（5）设置变频器、软启动器的参数。

（6）选择 PLC，进行硬件配置，画出输入输出线路图。

（7）编写满足要求的程序。

（8）设计电气柜体、操作台。

（9）选择合适的导电体。

（10）编写设计说明书。

8. 某碳酸锂生产企业的生产机械设备及电动机功率如附表 5 所示。

附表 5　碳酸锂生产机械及电动机功率

设备名称	设备容量/kW	台数	备　　注
除铁、沉锂、除磷等搅拌机	7.5	8	
除铁转料、一次、二次板框	5.5	3	
排污泵	7.5	1	
氯化钙、氧化锂、清洗液转运等	5.5	11	
文氏泵	7.5	3	
清水泵	4	10	
沉锂搅拌	7.5	4	
碳酸钠搅拌	4	2	
碳酸板框压滤	2.2	1	
母液转送、碳酸钠转料等	5.5	3	
酸溶搅拌、调浆搅拌	7.5	5	
转运料、酸溶板框运料、除铁搅拌	5.5	3	
酸溶转料	7.5	1	
酸溶板框压滤	2.2	1	
盐酸泵	5.5	1	
碱泵	5.5	1	
锅炉循环泵	5.5	2	变频调速
锅炉补水泵	3	2	变频调速
纯水供水泵	3	2	变频调速
潜水泵	22	1	软启动
自来水供水泵	3	2	变频调速

控制要求如下：

（1）锅炉补水泵、纯水供水泵、自来水供水泵均采用变频调速闭环控制方式，以供水压力为被控量。

（2）通过手动调节变频器输出频率来改变锅炉循环泵的速度。

（3）潜水泵采用软启动方式。潜水泵把水注入地面水池内，根据水池水位的高低自动控制潜水泵的启停。水位和供水压力应通过数显仪表显示。

（4）其他设备均采用直接启动方式。

设计内容如下：

（1）消化控制要求，制定设计方案，画出电气控制系统图。

（2）设计出各台设备的电气控制线路。每台设备既可在电气柜体上控制，又可在设备旁的机旁箱上控制。

（3）设计出总电源进线柜。

（4）选择出合适的电器、电动机软启动器、变频器。

（5）选择满足要求的仪表和传感器并设计相关电路。

（6）设置软启动器、变频器、仪表的参数。

（7）选择合适的导电体，设计出电气柜体。

（8）编写设计说明书。

9. 某甲醇生产企业有3台空气压缩机，3台设备为2用1备，电机功率均为132kW，其辅助机械有3台微热再生式压缩空气干燥机，包括6个电动阀门（3个进气阀和3个出气阀）。要求3台空压机中1台由变频器供电，另外2台采用降压启动方式（1控1或1控2方式）。每台空压机要显示的参数包括排气口压力、排气口温度、运行状态、电动机电流。要求把3台空压机的总出口压力控制在一定的小范围之内。

设计内容如下：

（1）消化控制要求，制定设计方案，画出电气控制系统图。

（2）要求设计总电源进线柜，电源进线柜要有三相电压指示、三相电流指示。

（3）采用PLC进行控制。请选择PLC，进行硬件配置，画出输入输出线路图，编写相应的程序。

（4）设计出每台设备的电气控制线路，选择相应的电器、变频器、软启动器、传感器及导电体。变频器需要配置进线电抗器和出线电抗器。

（5）设置变频器、软启动器的相关参数。

（6）选择出合适的电气柜体，每台柜体都应有电压表和每台设备的运行电流表。

（7）编写设计说明书。

10. 换热机组是集成了板式换热器、循环泵、补水泵、温度传感器、压力传感器、管路、阀门及电气控制于一体的成套区域供热设备。附图1所示为其工作原理图。

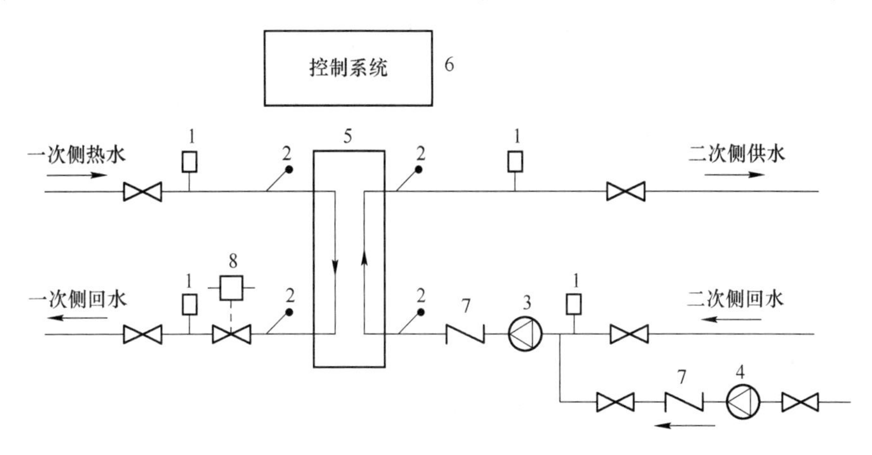

附图1 换热机组工作原理图

1—压力传感器；2—温度传感器；3—循环泵；4—补水泵；5—板式换热器；6—控制柜；7—止回阀；8—电动调节阀

循环泵3台（2用1备），每台电机功率为45kW，补水泵2台（1用1备），每台电机功率为7.5kW，控制要求如下：

（1）一次测采用量调节，即通过手动控制电动调节阀（8）的开度来改变一次网的水流量，使二次网供水温度在合适的范围内变化。

（2）二次管网量调节，二次网循环泵采用变频调速控制，通过手动调节变频器输出频率改变循环泵的转速来改变二次网的水流量，在满足供热要求的情况下达到节能的效果。

（3）补水泵采用变频调速补水，根据二次网系统压进行自动控制。

设计要求如下：

（1）消化控制要求，制定设计方案，画出控制系统图。

（2）设计出补水泵变频控制电路，要求既可变频补水，又可工频补水，选择合适的电器，画出相应的电气控制线路。

（3）设计出循环泵变频调速控制电路，选择合适的电器，要求循环泵既可变频运行又可工频运行，工频运行时不可直接启动，必须采用降压启动方式。

（4）设计出电动调节阀控制电路。

（5）根据控制策略，设置变频器的相关参数。

（6）采用数字仪表显示一次测供水压、供水温、回水压、回水温，二次测供水压、供水温、回水压、回水温，设计显示电路，选择合适的仪表及传感器。

（7）选择出合适的电气柜体，柜体应有电压表和循环泵、补水泵的运行电流、运行状态指示。

（8）编写设计说明书。

11. 某钢铁企业的煤气加压站设备包括2台煤气加压机（每台132kW、245A）及其冷却风机（每台0.75kW、2.9A）、煤气加压机进口电动阀门（0.55kW、2.4A）、煤气加压机进口电动盲板阀门（0.75kW、2.9A）、煤气加压机进口电动盲板阀翻板（电机功率为1.1kW、3.4A）、煤气压机出口电动蝶阀（0.55kW、2.4A）、煤气压机出口电动蝶阀松开夹紧（0.75kW、2.9A）、煤气压机出口电动盲板阀翻板（电机功率为1.1kW、3.4A）、煤气加压机进出口总管（0.18kW、0.85A）、煤气柜进口电动蝶阀（电机功率为1.5kW、4.5A）、煤气压机出口电动蝶阀松开夹紧（1.1kW、3.4A）、煤气柜进口电动盲板阀翻板（电机功率为1.5kW、4.5A）、煤气柜进出口总管电动调节阀（0.55kW、2.4A）、煤气柜前放散电动蝶阀（0.55kW、2.4A）、煤气柜电动蝶阀（0.55kW、2.4A）、煤气柜出口电动盲板阀松开夹紧（1.1kW、3.4A）、煤气柜出口电动盲板阀翻板（电机功率为1.5kW、4.5A）、加压站8台轴流风机（每台电机功率为0.75kW、2.1A）。

设计要求如下：

（1）消化控制要求，制定设计方案，设计出电气控制系统图。

（2）设计总电源电路及各台设备的电气控制线路。总电源电路要有电压指示、三相电流指示。变频器应配置进线电抗器和出线电抗器；电动蝶阀、电动盲板阀电机要求双向旋转。

（3）选择出合适的变频器和相应的电器。考虑到现场环境因素，为确保设备运行的安全性，变频器、接触器应放大一个规格。

（4）煤气压力应控制在设定值或一个较小的压力设定范围。

（5）选择出合适的压力传感器。

（6）设置变频器的参数。

（7）选择合适的电线、电缆及电气柜体。

（8）编写设计说明书。

12. 某乡镇用水包括山坡绿化用水、山顶景区用水、山下生活用水如附图2所示。水源为山下 4 眼水井，其中水井 1 和水井 2 向山上供水，通过潜水泵把水注入山上水池内。水井 3 和水井 4 为山下生活用水水源，由水井内潜水泵直接向用户供水。

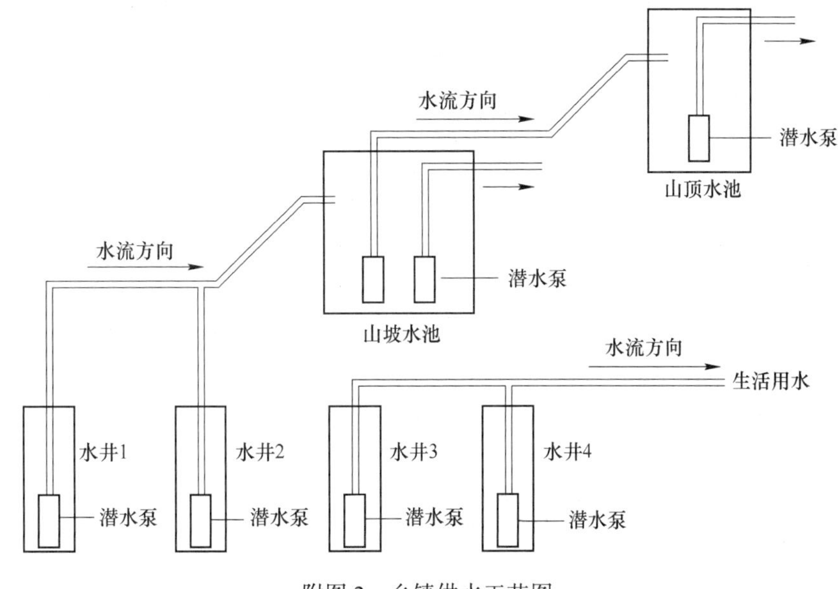

附图 2　乡镇供水工艺图

水井 1 和水井 2 内的潜水泵电机功率均为 55kW，采用电动机软启动器进行降压启动，根据山坡水池水位进行控制。山坡水池内水泵电机功率为 37kW，采用自耦变压器降压启动，根据山顶水池水位进行控制。山顶水池内水泵电机功率为 11kW，向周边景区供水，采用直接启动方式。

水井 3 和水井 4 内潜水泵电机功率均为 15kW，通过一个变频柜进行控制，通过调节 2 台水泵的运行台数和变频器输出频率使出水压力在合适的范围之内。

设计要求如下：

（1）消化控制要求，制定设计方案。

（2）供电变压器位于山下水井 1 旁，为所有水泵供电，计算变压器的容量。

（3）设计出水井 1 和水井 2 潜水泵的电气控制线路，选择出相应的电器。

（4）2 个水池的水位通过浮球开关进行控制，高低水位信号和控制信号通过短信的方式进行传输，选择相应的控制器，设计出控制电路。

（5）设计出水井 3 和水井 4 的变频调速电气控制线路，选择相应的变频器及相关电器。

（6）设置变频器和软启动器的参数。

（7）选择合适的电线、电缆。

（8）设计出电气柜体。

（9）编写设计说明书。

13. 某单位的建筑物采暖通过院内电热锅炉实现，为实现节能运行，要求根据办公室内的温度控制电热锅炉的运行情况。通过办公室内的计算机对锅炉的运行参数进行监控。办公室与电热锅炉房有一定距离，采用无线方式对锅炉进行遥测遥控。锅炉及其辅助机械如附图 3 所示。

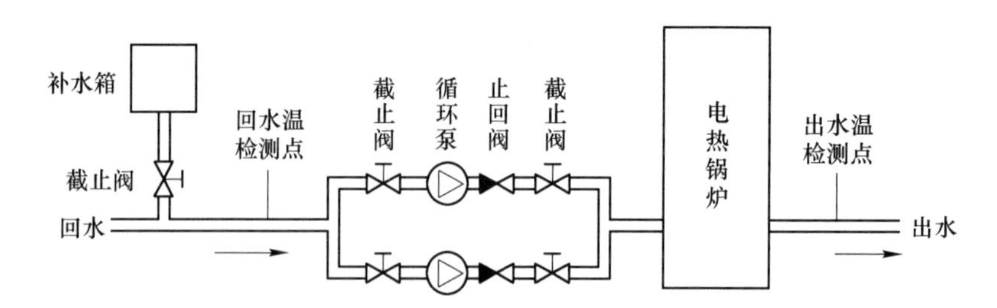

附图 3　电热锅炉及其辅助机械

分别在电热锅炉的出水口和回水口装设温度传感器，并与仪表相连接，用以显示锅炉的出水温度和回水温度。控制系统把室内温度作为被控制量，通过控制电加热锅炉的通断电把室温控制在要求的温度范围之内。办公楼内装有温度传感器，通过数字显示仪表进行显示并通过无线信号把温度等信号传输到锅炉房，数显仪表既可显示房间温度，又可对电锅炉进行通断电控制。控制系统如附图 4 所示。

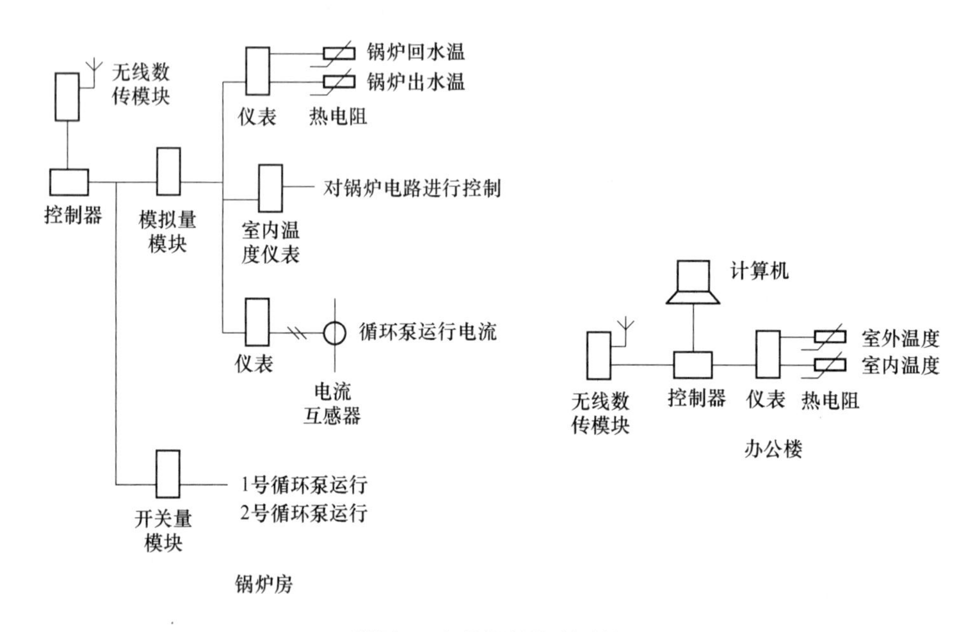

附图 4　电热锅炉控制系统

电热锅炉有 4 组加热电阻，既可手动投切又可自动投切。手动投切时，工作人员根据具体情况操作按钮投切；自动投切时，根据室温的变化自动进行。2 台循环泵（每台电机功率为 11kW）为 1 用 1 备，为了使 2 台循环泵均衡出力，对 2 台循环泵进行定期切换运行控制。只有在循环泵运行时，电热锅炉方可通电加热，电气控制线路中必须有联锁控制。循环泵的运行电流及运行状态既可在锅炉房显示，又可在计算机显示。

设计内容如下：

（1）消化控制要求，制定设计方案。

（2）设计电热锅炉和循环泵的电气控制线路及仪表显示电路，选择出相应的电器、仪表和传感器。

（3）设计出办公楼计算机操作和仪表显示电路。

（4）设计无线通信系统，包括硬件选型和软件设计。

（5）选择合适的计算机，给出满足要求的配置。

（6）选用合适的组态软件进行计算机画面设计。

（7）选择合适的电线、电缆，设计出电气柜体。

（8）编写设计说明书。

14. 工业园区生产生活用水由远在 30km 外的 5 眼井经潜水泵向园区水厂水池注水，再经水厂水池内 3 台水泵向用水户供水，如附图 5 所示。

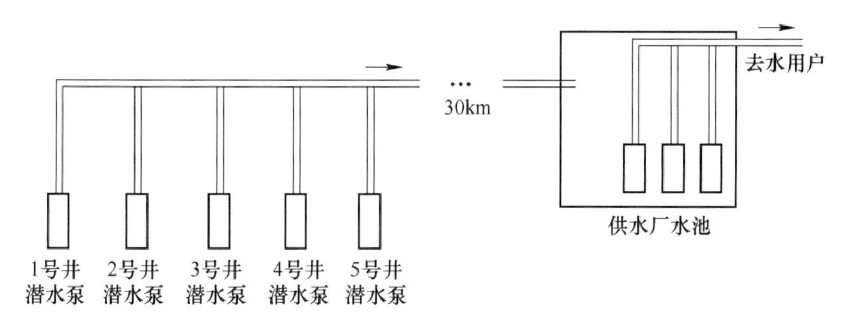

附图 5　工业园区供水工艺图

水源地 5 眼井内的 5 台潜水泵电机功率分别为 30kW、45kW、55kW、37kW、45kW，5 台泵为 4 用 1 备，通常有 4 台泵运行即可满足要求。电动机按照功率的大小采用自耦变压器降压（30kW 和 37kW）和软启动器降压（45kW 和 55kW）的启动方式，根据水池水位自动控制潜水泵的启停。5 台泵的电气柜体放置于同一房间内，共用 1 台变压器。

供水厂水池内 3 台潜水泵电机功率均为 22kW，根据出水管网压力采用变频调速控制，要求保持水泵出口压力在一定范围内。

设计内容如下：

（1）消化控制要求，制定设计方案。

（2）设计出水源地 5 台潜水泵的电气控制线路，要求由 1 台自耦变压器分时启动 2 台电机，软启动器采用 1 控 1 和 1 控 2 的方式。选择出相应的电器和电气柜体，并设计电容补偿柜。

（3）设计出供水厂水位显示电路，选择出合适的水位传感器、数字显示仪表等。

（4）设计出供水厂变频调速控制电路，选择相应的变频器及相关电器、压力传感器。

（5）设置变频器和软启动器的参数。

（6）选择合适的电线、电缆，设计出电气柜体。

（7）利用 GPRS 进行遥测遥控，设计出相应的硬件电路，编制满足要求的程序。

（8）选择合适的计算机，给出满足要求的配置。编制能够在计算机上显示和控制的程序。

（9）编写毕业设计说明书。

参 考 文 献

[1] 陈平. 毕业设计与毕业论文指导 [M]. 北京：北京大学出版社，2015.
[2] 张涛. 自动化专业毕业设计（论文）指导教程 [M]. 北京：煤炭工业出版社，2013.
[3] 山东深川变频科技股份有限公司. SVF-G7 系列高性能矢量通用变频器使用说明书（资料版本 V6. 15）[Z]. 2017.
[4] 李阳，方红伟，刘雪莉，等. 电气与自动化类专业毕业设计指导 [M]. 北京：中国电力出版社，2016.
[5] 王越明，郭明良，王朋. 电气工程及其自动化专业毕业设计指导 [M]. 北京：化学工业出版社，2022.
[6] 郭荣祥，田海. 电气控制及 PLC 应用技术 [M]. 北京：电子工业出版社，2019.
[7] 杨敏，李莎. 应用型本科工科专业毕业设计指导与案例分析 [M]. 西安：西安电子科技大学出版社，2021.
[8] 山东深川变频科技股份有限公司. SJR5-X 系列电机软起动器使用说明书（资料版本 V1. 3）[Z]. 2016.
[9] 郭荣祥，张新，等. 智能逻辑控制器应用教程——基于西门子 LOGO! [M]. 北京：电子工业出版社，2022.
[10] 郭荣祥，贾华，许光颖. 用一台自耦变压器起动多台电动机 [J]. 自动化与仪表，1999，6：76-78.
[11] 郭荣祥，王豪男，杨文革，等. 采用一台自耦变压器启动两台电动机的低成本方法 [J]. 兰州石化职业技术学院学报，2016，16（2）：25-27.
[12] 天津电气传动设计研究所. 电气传动自动化技术手册 [M]. 2 版. 北京：机械工业出版社，2006.
[13] 郑忠. 新编工厂电气设备手册 [M]. 北京：兵器工业出版社，1994.
[14] 郭荣祥，孟照阳，甄文超，等. 用一台自耦变压器实现三台电动机的降压起动 [J]. 安阳工学院学报，2014，13（6）：5-7.
[15] 郭荣祥，耿雪泰. 矿井加热机组温度自动控制系统的设计与实现 [J]. 测控技术，2013（3）：41-44.
[16] 北京 ABB 电气传动系统有限公司. 低压交流传动用户手册 ACS510-01 变频器（1. 1…110kW）[Z]. 2010.
[17] 西安西普电力电子有限公司. STR 数字式交流电动机软起动 L 型说明书 [Z]. 2006.